MINERVA社会福祉叢書 ⑥⓪

ふくしま原子力災害からの複線型復興

――一人ひとりの生活再建と「尊厳」の回復に向けて――

丹波史紀/清水晶紀 編著

ミネルヴァ書房

はじめに

　2011年3月11日に発災した東日本大震災から8年という時間が経過した。今も被災地である宮城県・岩手県では応急仮設住宅の設置が継続し，避難生活を送っている被災者が一定程度存在する。それだけ自然災害においても，この災害の甚大さと復旧・復興の時間軸の長さを感じさせる。

　一方，こうした自然災害における被害とともに，一層の困難さや複雑さを伴っているのが東京電力福島第一原子力発電所事故における「原子力災害」である。未曾有の事故による甚大な被害は，これまでの自然災害が想定してきたような被害ではない三つの事態をもたらした。

　一つ目は，自治体の行政機能ごと避難を余儀なくされ，被災自治体は他自治体において非常に限られた行政運営を担わざるをえなかったことである。二つ目は，被災者が自治体を超えて避難を余儀なくされ，全国各地に多くの被災者が「広域避難」したことである。三つ目は，長らく避難指示が続いたことで，復旧・復興の見通しすらつかなかったため，被災自治体の復興計画は当面の避難生活をいかに維持するかといった点に限られ，復興のあゆみの時間軸が設定できない「長期避難」という問題を引き起こしたことである。

　東京電力福島第一原子力発電所の事故に関しては，被害状況すら詳細には確認できない中で，発電所の廃炉を含む収束作業の時間は途方もなく，30年・40年以上かかるともいわれている。原子力災害の特徴の一つは，復旧・復興の時間軸すら設定するのが困難で，見通しが立たないことである。こうして，ふくしまにおける原子力災害の被害者の多くが，きわめて困難な状況におかれた。

　被災後，復興への道のりは広範に避難する被災者の実態把握からはじまった。あわせて放射性物質の拡散状況について測定する取り組みも行われ，農地などについては放射性物質の飛散状況を把握する地域の取り組みも生まれた。その後，原子力災害にともなう新たな課題に対応するための制度的枠組みを必要と

したため，広域に避難する被災者への行政事務を行うために「東日本大震災における原子力発電所の事故による災害に対処するための避難住民に係る事務処理の特例及び住所移転者に係る措置に関する法律」（以下，原発避難者特例法）なども作られた。また，強制的な避難を余儀なくされた避難指示区域の住民と比較し，相対的に支援が手薄に置かれがちであった区域外避難者（自主避難者）を含む広域避難者への新たな制度として，議員立法で「東京電力原子力事故により被災した子どもをはじめとする住民等の生活を守り支えるための被災者の生活支援等に関する施策の推進に関する法律」（以下，原発事故・子ども被災者支援法）も成立した。さらに福島県での復興の道筋を定めるために，「福島復興再生特別措置法」も成立した。

　原子力災害によって行政移転を余儀なくされた自治体では，避難指示が出されているため地域のインフラ整備など復旧事業すら手がつけられないでいた。そのため被災した自治体では，当面の被災者の生活再建を中心にすえた復興計画を策定していった。この中で一部被災自治体では，広域的に避難を余儀なくされる状況にあっても住民の参画を心がけ，原子力災害からの復興のビジョンを共通認識にしていく計画作りも行われた。その計画は，インフラ整備など「地域の復興」と，被災者の生活再建を中心にすえた「人間の復興」の二つの復興の柱をたてることになった。これはその後，福島県内の被災自治体の復興計画の基本的コンセプトになっていった。

　また，被災者支援のスキーム（しくみ）も構築されていった。避難所運営における住民の自発的な支援も行われたが，その後の応急仮設住宅等において，阪神淡路大震災以降の被災者支援に寄与したLSA（生活援助員）のスキームを活用し，生活支援相談員や復興支援員などによって被災者支援が行われることにもなった。特に今回の東日本大震災では，被害の甚大さから被災者数も多く，通常のプレハブ型の応急仮設住宅では被災者の当面の住居確保が困難なことから，空き室のアパート等を借り上げ被災者に応急仮設住宅とみなして提供する「借り上げ住宅」の数もプレハブ型を超えて多くなった。そのために点在する被災者支援には非常に困難がともない，当初は個人情報保護を建前にして被災者情報が支援団体に提供されることがなかったために，支援の「抜け漏れ」も

指摘された。一方で，福島県外に広域避難する住民への支援についても，避難先の地域で活動するNPO団体などが中心となり，被災者支援に取り組み，これがその後広域避難者支援のスキームにもなっていった。

この8年間のなかで，被災地も被災者も大きく変化した。被災地の状況は，帰還困難区域を中心にした地域については依然として避難指示が続いているものの，多くの地域では避難指示が解除された。さらには福島復興再生特別措置法を改正し，帰還困難区域の一部についても「特定復興再生拠点区域」として2023年春をめどに避難指示を解除する見通しが立てられることになった。従来見通しがなかなか立てられない状況にあった被災地は，地域の復旧・復興に向けて大きく舵を切ることになった。

一方で，ハード面で復旧事業が矢継ぎ早に進められる現在においても，依然として課題となっているのは被災者の生活再建である。仕事・住居・健康・地域生活など被災者の生活再建には多くの課題が存在している。そしてそれは個別化し，一人ひとりの被災者のおかれた状況は一層異なってきている。こうした事態の変化をどう評価するか。さらに今後の復興政策にはどのような視点が必要なのか。私たちはこうした新しい事態の変化を前に，この間の被災地の取り組みや変化を確認するとともに，今後の復興政策の行く末をみすえた本格的な議論を要する状況にある。

東日本大震災以降，災害復興研究に取り組んできた執筆者らが，震災から8年の歩みを確認し新しい事態をふまえた被災地と被災者の再評価を試みるのが本書のねらいである。各執筆者は，社会科学領域・自然科学領域の研究領域を超えて議論を重ねてきた。本書はその議論の成果の一部である。

特に，福島第一原子力発電所のある双葉郡の住民を対象にした大規模調査は，強制的避難を余儀なくされた被災者を限定したものとは言え，複数自治体を対象にした本格的な大規模調査である。2011年9月に行った双葉郡住民実態調査の第1回目は，震災後半年後の原子力災害によって避難させられた住民の実態を初めて本格的に明らかにした調査として社会的関心もよんだ。その後復興庁や各自治体で住民の意向調査が実施されることになったが，本調査はその後の復興政策を考える上で重要な役割を担った。一方で，被災者の方々や被災地の

状況も大きく変化し，当時の時点で明らかになっていなかった状況が確認されるようになった。こうした状況をふまえ，2017年2月に第2回目の双葉郡住民実態調査を実施した。本書では，基礎的な統計結果について紹介している。なお，詳細な調査分析をおこなった詳報については別途示したいと考えている。

　本書にはいくつかのねらいがある。一つには今回の原子力災害がもたらした問題を多面的に把握しようとする試みである。原子力発電所の事故をアクシデントとしてだけでとらえず，人・社会・環境に対しどのような影響をもたらしたのかを多面的に把握し被害の実態を総合的・包括的にとらえようとしている。震災から8年という月日の変化をふまえ，被災地と被災者の現状を正確に把握すると共に，今後の地域再生にむけて課題となる問題を明らかにすることが本書のねらいといえる。もう一つは，こうした原子力災害から被災者や被災地の再生を進めていく上での着眼点，あるいは復興政策がめざす方向性を提示することである。具体的には我々は「複線型復興」というキーワードをつかい，一人ひとりの生活実態や生活再建の進度，願い，あるいは地域ごとの再建のバリエーションを重視し，画一的・単線的な復興（「単線型復興」）の姿とは異なる政策目標をかかげるべきであると主張する。

　本書は，序章・終章を含む全10章で構成されている。序章では，本書全体を通じた総論的内容であり，東京電力福島第一原子力発電所事故にともなう原子力災害からの復興政策を考える基本的視点を，「複線型復興」という視点から論じている。また，第❶章では，原子力発電所事故における緊急避難時を例にあげ原子力防災の課題を論じている。第❷章では，原子力災害によって行政の機能移転を余儀なくされた自治体の現状を示し，復興計画策定に至る経緯を俯瞰した。第❸章および第❹章では，被災者の生活再建に関わる課題を提起した。第❸章では住まいやコミュニティという視点から論じ，続く第❹章では健康や福祉といった視点からそれぞれ課題を論じた。第❺章では，ふくしまにおける原子力災害における農林漁の被害実態とその対応について論じている。第❻章では，こうした農産物等でつくられた食品など，福島県産品の忌避問題と地元メディアについて扱っている。第❼章では，ふくしまにおける原子力災害をふまえ，現行の原子力災害法制の課題を明らかにしている。第

8章では，原子力災害における被害に対する賠償制度の課題と被害者の集団訴訟の動向についてふれている。終章では，東日本大震災と原子力災害の8年間の経過をふまえ，被災者の生活再建を進めていく上での今後の復興政策について問題提起をしている。

　最後に，本書は問題提起の一つであり，本来の目的は多様な分野の研究者や行政担当者，あるいは支援組織といったマルチステークホルダーによる幅広い議論を重ね，この原子力災害からの再生とそこからくみ取るべき教訓を確認し合うことにある。一方で，被災者の生活再建を考えるとき，社会政策学・社会福祉学の領域における議論が十分されているかと言えば，そうとも言えない状況にある。そのため本書では各執筆者に了解いただき，「MINERVA 社会福祉叢書」のシリーズに加えていただいた。本書がこうした領域の方々に読んでいただき，議論の一助になれば幸いである。もちろんその中心には被災をした当事者自身が議論し合意形成をはかる努力が必要であろう。本書が，今後の原子力災害からの復興政策を議論をさらに深める一助になれば幸いである。

2019年4月

編著者

ふくしま原子力災害からの複線型復興
――一人ひとりの生活再建と「尊厳」の回復に向けて――

目　次

はじめに

序　章　ふくしま原子力災害からの複線型復興へ…………丹波史紀…*1*
　1　原子力災害とはどのような災害であったか　*1*
　2　8年を迎え大きく変化する被災地──避難指示解除の動き　*4*
　3　複線型復興と「尊厳」の回復　*15*

第1章　東京電力福島第一原子力発電所事故における
　　　　緊急避難と原子力防災……………………………関谷直也…*21*
　1　なぜ原子力防災を研究するのか　*21*
　2　住民への情報伝達　*29*
　3　屋内退避　*32*
　4　広域避難　*35*
　5　安定ヨウ素剤の服用　*45*
　6　スクリーニングと身体除染　*48*
　7　原子力事故情報の課題と教訓　*50*

第2章　原子力災害における被災自治体と復興計画………丹波史紀…*63*
　1　被災自治体の機能移転　*63*
　2　国・福島県・被災自治体の対応　*70*
　3　被災自治体の復興計画づくり　*76*

第3章　避難者の生活再建と住まいの再生……………………除本理史…*87*
　1　原発事故による住民の避難と地域社会　*87*
　2　住まいとコミュニティの再生に向けて　*91*
　3　区域外避難における課題──仮設住宅の終了を中心に　*102*

目　次

第4章　災害時の福祉課題とその支援 ………………… 丹波史紀…115
1　災害直後の福祉課題①避難所における人道的配慮　115
2　災害直後の福祉課題②障がい者・高齢者など災害時要配慮者の避難　119
3　避難生活期の福祉課題①住まい　134
4　避難生活期の福祉課題②経済生活と貧困　139
5　災害後の二次被害　144
6　被災者支援のネットワーク　149
7　国際的な人道支援の原則に基づく支援活動を　152

第5章　原子力災害時の農林漁業への対応 ………………… 小山良太…157
1　震災8年目の福島　157
2　原子力災害と福島県の農業・農村　160
3　農業復興と風評問題　167
4　福島県農業の復興の課題——流通対策から生産認証制度へ　174

第6章　原子力発電所事故後の福島県産品に対する
　　　　評価基準と地域メディア ………………… 安本真也…181
1　福島県産品に対する忌避の問題　181
2　「議題設定機能」仮説の検討　184
3　福島県からの避難者と福島県産品の関係についての仮説　190
4　メディア議題の抽出手法　193
5　分析対象とする受け手議題と実社会の指標　201
6　福島県からの避難者と福島県産品の関係についての分析結果　204

第7章　原子力災害法制の現状と課題 ………………… 清水晶紀…215
1　福島原発事故以前の原子力災害法制の概要　215
2　福島原発事故に伴う原子力災害の実態と事故後の立法・行政対応　219
3　現行法制度の問題点と課題　224

第8章　賠償の問題点と被害者集団訴訟 …………………除本理史…243
　　1　原発事故賠償のしくみと問題点　243
　　2　原発事故による「ふるさとの喪失」をどう償うべきか　251
　　3　集団訴訟が問う賠償と復興　261

終　章　原子力災害からの生活再建と
　　　　新たな災害復興法制度の展望 ………………清水晶紀…273
　　1　原子力災害からの生活再建の方向性：複線型復興　273
　　2　複線型復興を支える法的基盤とその課題　278
　　3　新たな災害復興法制度の展望　287

おわりに……………………………………………………………297
資　料………………………………………………………………301
索　引………………………………………………………………305

序章
ふくしま原子力災害からの複線型復興へ

丹波　史紀

1　原子力災害とはどのような災害であったか

2011年3月の東日本大震災と原子力災害の発生

　2011年3月11日から8年という月日が過ぎた。東日本大震災は，地震と津波の甚大な被害と東京電力福島第一原子力発電所の事故（以下，原発事故）に伴う未曾有の原子力災害に見舞われた。死者・行方不明者をあわせると約2万人が被害を受けている。全壊・半壊の住居等は約40万棟にのぼる。阪神・淡路大震災のように地震と建物の倒壊や火災による負傷者が少ないのが今回の災害の特徴であり人的被害の9割は津波による被害である。ちなみに火災発生件数は全体でも287件にとどまり，阪神・淡路大震災の全焼家屋7483件からははるかに少ない。建築物被害をみると，全壊12万8558戸，半壊24万3486戸，一部破損67万3397戸という状況である。また今回の東日本大震災における避難状況についてみると，学校や公民館などの避難所に震災1週間後に約39万人が避難する状況にあった（ちなみに阪神・淡路大震災では約30万人）。避難所の数も一番多いときで，約2400か所と阪神・淡路大震災の2倍にあたる。

　特に地震・津波に加え，ふくしまにおける原子力災害は，その後の東日本大震災における復興においても大きな影響をもたらした。

　震災直後，福島第一原発から3kmの範囲で出されていた避難指示は，翌日の12日には10kmに拡大し，さらに第二原発周辺住民についても10km以内を「屋内退避」とした。12日の午後3時過ぎ，福島第一原発一号機建屋付近で爆発が起こると，その夜にはさらに範囲を拡大させ，20km圏内を避難区域とし

た。さらに14日午前11時頃3号機も爆発。その後，第一原発から半径20〜30km圏内を屋内退避区域と指定した。これにより福島県の浜通りを中心とした12の自治体が避難指示もしくは屋内退避の区域となった。浪江町から避難した住民は，原発事故直後に町内の津島支所に避難したが，政府からの「緊急時迅速放射能影響予測ネットワークシステム（SPEEDI）」の発表が遅れたために，「無用な被曝」をしたと憤りと不安を感じている。当時の津島地区の放射線量は毎時200μSvを超えていたと言われている。浪江町は，政府からの避難指示も十分伝わらず，結果として町長（当時）がテレビをみて避難を決断した。また，一部地域が毎時約100μSvに達していた飯舘村は，原発事故直後には「屋内待避」と言われ「計画的避難区域」とされるまで約1か月にわたって避難の指示が出されることがなかった。こうした原発事故の影響により，避難指示区域に指定された住民たちは避難を余儀なくされ，さらにそれ以外の地域からも，「自主的に」住民たちが避難をした。

　南相馬市では，避難指示・屋内退避・それ以外の地域の三つに市内が分かれた。避難指示以外の地域からも市民が避難し，7万人ほどいた市民が，一時は1万人ほどにまで減った。避難指示でない地域でも，銀行や郵便局は閉鎖し，新聞すら配達されない状態にあり，「孤立状態」にさえなった。南相馬市自身も自主的に避難した市民の把握が困難となり，自治体機能そのものを維持することさえままならなかった。その後「緊急時避難準備区域」となる前後から市民が戻り始めたが，区域内の病院では入院患者は緊急時の避難が困難であるという理由から入院の受入を制限し，住民が救急搬送で数時間かかる別の病院に運ばざるを得ないなど，市民の健康や生活を維持することが困難になった。

　原発立地周辺の双葉郡では，自治体機能そのものを移転せざるを得なかった。全国に避難する住民の把握すら困難におかれた自治体は，自らの行政機能を著しく制限され，住民サービスもままならない状況にあった。双葉町は福島県外にまで自治体そのものが避難し，一時埼玉県のさいたまスーパーアリーナを避難所にしていた。その後埼玉県加須市に役場機能を移したものの，旧埼玉県立騎西高校が避難所となり，2年以上経っても150人あまりの人々が避難所生活を送っている状況にさえあった。

政府からの小出しに出される情報に，福島県民の多くは信頼をよせていなかった。原子力安全・保安院による原子力災害の暫定評価である「レベル7」とされたのは，震災から1か月経った4月12日であった。またメルトダウンであったと結果を示したのは，事故から2か月以上もたった5月15日であった。

　福島県のみならず東日本全体に放射能が飛散し，福島原発から北西方向へ高濃度の放射能汚染が現れた。それは政府の指示する警戒区域などの避難指示区域以外でも「ホットスポット」と呼ばれる高線量の地点が検出されるなどし，住民の生活や農業を中心とする第一次産業に深刻な影響をもたらした。

　今回の災害は，地震・津波により住居のみならず生産基盤そのものも根こそぎ奪われることにより，くらしの全体が深刻な被害を受けた。さらに，原発事故による放射能汚染というこれまで日本がほとんど経験のしたことのない災害に見舞われた。被災者の多くは，見通しの立たない避難生活の中で生活再建すら展望できず，どこで生活の基盤を成り立たせればよいのかさえ判断がつけられない状況にある。被災地の多くは復旧事業すらままならない状況が長期にわたって継続してきた。

人・社会・環境に不可逆的影響をもたらす原子力災害

　原子力発電所の事故は，一度事故が起こると，人・社会・環境に対し取り返しのつかない被害をもたらす「被害の不可逆性」（再び元の状態に戻すことが非常に困難である状態）を生みかねないものである。そのような性格をもつ原子力災害に対し現在東京電力による賠償や除染作業など被害への対応が行われている。政府は除染中間貯蔵にかかわる費用を5.6兆円，廃炉・汚染水費用に8兆円，被災者賠償に7.9兆円で合計21.5兆円と試算しているが，日本経済研究センターの試算では，最大81兆円にまでふくれあがると試算し，原子力発電所事故による廃炉に向けた費用は多額にわたり，その経済的損失は計り知れない。このように原子力発電所による事故の被害は，経済的にも社会的にも深刻な事態とならざるを得ない。

　ただし現在メディアなどを通じて報じられるのは，福島第一原子力発電所事故にともなう「アクシデント」の収束作業の行方や汚染水の対応などが中心で，

一方，原子力発電所事故によって引き起こされた人・社会・環境への様々な影響については，その実態が十分伝わっているわけではない。「人」に着目するならば，低線量の放射線被ばくのリスクへの不安や災害後の二次的な心身への影響などがある。「社会」に着目するならば，家族や地域の離散，失業や生業が営めなくなることや風評被害など産業・雇用・農業などへの影響であり，それは主に社会生活に対する影響である。さらに「環境」に着目すれば，広範囲に及ぶ放射性物質の飛散による自然環境への影響であり，それによる除染の必要性や，動植物などの生態系への影響でもある。こうした広範囲にわたる影響や被害は，原子力発電所事故による「事故」（accident）だけでなく，その後の人・社会・環境などに対する被害や影響をともなう「災害」（disaster）だと言え，それは「原子力災害」とも言える。今回の災害「原子力発電所事故」としての評価だけでなく，「原子力発電所事故にともなう災害」（原子力災害）にも目を向け議論をすべきであろう。

本書では，被害の実態をできるだけ多面的に明らかにしようという視点から，「原子力災害」という用語をもちいた。

2 8年を迎え大きく変化する被災地──避難指示解除の動き

多くの尊厳を損なう災害

災害は，時として被災した者の「尊厳」（dignity）を損なう。これまで地域社会における暮らし，社会人・仕事人としての役割，あるいは家庭生活や家族の中での役割など，本人の培ってきたものの多くを奪っていく。それは個人だけではなく，地域も同じように尊厳を失うことがある。自然や生活の豊かさ，地域ブランドなど，地域の社会的価値を毀損することがありえる。

2011年3月に発生した東日本大震災およびその後の「原子力災害」は，被災者に甚大な被害をもたらしただけでなく，人としての尊厳を大きく損なったと言える。私たちはこの災害がもたらした事態の深刻さと共に，この事態が被災者と被災地にどのような影響を与えたかという文脈を読み取る必要がある。

2017年2月に行った第2回双葉郡住民実態調査では，寄せられた回答の自由

記述の多さが際だった。その数4320票。実に4割以上が自由記述を書いている。特にその内容で特徴的だったのは，日常の場面ではなかなか語られない被災者の方々の内面的な苦悩，震災から6年以上（調査時の2017年2月時点）が過ぎても見通しの立たない避難生活に生活再建のめどもつけられない事によるいらだち，避難先でもなじめずにいる様子，将来の不安など，実に様々であった。その一端を紹介する。

> 「震災後，県外避難を点々としてその都度転職を繰り返してきた。生活の拠点を山形に決め家を建てたが自分に合う職場が見つからず収入の面が不安定の状態。現在は，賠償金で生活はできているが今後の事を考えると資金繰りに不安を感じる。（30代男性）」

> 「約6年間を振り返り…浪江町がこんなにも荒れ果ててしまってとてもがっかりしました。やっぱり浪江町には帰れないと思いました。再建しようと頑張っている方々には申し訳ないと思いますが…。本当に悔しい思いでいっぱいです。住みやすい浪江町，山あり，海あり，川あり，いいところです。本当に悔しいです‼（60代男性）」

> 「自分の子供を亡くしてしまった苦しみがある。この事故がなければ避難さえなければ息子は確実に生きていました。離れて生活したばかりに，死なせてしまった様なものです。双葉郡で穏やかな生活が続いていれば，何も変わらなかったのにと思うと残念でなりません。せっかくあの震災で助かった命なのに。家族がバラバラに生活したがためにこんな事になってしまいました。平穏な生活をこわし，奪った原発事故は天災か？人災か？（50代女性）」

原子力災害によって，その多くの尊厳が奪われ，苦悩している言葉が溢れていた。これは政府から避難指示が出された地域だけではない。自ら避難したいわゆる「区域外避難者」（いわゆる自主避難者）も同様である。例えば，松井は新潟県に暮らす原発避難者への継続的な聞き取り調査を丹念にまとめているが，区域内のみならず区域外避難者も，様々な喪失を経験していることを聞き取り調査の中から明らかにしている（松井 2017）。その一人の言葉には，「5年以上たったいまでも，地に足をつけて生活しているという実感はない」というよう

に，松井の言葉を借りるなら，「宙づりの持続」と，漂いつづけている避難者の苦悩を表現している．

進む避難指示解除と被災地

震災から8年を迎え，福島県の被災地は大きく変化している．①2017年3月末を境にして，一部帰還困難区域を除いて，相双地域の避難指示区域が大きく見直された（ただし，双葉町・大熊町は居住制限区域・避難指示解除準備区域を含む全町）こと，②2017年3月末の福島県外に避難する区域外（自主）避難者に対する住宅提供の終了したこと，③相双地域において，中間貯蔵施設の建設が本格化し復旧事業が本格化したこと，さらに帰還困難区域においても「復興拠点」の整備などハード事業が展開され始めたこと，④2020年の復興庁設置終了にともなう，それ以降のふくしま復興対応の省庁のあり方が議論されていること，などが近年の特徴として言える．

特に避難指示解除が多数の地域でされたことは大きな変化である．これまで①帰還困難区域＝「5年間を経過してもなお，年間積算線量が20 mSvを下回らないおそれのある地域」，②居住制限区域＝「避難指示区域のうち，年間積算線量が20 mSvを超えるおそれがあり，住民の方の被ばく線量を低減する観点から，引き続き避難を継続することが求められる地域」，③避難指示解除準備区域＝「避難指示区域のうち，年間積算線量か20 mSv以下となることが確実であると確認された地域」と大きく三区分された状況にあった．

そこでは住民の立ち入りが大きく制限され，たとえ立ち入ることができても，その活動は大きく制約されていた．例えば「避難指示解除準備区域」では，主要道路の通過，住民の一時帰宅，居住者を対象としない事業の再開，営農・営林の再開は認められているが，住民の宿泊は認められず，病院や福祉・介護施設，飲食業，小売業，サービス業など居住者を対象とする事業や，宿泊業・観光業など区域外からの集客を主とする事業の再開は認められていない．なお「居住制限区域」においても，「不要な被ばくを防ぐために，不要不急の立ち入り」を控えるように求めており，「避難指示解除準備区域」と同様，主要道路の通過や住民の一時的な帰宅は認められているが，「用事が終わったら速やか

序　章　ふくしま原子力災害からの複線型復興へ

に区域から退出」するよう求められていた。

　2015年6月12日，政府は「原子力災害からの福島復興の加速に向けて（福島復興指針）」の改訂版を閣議決定し，3つに区分されていた避難指示区域の再編を提起した（表序‐1）。政府のしめした避難指示解除の要件は，①「空間線量率で推定された年間積算線量が20 mSv以下になることが確実であること」，②「電気，ガス，上下水道，主要交通網，通信など日常生活に必須なインフラや医療・介護・郵便などの生活サービスが概ね復旧すること，子どもの生活環境を中心とする除染作業が十分に進捗すること」，③「県，市町村，住民との十分な協議」であった。これに基づき，政府は避難指示を受けている自治体との調整を行い，各地で住民懇談会を開くなど，「避難指示解除」にむけた合意形成をはかろうとした。

　既に避難指示が解除されていた田村市（2014年4月），楢葉町（2015年9月），葛尾村（2016年6月（一部）），川内村（2014年10月・2016年6月），南相馬市（2016年7月（一部））に加え，浪江町（2017年3月（一部）），川俣町（2017年3月），飯舘村（2017年3月（一部）），富岡町（2017年4月）が解除され，その対象住民は約3万2000人に及ぶ（図序‐1）。

避難指示解除をめぐる被災自治体の判断

　急速に変化する被災地の動きをみると，拙速な「帰還政策中心」と批判する向きもあるが，現実はそれほど簡単ではない。被災自治体の多くは，避難指示解除の要件が十分に住民の安心を培うものであるのかどうかを見極めながら慎重に対応してきたのが実態である。

　例えば，川内村では2012年にいち早く帰還を進めてきた自治体であるが，一部村内に避難指示区域を有し，その解除時期をめぐって慎重に対応した。村は独自に避難指示解除の検証委員会を設け，安全・安心な放射線量，除染の進捗，生活インフラなどの生活環境の改善といった観点から検証した。その際，環境省が行っている空間放射線量の計測は住宅地においても3か所に限られていたため，村独自に計測を行い国の基準以上に詳細な空間放射線量の計測を行った。こうした住民目線の取り組みが，実際の村独自の計測によって，一部線量が高

表序-1　避難指示区域設定後の区域運用について

	区域の基本的考え方	区域の運用について
避難指示解除準備区域	年間積算線量20 mSv 以下となることが確実であることが確認された地域	①主要道路における通過交通，住民の一時帰宅（ただし，宿泊は禁止），公益目的の立入りなどを柔軟に認める。 ②ア）製造業等の事業再開（病院，福祉施設，店舗等居住者を対象とした事業については再開の準備に限る），イ）営農の再開（※），ウ）これらに付随する保守修繕，運送業務などを柔軟に認める。 ③一時的な立入りの際には，スクリーニングや線量管理など放射線リスクに由来する防護措置を原則不要とする。 ※稲の作付け制限及び除染の状況を踏まえて対応
居住制限区域	年間積算線量が20 mSv を超えるおそれがあり，住民の被ばく線量を低減する観点から引き続き避難の継続を求める地域	①基本的に現在の計画的避難区域と同様の運用を行う。 ②住民の一時帰宅（ただし，宿泊は禁止），通過交通，公益目的の立入り（インフラ復旧，防災目的など）などを認める。
帰還困難区域	5年間を経過してもなお，年間積算線量が20 mSv を下回らないおそれのある，現時点で年間積算線量が50 mSv 超の地域	①区域境界において，バリケードなど物理的防護措置を実施し，住民に対して避難の徹底を求める。 ②可能な限り住民の意向に配慮した形で住民の一時立入りを実施する。その際，スクリーニングを確実に実施し個人線量管理や防護装備の着用を徹底する。

出所：原子力災害対策本部の資料（2012年3月30日）より。

くなる住宅も存在することを明らかにし，「フォローアップ除染」といった追加除染を要望する根拠にもなっていった。

　さらに，合意形成という点で国が拙速に進めようとする避難指示解除に対し，自治体が毅然として対応した例もあった。富岡町は当初政府から「2017年1月解除案」が提示されたが，政府の拙速な避難指示解除方針に町は「時期尚早」として受け入れを拒否した。その後，政府は2017年3月31日解除の方針を伝えたが，町役場と町の議員全員協議会は2017年4月1日の解除で合意することになった。これには富岡町第二次復興計画策定時に避難指示解除の方針が示された事に対し，前町長が「震災から6年間は帰還をしない」という判断を示したことにもよる。

　上記の3つの区域指定には，避難指示解除時期の相違が賠償額に差をもたら

序　章　ふくしま原子力災害からの複線型復興へ

図序‐1　避難指示区域のイメージ（2019年4月10日時点）

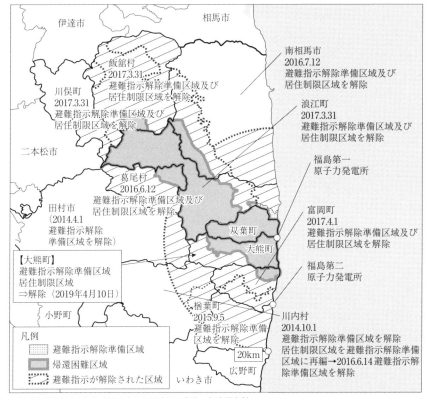

出所：経産省公表の概念図をもとに福島県が作成。福島県資料による。

す弊害を回避するという背景もある。しかしそれよりも多くの町民が参加しつくった復興計画の方針をないがしろにしかねないという「住民自治」にかかわる問題の方が大きかった。このように被災自治体では，国の避難指示解除方針を鵜呑みにして対応してきたのではなく，被災地の実情を鑑み地域住民の声を大事にしながら慎重に判断してきたのが実情である。

避難指示解除後の住民の暮らし

　避難指示区域解除による地域の人口回復の現状ではどうなっているか。避難

指示区域として設定された被災12市町村の人口変動などを示したのが表序-2である。その傾向は，概ね避難指示解除が早い自治体ほど人口回復率が高いことがわかる。2017年3月を境に解除された浪江町・富岡町（2017年4月1日），飯舘村の人口回復率はまだ数か月であるため今後の動向を注視する必要があるが，三つの自治体は帰還困難区域を地域内にかかえているため，その進度は必ずしも早くはない。ただしこれにも事情がある。国の示した「避難指示解除の3要件」をたとえ満たしたとしても，現実の生活場面では帰還するための条件がそもそもまだ整っていない場合が少なくない。避難指示区域では，住民の立ち入りも制限されてきたため，ネズミなどの獣害被害や住宅の損傷も進み問題なく居住できる家屋はむしろ少数である。実態は修理しないと住めなかったり，建て替えないと住めない状態がほとんどである。さらに環境省が費用を出し住居の解体作業を進めたため，すでにふるさとの住宅が解体された世帯もあり，現状では避難指示解除されたとしてもふるさとに戻って元の生活を営める者はそれほど多くはないというのが実情である。

　避難生活を終え，ふるさとに戻った住民も多くいるが，その全てがハッピーというわけではなく，ふるさとでの生活再開が十分でない者もいる。住民が帰還さえすれば問題は解消されるといった単純なことでは決してない。前述の第2回双葉郡住民実態調査の自由記述にもそんな声があふれていた。

「避難直後から，ふるさとでの生活はなし。この間父は，いわき市で死。母は，病院，デーサービスの日々。ふるさとのライフラインが，震災前であれば十分生活させられたのに，思うとつらい。特にふるさとのことはいわず，たんたんと生活している母の姿を見るたび，くやしさがこみあげる。また，賠償についても市町村等で，格差があることもかなしい。仕事は，復旧復興に少しでも役立ちたいと思っているが，震災後起業した会社は，いろんな意味できびしく，不安に感じている」（60代男性）（原文ママ）

「家族で自営業をしていた。今は孫，息子達は遠くに避難して，今は老人2人家族。店も壊して何も無く，これから先が不安。国民年金暮らしはいつまで続けることができるか，心配です」（60代女性）

序　章　ふくしま原子力災害からの複線型復興へ

表序-2　被災地の住民帰還率（2017年8月1日現在）

	避難指示解除	震災時の人口	現在の登録人口（震災時人口比）	帰還人口	帰還率 *1	統計日
広野町	2011年9月30日	5490	4926 (-10.3%)	4010	81.4% (73.0%)	2017年7月26日
田村市都路	2014年4月1日	3001	2441 (-18.7%) 309 (20キロ圏) 2132 (30キロ圏)	2092 246 1846	79.6% 86.6%	2017年4月末
川内村	2014年10月1日 2016年6月14日	3038	2707 (-10.9%)	2181	80.6% (71.8%)	2017年7月1日
楢葉町	2015年9月5日	8011	7233 (-9.7%)	1740	24.1% (21.7%)	2017年6月30日
葛尾村	2016年6月12日	1567	1460 (-6.8%)	203	13.9% (13.0%)	2017年7月1日
南相馬市小高区	2016年7月12日	12842	8903 (-30.7%)	2046	23.0% (15.9%)	2017年7月12日
川俣町山木屋	2017年3月31日	1252	969 (-22.6%)	212	22.0%	2017年8月1日
飯舘村	2017年3月31日	6509	5977 (-8.2%)	466	7.8% (7.2%)	2017年8月1日
浪江町	2017年3月31日	21542 解除済 17888 未解除 3654	18218 (-15.4%) 15105 (-15.6%) 3113 (-14.8%)	264	1.7% (1.5%)	2017年6月末
富岡町	2017年4月1日	15830	13329 (-15.8%) 解除済 9415 未解除 3914	215	2.3%	2017年8月1日
双葉町		7147	6120 (-14.7%)			2017年7月31日
大熊町		11105	10572 (-8.1%)			2017年7月31日

注：*1 帰還率は現在の住民登録人口に対する比率。カッコ内は震災当時の住民登録人口比。数字は市町村担当部署への聞き取り、市町村やふくしま復興ステーションのHPによる。

出所：冠木雅夫「避難指示解除後の自治体の現状と課題」(Web版「建築討論」13号、2017年秋）を参考に作成。http://touron.aij.or.jp/2017/08/4361）。

震災前の暮らしを取りもどすことは容易ではなく，震災により世帯分離が進み，生活環境が変化したことによる新たな対応も余儀なくされ，震災による避難と帰還の「荒波」に翻弄されている様子がうかがえる。

　変化する被災地の暮らし
　図序-2は，南相馬市の震災当時の2011年3月末の2018年8月末での人口分布である。震災から時間的に経過した事による高齢化の進捗がみられるが，概ね65歳以上の高齢者層は震災当時と同じ人口規模にまで回復していることが確認できる。一方で回復が震災当時にまで追いついていないのは，15歳から64歳までの生産年齢人口であり，特に子育て期にあたる30代の回復が遅れている。震災当時の2011年3月時点を100とした場合，2018年8月現在で男性は71，女性は62の人口規模であり，とりわけて女性の人口回復が伸び悩んでいることがうかがえる。ここには，子どもを持つ子育て世帯，とりわけて女性とその子どもの人口回復が十分ではない傾向がうかがえる。
　こうした人口分布の変化は，地域社会への影響をもたらす。例えば，南相馬市の高齢化率は，震災当時は25.9％であったが，2018年8月現在は34.4％と10ポイント近く上昇した。また，比較的働き盛りの層の人口が回復していないことが，地域経済を支えてきた医療・介護・福祉やサービス業などの人材確保が困難になっている。
　被災地では，高齢者が中心となって帰還していることを嘆く声はよく聞かれる。しかし，全体の傾向は高年齢者が中心となって帰還しているものの，実態を詳細にみると必ずしもそれだけが問題なのではない。除本らは，被災地における原子力災害がもたらした「不均等な復興」について被災地の調査をもとに論じている（除本・渡辺 2015）。「復興のフロントランナー」と呼ばれる川内村でさえ，帰還者の中心は50歳代後半以降であるものの，90歳代前半になると帰還する者よりも避難者の方が多いことを指摘している。それは，「川内村の戻っている人の典型的なイメージは，比較的高齢で，村に仕事があり，あるいはすでにリタイアしていて，健康の心配があまりなく，自分で車を運転できる人」（除本・渡辺 2015：14）という実態なのである。震災により家族離散が進

序　章　ふくしま原子力災害からの複線型復興へ

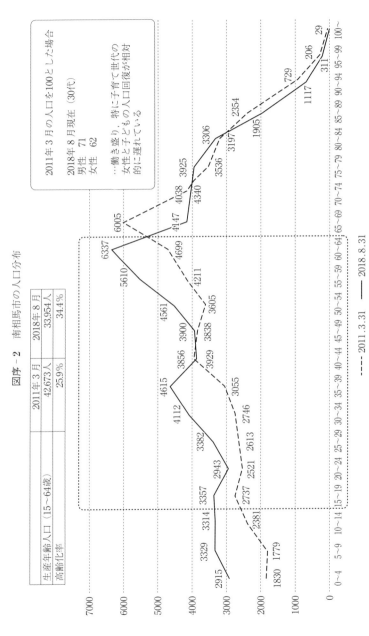

図序-2　南相馬市の人口分布

出所：南相馬市総務部情報政策課のデータに基づいて筆者作成。

み，これまで村で維持してきた親族扶養も期待できず，ケアを要する要介護者や要支援者は，高齢者であったとしても避難先にとどまらざるを得ないのが現状である。現実的には自立した高齢者を中心に帰還しているのであって，必ずしも高齢者が一律に帰還しているわけではない。

第2回双葉郡住民実態調査の自由記述ではその一端を知ることができる。

> 「震災後1～2年は古里に帰るつもりでおりましたが，古里に帰る度に荒廃していく様子を見ると，だんだんと戻るのは無理と思ってきました。又，子供達が孫のことを考えて戻らないと決めると，親としても年老いていくし，古里に戻っても，生活に不安になり結局は避難先に家を持って少しでも不安のない生活を求めて，戻らないことにし，時々古里に戻って気分転換を図りたいと思います。近隣の方々は，避難者であることを判っており，従来のような，付き合いはないです。（70代男性）」

若い世代も同様である。自らの仕事や子どもの学校など，避難先での生活に一定の定着が進んでいれば，すぐに帰還をするという選択になるとは限らない。それは単に「望郷の思い」が強い弱いということではなく，自らの人生設計と重ね合わせながら慎重に判断していると言える。

復興の進捗を評価する際，現時点での住民の「帰還率」を取りあげ，その多寡で評価し，我々自身も「まだ〇％しか帰ってきていない」などと言いがちである。しかし，8年という月日は人びとの生活に変化をもたらしている。地域は通常一定の住民の死亡等の自然減や住民の入出をするのが通例で，2011年3月のままの人口規模を維持しているというのは現実的ではない。現実の被災地をみても，現状の居住人口の一定部分は震災後仕事や何らかの事情で移動・転入してきた者もいる。さらには福島県では高校卒業時に県外に進学・就職する者が6・7割と高く，こうした若年層の流出は元々の人口移動の傾向とされてきた。こうしたことをふまえると，被災地でどれだけの人口が居住しているかだけをもって評価することは現実と即さず正しくない。被災者とされる住民が「生活の質」を維持・回復しながら地域（避難元とは限らず）での暮らしを築けているか（生活再建）という視点が重要と言えよう。

3 複線型復興と「尊厳」の回復

　原子力災害における復興・再生を見すえると，生活再建の道筋は決して単線ではない。現実の被災地の様子も，被災者すべてが同じような状態にあったわけでもない。災害直後に全国に広域避難したこともあるし，当面の避難生活としての住宅もさまざまであった。プレハブ型の応急仮設住宅もあれば，福島県の進めた木造仮設住宅もあり，それ以上に多かったのは通常のアパートやマンションを借り上げた「みなし仮設住宅」であった。

　さらに避難指示解除後の動きを見ても，ふるさとに戻る者もいれば，避難先での定着を図る者，当面の生活上の理由から避難先にとどまる者など，置かれた状況はそれぞれ異なっている。こうした被災者一人ひとりの実情をふまえると，画一的に生活の再建が果たされるわけではない。むしろ一人ひとりの被災者の状況に応じ，複数の再建の道筋が保証される事が大事だといえる。生活再建の道筋は異なっていても，誰もが「尊厳」（dignity）を回復し暮らしを取りもどしていくことが重要であろう。

　国際的にみれば，紛争や災害などの社会的インパクトから逃れるために，国外のみならず国内において移動する「国内避難民」（Internally Displaced Persons：IDPs）が大きな課題の一つとなっている。「国内避難民」とは，「特に武力紛争，一般化した暴力の状況，人権侵害もしくは自然もしくは人為的災害の影響の結果として，またはこれらの影響を避けるため，自らの住居もしくは常居所地から逃れもしくは離れることを強いられまたは余儀なくされた者またはこれらの者の集団であって，国際的に承認された国境を越えていないもの」とされている。国内強制移動モニタリングセンター（IDMC）の調査では，紛争や暴力による国内避難民は世界で3800万人（2014年末時点）とされている。

　これに対し国連では，1998年に「国内強制移動に関する指導原則」を発表している。同指導原則は，1998年に英語版が策定されて以降，国連事務局やUNHCRなどによって日本語を含む53の言語に翻訳されている（2014年時点）。

同指導原則では,「すべての人は,自らの住居または常居所地からの恣意的な強制移動から保護される権利を有する」(原則6)とされ国内避難民の人道保護を関係当局の責務としている。

　この国際的に議論されている指導原則に依拠すれば,決して住民の「帰還」だけを想定しておらず,「自らの意思によって国内の他の場所に再定住」「再統合」をすることに,国や自治体など「管轄当局」は努力することを求めており,人々のくらしの再建は決して「単線」でないことが理解できる。人々が「帰還」すること,あるいは他の地域で「再定住」することの複数の選択肢を容認し,当事者である被災者が,復興計画や住んでいる地域の社会統合に関わる計画策定及び管理運営に完全な参加を確保するよう努力がなされることを示している。

　一方,この原則では,国内避難民が「帰還」あるいは「再定住」し社会的な「再統合」をはかる前提として,「国内避難民が自らの意思によって,安全に,かつ,尊厳をもって」とうたっている。すなわち,個人の意思が尊重され,安全が確保されるよう努めるとともに,「尊厳」(dignity)を保証することを指摘している。帰還することが生活再建のゴールではない。どの場所であったとしても,その人が地域に暮らす住民としてあたりまえの生活をおくることができるようになることが必要である。

　2014年,筆者らの一部が起草にあたった日本学術会議・東日本大震災復興支援委員会福島復興支援分科会「東京電力福島第一原子力発電所事故による長期避難者の暮らしと住まいの再建に関する提言」(2014年9月30日)は,単一的な復興の道筋ではなく,被災者の生活再建を何よりも最優先し,「帰還」「再定住」の何れもが選択できる「複線型復興」を提言した(日本学術会議 2014)(図序-3)。なお,本書で提起している「複線型復興論」については,本書終章でも詳細にふれる。

　複線型復興の概念が出てくる背景には,積極的側面と消極的側面の二つの要因がある。一つには,現実の避難の過程では人びとは多様な方法と手段で避難している実態があるという消極的側面である。「在宅被災者」と言われるように避難所に避難せず自宅で生活を続ける被災者の存在や,プレハブ型応急仮設

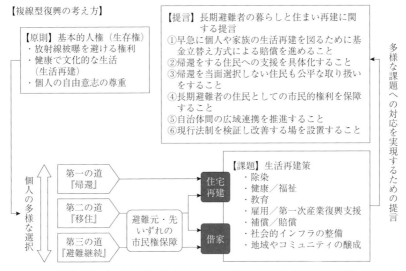

図序-3　複線型復興の枠組み

出所：日本学術会議・東日本大震災復興支援委員会福島復興支援分科会「東京電力福島第一原子力発電所事故による長期避難者の暮らしと住まいの再建に関する提言」(2014年9月30日) による。

住宅もあれば，借り上げ住宅のようなみなし仮設住宅もある。さらに避難指示解除後の動きも前述の通り多様である。避難生活とその後の生活再建の道筋は単一の生活モデルには合わない実態となっているという側面がある。

　もう一つは，積極的な側面である。それは，自らの生活再建の道筋は被災者自らが「自己決定」していくという側面である。国や自治体がしめす単一的あるいは画一的な復興政策が，被災者の生活再建の阻害要因になることがないよう，多様な再建の選択を保証し実現する復興政策の必要性である。こうした意味から複線型復興という概念を用いている。

　被災者・避難者が生活の再建を実感し，それぞれの選択によって自らの居住する環境に社会参加し，市民的諸権利が擁護されることが望まれる。そのために，自らに関わる計画の策定や管理運営に当事者が復興のプロセスに参画できる仕組みづくりも欠かせない。「被災者」としてでなく，一人の個人として，その尊厳が災害時においても保たれる必要があり，災害によって損なわれた

「尊厳」を回復していく過程こそが「真の復興」ということなのであろう。この「尊厳」を回復していく復興政策が必要とされている。

　　＊本章は，丹波史紀（2018）「原子力災害からの再生――『尊厳』を回復できる復興政策を」『都市問題』109(3)：8-20を元に，加筆・修正したものである。

注
(1) 第2回双葉郡住民実態調査は，双葉郡の広野町を除く7町村（浪江町・楢葉町・富岡町・双葉町・大熊町・川内村・葛尾村）の住民を対象にした悉皆調査である。詳細は，福島大学うつくしまふくしま未来支援センター（2018）「第2回双葉郡住民実態調査報告書」を参照。
(2) 病院，福祉・介護施設，飲食業，小売業，サービス業などについては，事業再開に向けた準備作業のみ可能とされた。
(3) 住民帰還率を評価するのは容易ではない。通常は2011年3月11日の住民基本台帳を元にした人口を分母とするが，これは一般的な人口の流入出を考慮していない。そのため，自然現象としての人口流入出を考慮に入れると帰還率の算出が異なってくる。冠木（2017）は，その後の人口変動を自治体に聞き取り調査したもので詳しい（http://touron.aij.or.jp/2017/08/4361）。
(4) 定義は，「国内強制移動に関する指導原則」による。この指導原則についての先行研究はいくつか見られるが，墓田桂（2015）が詳しい。
(5) ちなみに，「複線型復興」について初めて提起したのは，丹波史紀（2014）である。

引用・参考文献
日本学術会議，2014，「東京電力福島第一原子力発電所事故による長期避難者の暮らしとすまいの再建に関する提言」．
冠木雅夫，2017，「避難指示解除後の自治体の現状と課題」web版『建築討論』13号．
墓田桂，2015，『国内避難民の国際的保護―越境する人道行動の可能性と限界』勁草書房．
丹波史紀，2014，「東京電力福島第一原子力発電所事故の現状と復興に向けた課題」『学術の動向』，Vol. 19：72-76．
松井克浩，2017，『故郷喪失と再生への時間――新潟県への原発避難と支援の社会学』東信堂．

除本理史・渡辺淑彦編著，2015，『原発災害はなぜ不均等な復興をもたらすのか――福島事故から「人間の復興」，地域再生へ』ミネルヴァ書房．

第1章
東京電力福島第一原子力発電所事故における緊急避難と原子力防災

関谷　直也

　東京電力福島第一原子力発電所事故は，国際原子力事故評価尺度（INES）で最も深刻な事故に当たる「レベル7」の原子力事故である。放射性物質が大量に放出され，緊急的に，大規模な，長期間の広域避難が行われた事故はチェルノブイリ原子力発電所事故と東京電力福島第一原子力発電所事故のみである。そして，詳細に調査記録が残っているものは東京電力福島第一原子力発電所事故しかない。

　現在，世界には400基以上の原子力発電所が存在する。原子力発電および再稼働への賛成／反対は抜きにして，今後の原子力防災の基礎とすべく，この事故の詳細を明らかにして，伝えていくことはこの災害を経験した日本の責務である。本章では東京電力福島第一原子力発電所事故における住民への情報伝達，屋内退避，広域避難，安定ヨウ素剤の服用，スクリーニングと身体除染などに焦点をあて，事故直後の住民の避難行動に関する実証的調査をもとに，緊急避難と直後の放射線防護措置の実態について論じる。

1　なぜ原子力防災を研究するのか

原子力防災を考える意味
　災害研究や防災対策は，何のために行っているか。
　一人でも災害による犠牲者を減らし，災害での被害や苦難を明らかにし，災害で苦しむ人を減らすためである。当然ながら，災害の発生を願っているわけはない。だが，日本である以上は地震があり，水害が発生する。もちろん耐震化された家に住んでいれば，河川の近くに住まなければ，災害による被害，苦

難を受けることはない。だが，そう簡単に住居や居住地を変えるわけにはいかない。目の前の生活があり，仕事はあり，家族がいるからである。

　原子力災害も同様である。なぜ，原子力災害や原子力防災の研究をしなければならないか。

　一人でも原子力災害による犠牲者を減らし，原子力災害での被害や苦難を明らかにし，原子力災害で苦しむ人を減らすためである。当然ながら，事故の発生を願っているわけではない。原子力発電所が稼働しなければ，存在しなければよいのだが，世界では既に400基以上の原子力発電が存在し，日本でもすでに原子力発電は再稼働している。もちろん原子力発電所の近くに住まなければ，原子力災害のことを考える必要もないし，被害，苦難を受けることはない。だが，そう簡単に居住地を変えるわけにはいかない。目の前の生活があり，仕事はあり，家族がいるからである。

　防災対策や災害研究は災害を是としているわけではないのと同様に，原子力災害研究や原子力防災の研究は決して原子力発電を是としているわけではない。とはいえ，原子力防災は（事実としての）原子力の再稼働が前提になるがゆえに，原子力発電に反対の立場，また社会科学としては積極的に研究を進めてきたわけではなく，その矛盾点や困難さに真正面から向き合ってこなかった。また原子力発電に推進の立場，原子力事業者や原子力の研究者としても，事故を前提にすることは，原子力発電所が，安全ではないことの証明にもなるがゆえに，計画は立てても，現実的な実効性ある避難計画まで構築しようとはしてこなかったし，それらに積極的ではなかった。両者の立場から，原子力災害，原子力防災の研究は進められてこない理由があった。

　その結果として，オフサイトセンターは原子力施設の近傍に設置され，停電や津波による流出を考えずにモニタリングポストはすべて稼働するとの前提で原子力防災の体制が構築され，SPEEDI（System for Prediction of Environmental Emergency Dose Information：緊急時迅速放射能影響予測ネットワークシステム）は放出源情報を得られるとの仮定で構築された（東京電力福島第一原子力発電所事故においては放出源情報が得られなかったため単位放出による計算がなされたが，イレギュラーな使い方であるとして活かされることもなかった）。そして，

事故前にそれらに批判的な目が向けられることもなく，3月11日を迎えてしまった。

　また，自然災害における防災対策では，ハード対策として，地震災害を防ぐために建築物の耐震設計を考え，河川災害を防ぐために堤防や遊水地を作り，土砂災害を防ぐために砂防堰堤を作り，津波災害を防ぐために防潮堤を作り，高台移転を考える。だが，自然災害が頻発する中で，住民の命・健康を守ることを最優先する以上，ハード対策だけでは万全と考えずに災害の現場から避難・退避するというソフト対策を行うことや研究することは，災害対策・災害研究として当然のことである。

　原子力分野においても原子力発電のハード対策としてシビアアクシデント対策はもちろん実施されるべきだが，住民の命・健康を守ることを最優先し，それだけでは万全と考えずに，オフサイトにおいて避難・退避するというソフト対策を行うことや研究することは，災害対策・災害研究として当然のことである。

事故時の計画の「実効性」の面での課題とは

　けだし原子力事故の防護措置や緊急避難，広域避難計画などを考えることは，原子力発電を是とし，原子力発電の再稼働の前提であると連想する人も少なくない。事実，内閣府（原子力防災）は，各エリアの地域原子力防災協議会において，原子力防災指針に基づき「緊急時対応」というものを作成しているが，それはそれぞれの原子力発電所の再稼働に連動して（再稼働を前提に）作成されてきている。

　かつ，原子力防災の計画は自然災害の防災計画とは大きく異なる点がある。各立地県や市町村において地域防災計画の原子力災害対策編や広域避難計画など様々な計画が作成されるが，自然災害の防災対策とは異なり，全員が避難できる，対応できるという想定のもとに緊急時対応や避難計画が組み立てられている。東京電力福島第一原子力発電所事故を鑑みれば，それは簡単ではない。事故時の計画については本当に被曝を防ぐことができるのか，計画通りに避難することは可能なのか，「実効性」の面で多くの課題が存在する。だが，それ

を前面に出して議論することは多くはない。これらを理由として，原子力防災や原子力の避難計画を作成することは，原子力を是とし，原子力を推進することと等しいと見なす人もいる。

　では，事故時の計画における「実効性」の面で課題とは何か。大きく分けると二つある。

　第一に，現在の原子力防災指針や避難計画が，そもそも IAEA の方針，すなわちスリーマイル島原子力発電所事故の教訓とアメリカにおける広域避難の考え方に基づいているという点である。現在の原子力防災の指針である「原子力災害対策指針」（原子力規制委員会 2012）は，スリーマイル島原子力発電所事故を契機に作成された「原子力施設等の防災対策について」（原子力安全委員会 1980）を前提に，東京電力福島第一原子力発電所事故前の教訓を基につくられた IAEA による Pub1467（IAEA 2011）を基本に制定されたものである。これを基に各自治体の原子力の広域避難計画や防災の指針が策定されている。そのため，現在の原子力災害対策指針は UPZ からの退避までを対象とし，それ以上は対象とはされていないし，東京電力福島第一原子力発電所事故の避難の実態を踏まえた事故後の対応（長期避難，経済的影響，除染等）は検討されていない。

　なお，避難といっても，国によって考え方の違いがある。原子力防災の基本となっているのは，あるエリアから退避するという「広域避難」，すなわち米国におけるハリケーンからの避難のような「広域避難」である。米国では基本的には，避難後は，各自がホテルや知人の家に自己責任で避難をする。一方，日本の「避難」とは，指定避難所や緊急避難場所へ行くことである。よって，同じ原子力防災に関する避難でも，現行，各県の広域避難計画とは，避難先自治体との調整が主たるポイントであり，住民が実質的に避難できるかどうかはポイントとはなっていない。

　第二に，先の課題とも関連するが，東京電力福島第一原子力発電所事故が起こったにもかかわらず，その避難の実態や教訓を十分に踏まえないままに，原子力防災が組み立てられているという点である。ストレートにいえば，住民が行政の指示通りに動き，初動情報の伝達も問題なく，関係機関もスムーズに計

画通り対応することを前提としているという点である。だが，東京電力福島第一原子力発電所事故を考えれば明らかなように，住民は指示通りに避難するわけではない。指定区域内で早めに避難する人もいれば，指定区域外で避難する人もいた。また避難先も現実的には行政の指示通りにはいかなかった。市町村にもよるが，自治体の指示どおりに（役所の避難とともに）避難した人は，3分の1から4分の1程度である。にもかかわらず，住民が行政の指示通りに動いてくれるという前提で防災対策が組み立てられている。

また，そもそも事故の初動情報や避難に関連する情報がきちんと伝わるのか，伝わった結果として，適切な避難や屋内退避がなされるのか否か，これも十分に検討されていない。

東京電力福島第一原子力発電所事故について考える意味

今後，大規模な原子力事故が発生するかしないかは別としても（原子力防災に直接活かすことができるかどうかは別にしても），東京電力福島第一原子力発電所事故の経験から原子力災害を防護措置や緊急避難の側面から考えることは，3つの意味がある。

第一に，この数十万人の避難，長期におよぶ国内避難民を生み，福島を中心に苦難や困難を与えた最初の現象である東京電力福島第一原子力発電所事故の避難を明らかにすることは，この事故が何だったのか，その初期を理解するという本質的な意味を持つ。

直後，福島第一原子力発電所事故と福島第二原子力発電所事故，すなわち，東京電力福島原子力発電所の事故直後の検証としては，東京電力福島原子力発電所における事故調査・検証委員会（以下，政府事故調），東京電力福島原子力発電所事故調査委員会（以下，国会事故調），東京電力福島第一原子力発電所事故独立検証委員会（以下，民間事故調），福島原子力事故調査委員会（以下，東電事故調）などによって技術的な問題を中心とした検証が行われた。だが，オフサイトの緊急時の大規模避難や放射線防護に関する対応については，国会事故調で簡易な調査が実施されただけで詳細に理解されているわけではないし，この災害で緊急時にどのような避難行動／防護措置がなされたのかの研究は多

くなされてはきていない。冷静に議論できるようになってきた今だからこそ，東京電力福島第一原子力発電所事故時の緊急時の大規模避難や放射線防護について詳細に検討し，原子力災害において緊急避難や防護措置の実施は可能なのかという観点で検討する必要がある。

　第二に，この事故の対応を国外に伝えていくことの重要性である。現在，世界には400基以上の原子力発電所が存在する。そして，東京電力福島第一原子力発電所事故は，チェルノブイリ原子力発電所事故に次ぐ最大規模の原子力事故である。長期間住むことが不可能になるほどに放射性物質が大量に放出され，緊急的に，大規模な，長期間の広域避難が行われた事故はチェルノブイリ原子力発電所事故と東京電力福島第一原子力発電所事故のみであり，そして，詳細に調査記録が様々な形で残っているものは東京電力福島第一原子力発電所事故しかない。ならば，この事故の詳細を明らかにして，伝えていくことはこの災害を経験した日本の責務である。

　第三に，大規模な原子力事故が技術的に起こるか起こらないかという技術的発生確率は別として，防災の観点から住民の避難や防護措置の実効性の意味を検証することそれ自体が極めて意味を持つことである。事故は本質的に防げないし，その場合の放射性物質による汚染は防げない。ただし，避難のやり方を考えることによって人命へのリスクを最小化し，防護措置を行うことによって大量被曝を避けることは可能かもしれない。すなわち，原子力事故の被害として，土地や財産の汚染と損失の可能性の検討とともに，この避難の実効性を検討することは，原子力発電そのものをどこまで許容できるかを検討することと同義であり，本来の意味での再稼働の判断材料になる。東京電力福島第一原子力発電所事故で明らかになった原子力防災にかかる課題を抽出し，それらが現実的に防ぎ得るものなのか否かを考えることが，社会の側から原子力発電というものの是非を問うことになる。この意味で極めて重要な視点であろう。

　そもそも日本では，1995年動燃火災爆発事故，1997年「もんじゅ」ナトリウム漏えい事故，1999年JCO臨界事故，2004年美浜原発3号機蒸気噴出死傷事故，2007年中越沖地震柏崎刈羽原発3号機変圧器火災，2011年東京電力福島第一原子力発電所事故と，16年間で6回，原子力に関連する事故が発生した。こ

第 1 章　東京電力福島第一原子力発電所事故における緊急避難と原子力防災

資料 1-1　避難指示の対応

平成23年3月11日	
14時46分	東北地方太平洋沖地震発生
19時03分	国，福島第一原発に係わる原子力緊急事態宣言を発表
20時50分	福島県，福島第一原発から半径2 km 圏内に避難指示
21時23分	国，福島第一原発から半径3 km 以内に避難指示
	半径10 km 圏内に屋内退避指示
3月12日	
05時44分	国，福島第一原発から半径10 km 圏内への避難指示
07時45分	国，福島第二原発，原子力緊急事態宣言発令
	国，同半径3 km 圏内に避難指示，半径10 km 圏内に屋内退避指示
15時36分	福島第一原発1号機爆発
17時39分	国，福島第二原発，半径10 km 圏内に避難指示
18時25分	国，福島第一原発　半径20 km 圏内への避難指示
4月21日	国，福島第二原発からの避難指示対象区域を10 km から8 km に変更
4月22日	国，福島第一原発から半径20 km 圏外の特定地域を「計画的避難区域」および「緊急時避難準備区域」として設定（図1.2参照）
6月30日	特定避難勧奨地点の指定開始
9月30日	緊急時避難準備区域の指定解除
平成24年4月1日	
	警戒区域・避難指示区域と計画的避難区域の一部を避難指示解除準備区域，居住制限区域，帰還困難区域に再編成

出所：吉井博明・田中淳・関谷直也・長有紀枝・丹波史紀・小室広佐子，2016，「東京電力福島第一原子力発電所事故における緊急避難の課題——内閣官房東日本大震災総括対応室調査より」『東京大学大学院情報学環紀要情報学研究　調査研究編』32：25-82。

れらは常に「想定」を超えるところで発生してきた。2011年よりも前，2007年，新潟県中越沖地震柏崎刈羽原子力発電所3号機変圧器火災の後であっても，自然災害と原子力事故が同時におこる複合災害は「蓋然性の極めて低い事象」（原子力安全・保安院原子力防災課 2009）とされ，2011年3月まで原子力災害の発生と広域避難は現実味あるものとして考えられてこなかった。この結果，自治体や住民は方針・準備がないまま避難したため，多くの困難を抱えた。技術的対策や過酷事故，電源喪失対策がいくら施されたとしても，「事故」「災害」は想定を超えたところでこそ発生する。それが東京電力福島第一原子力発電所事故の教訓である。本章では，上記を踏まえ，未だ検討が十分ではない，東京電力福島第一原子力発電所事故時の緊急避難，特に避難者の行動に焦点を絞り，そのポイントを概観する。なお，2011年3月から数週間の直後期の避難行動を

主たる研究対象とする（資料1-1）。

放射線防護に関する基本的な考え方

東京電力福島第一原子力発電所事故における緊急避難の実態から原子力防災について実証的な分析をしていく前に、放射線防護の基本について振り返っておきたい。

住民にとっての原子力防災、すなわち原子力事故が発生した後に住民がとるべき放射線防護措置の目的は、放射性物質からの被曝量を最小化することである。原子力事故の防護措置においては、広域避難だけが解決策ではない。放射性物質が浮遊しているときに単に広域避難をするだけでは、より多くの被曝をしてしまう可能性があるからである。

サイト内やサイトの近傍においては、即、遠方に向かって避難することが被曝を少なくすることにつながるが、近傍以外ではそうではない。まず、ガス状の「放射性プルーム（放射線雲）」など放射性物質が原子力発電所から拡散し、これが雨などによって土壌や食品に沈着する。その結果、空間線量が上がり、飲食物が汚染される。身体表面の汚染やその後に空間線量が上昇することによって被曝する「外部被曝」、食品や飲料水の放射性物質による汚染やそれを体内に取り込むことによって被曝する「内部被曝」、それらの人体に与える影響を防ぐこと、総合的に被曝量を低減させることが放射線防護の目的である。

その方策を具体的に記述すれば、以下のようになる。

① 情報：事故情報や空間線量などのモニタリング情報を共有し、住民に適切な情報を伝えていくこと
② 屋内退避：コンクリート建物の中などで換気を止めて屋内に留まること
③ 広域避難：必要に応じてその地域をはなれること
④ スクリーニングと身体除染：身体への放射性物質による汚染を測定し、付着していれば除染すること
⑤ 安定ヨウ素剤の服用：最大被曝の可能性のあるときに服用すること

これらトータルで内部被曝と外部被曝による被曝量を減らすことを目的とした放射線防護が重要となる。かつ、これらの意味があらかじめ理解されていな

ければ，緊急的にこれらの行動をすることは難しい。事故直後に伝えられるのではなく，事前に理解されている必要がある。

本章で検討する調査の概要

以降，本章では上記の問題意識を踏まえ，東京電力福島第一原子力発電所事故の際の課題を明らかにし，現状の原子力防災の課題を明らかにする。なお，本章で紹介したアンケート調査結果は，筆者も調査の設計・作成に関わり，内閣府（防災）で実施された，東京電力福島第一原子力発電所事故において避難した住民に関する調査結果である。調査の概要としては，福島県内22市町村（警戒区域等が設定された12市町村と隣接10市町村）を対象に2014年2月〜5月において，避難を継続している住民（各世帯の代表者で，市町村が連絡先を把握している者）5万9378人が対象とした。回答2万173人，有効回答数1万9535人である。調査全体については，吉井他（2016）を参照されたい。

2　住民への情報伝達

まず，原子力事故に関する住民への情報伝達について考えたい。

原子力事故で防護措置がとれるかどうかは「情報」に決定的に依存している。放射性物質そのものは目に見えず，無味・無臭でもあり，視覚，嗅覚，聴覚など人間の五感で覚知できないからである。東京電力福島第一原子力発電所事故は爆発という視覚的な大きな契機があったが，次の原子力事故も同様とは限らない。津波，大雨，火山などで人々が避難行動をとるのも，多くの場合，現象としての異常さを覚知するからである。原子力事故で住民が屋内退避，広域避難，ヨウ素剤服用などの防護措置をとるためにも，「情報」「知識」は決定的に重要である。

放射線に関する情報の問題は，①初動時／直後の避難や防護措置のための緊急的な情報と②長期間にわたる食品の放射性物質汚染や空間の放射線量上昇に伴う健康影響などのリスク・コミュニケーションの問題に区別できる。前者の，初動時／直後の避難や防護措置のための緊急的な情報としては，行政対応とし

表 1-1 避難に役に立った情報（複数回答）[1] (%)

避難の際に役立った情報	立地4町 (N=6406)	浪江町 (N=3562)	南相馬市 (20km圏内) (N=1653)	南相馬市 (20〜30km) (N=2741)	南相馬市 (30km圏外) (N=366)	広野町・葛尾村・川内村・田村市 (N=1237)	他の市町村 (30km以遠) (N=2002)	N.A. (N=213)	全体 (N=18180)
テレビ・ラジオの情報	59.4	57.2	57.4	57.6	54.9	59.3	66.6	52.6	59.1
インターネットの情報（公的機関・報道機関からの情報）	4.7	4.0	3.0	3.5	2.7	3.4	11.4	3.8	4.9
インターネットの情報（その他）	3.1	3.1	2.3	3.1	3.0	2.2	16.9	5.6	4.5
メールの情報	3.9	4.2	5.0	5.1	4.9	2.4	5.8	4.2	4.4
自治体等（市町村役場，区長，班長）からの電話や呼びかけ	43.1	36.8	30.7	20.0	34.7	47.1	14.7	34.7	34.1
警察・自衛隊からの電話や呼びかけ	4.5	6.5	3.7	2.5	2.7	2.3	1.3	5.6	4.0
東京電力または関連会社からの電話や呼びかけ	2.1	0.9	1.0	0.8	0	0.8	0.0	0	1.3
家族・近隣住民からの電話や呼びかけ	26.9	28.0	28.5	31.7	27.0	26.0	33.2	32.4	28.7
親戚からの電話や呼びかけ	15.7	18.6	26.8	32.2	31.7	20.9	29.2	18.8	22.0
知人からの電話や呼びかけ	15.6	17.0	21.1	24.5	21.9	15.9	27.0	19.2	19.1
その他	8.7	9.0	9.2	9.2	7.7	5.5	8.0	9.9	8.6

て必要となる事故情報，放射性物質の拡散情報や放射線量の情報，救助情報の問題と，住民への情報伝達の問題などに分けられる。ここでは住民への情報伝達について議論する（それ以外は7節で議論する）。

東京電力福島第一原子力発電所事故において，避難に役にたった情報としては，①「テレビ・ラジオ」（59.1%），②「自治体からの電話や呼びかけ」（34.1%），③「家族，近隣住民からのよびかけ」（28.7%）の順である（表1-1）。

これらの中で「インターネットの情報」が役に立ったとの回答率は低い。また「メールの情報」との回答も極めて少ない。

なお，原子力事故時の広域避難において，行政が多くの避難者に避難の情報を伝えるための，最も重要な情報源になったのは「テレビ・ラジオ」であった。

そもそも市町村は緊急時／平時に限らず，住民への情報伝達手段は防災行政

無線や広報車，登録者へのメールくらいしかない。だが，防災行政無線や広報車は，その地域に居住している人を対象とした伝達手段であり，広域避難することを考えれば，その契機の情報を伝えることはできるものの，地元を離れて「広域」に避難するときは役にたたない。また自治体そのものも避難した場合には，住民に情報を伝える手段はマスメディア以外はなくなる。

広域に避難を開始した直後は，自治体も職員の携帯電話くらいしか情報手段がなくなった。いくつかの自治体では，職員の携帯電話を町の連絡先としてテレビなどで公表することとなった。

放射線量や避難に関する正確な情報が入手できない場合は，被曝をさけるためには，即時避難が唯一の手段となる。これを実現させるには情報伝達手段の確保が必須になるのだが，現状，確実な情報手段というものは，マスメディア以外は存在しないのである。原子力災害という緊急時において，これらマスメディアをどのように位置づけるかは，事故後，何も改善が加えられていないが極めて重要なポイントである。テレビ・ラジオというマスメディアからしか情報を得る手段がないのだとしたら，それを加味した計画が求められよう。

なお，避難の対象人口が多くなるほど，フォーマルな情報は伝わりにくかった。人口を多く抱えつつ役場の避難を伴った浪江町や，人口が多く地域毎に対応に迫られた南相馬市では，自治体からの呼びかけは立地市町村などと比べると役にたったという割合は低かった[2]。

避難時の阻害要因としてあげられている事柄も，ガソリン不足，道路の渋滞という移動の困難，食料の困難をのぞけば，基本的には情報の問題が中心である（これについては4節で後述する）。

「行政から避難に関する情報が得られなかった」(49.7%)，「どこに避難すればよいかについての情報がなかった」(57.7%) という人も多い。多くの人が行政の指示が得られず，どこに行けばよいか情報を得られなかったのである（表1-2）。

また，「携帯電話が繋がらなかったり，充電できなかったりして使えなかった」(51.8%) という人も多い。輻輳や基地局の停電やバッテリー不足のため「携帯電話が繋がらなかった」，停電などにより「携帯電話の充電ができなかっ

た」のである．多くの人において，自分たちの知りたい情報を得る手段がなく，適切な情報を得られないままの避難であったことがわかる．

3 屋内退避

　原子力災害時に，避難するまでの間にまず実施すべき行動は「屋内退避」である．避難をしていない段階，放射性プルームが拡散しているかもしれないという状況において，屋内にとどまるというのは被曝をさけるための手段の一つとして重要な意味を持っている．

屋内退避の認知とその後の行動
　3月11日21時23分に福島第一原子力発電所半径3～10km圏，3月12日7時45分に福島第二原子力発電所半径3～10km圏に屋内退避指示が出されている．3月15日には福島第一原子力発電所半径20～30km圏に屋内退避指示が出されている．
　だが，どの区域の人々も2～3割程度の人は，この情報を入手していなかった（図1-1，図1-2）．原発に近い地域ほど，屋内退避指示に関する情報を入手していない．屋内退避のことを知る前に避難が始まったり，地震・津波からの避難のため避難所にいたりしたことによって，屋内退避に関する情報をなかなか入手できなかったと思量される．
　また，情報を入手した人でも，「屋内退避をした」という人は調査対象全体で59.9％であった．「子どもを外に出さないようにした」という人は24.1％，「換気扇，暖房などを使わないようにした」という人は19.3％に過ぎなかった（表1-3）．多くの人々はテレビなどから屋内退避の情報を得ていたにも関わらず，緊急的な状況において防護行動をとった人は少なかった．立地市町村も含め，多くの人がこの「屋内退避」の意味を理解することができなかったことがわかる．屋内退避とは何のために行うかが事前に十分に周知されていなかったこと，緊急時におけるテレビなどの呼びかけだけでは屋内退避の意味は十分に伝えることができなかったことがわかる．災害発生後ではなく，事前にきち

第1章 東京電力福島第一原子力発電所事故における緊急避難と原子力防災

表1-2 避難時の阻害要因（複数回答） (%)

避難にあたって困ったこと	立地4町 (N=6473)	浪江町 (N=3598)	南相馬市 (20km圏内) (N=1679)	南相馬市 (20〜30km) (N=2809)	南相馬市 (30km圏外) (N=376)	広野町・葛尾村・川内村・田村市 (N=1271)	他の市町村 (30km以遠) (N=3084)	N.A. (N=245)	全体 (N=19535)
どこに避難すればよいかについての情報がなかった	65.4	46.1	57.8	53.9	45.2	66.5	28.8	43.8	57.7
行政から避難に関する情報が得られなかった	55.4	41.0	52.2	48.5	36.7	58.3	21.2	35.5	49.7
空いている避難所が見つからなかった	23.1	14.7	19.8	25.3	20.1	11.2	6.3	13.0	17.9
行政から指示された避難所が満杯だった	25.5	24.3	22.6	30.5	31.8	6.7	12.2	16.1	18.8
介護が必要だったり、障害や持病を持つ家族がいて容易に避難できなかった	16.6	14.5	12.6	14.1	15.3	11.8	29.7	22.1	15.9
防犯のために留守宅の管理が必要だった	4.5	4.6	5.1	4.2	6.5	8.5	8.1	7.0	6.2
家畜や農産物への対応が必要だった	2.4	1.8	2.0	2.2	3.3	2.2	22.1	9.0	3.4
ペットへの対応が必要だった	21.2	19.5	21.5	21.5	23.6	27.0	28.8	19.7	21.3
ガソリンが不足した	79.3	75.1	61.2	74.3	73.2	75.7	75.2	72.9	74.3
道路が渋滞・損壊していた	47.8	60.9	42.0	58.5	54.0	40.0	23.9	32.1	42.3
携帯電話が繋がらなかったり、充電できなかったりして使えなかった	60.6	62.3	63.6	69.2	57.6	51.3	36.9	44.1	51.8
食料や飲料、生活用品が入手できなかった	63.0	59.5	60.5	62.6	64.9	60.9	52.3	38.1	57.7
その他	14.4	17.5	17.9	16.5	14.1	10.7	11.7	12.4	15.8

図1-1 屋内退避指示の情報入手率

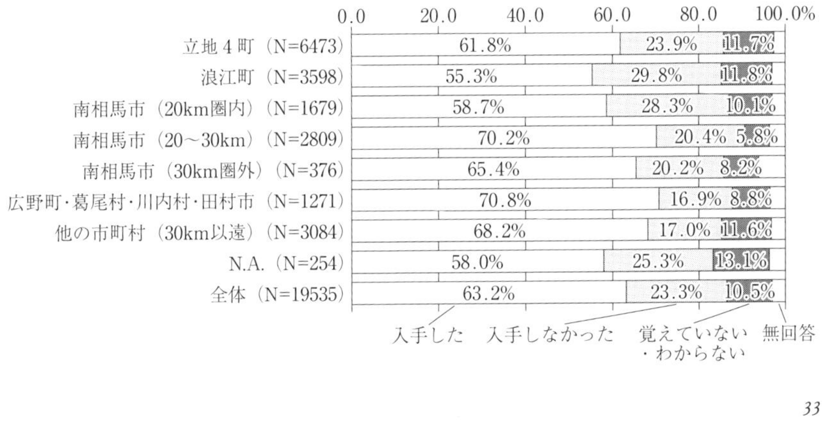

	入手した	入手しなかった	覚えていない・わからない	無回答
立地4町 (N=6473)	61.8%	23.9%	11.7%	
浪江町 (N=3598)	55.3%	29.8%	11.8%	
南相馬市 (20km圏内) (N=1679)	58.7%	28.3%	10.1%	
南相馬市 (20〜30km) (N=2809)	70.2%	20.4%	5.8%	
南相馬市 (30km圏外) (N=376)	65.4%	20.2%	8.2%	
広野町・葛尾村・川内村・田村市 (N=1271)	70.8%	16.9%	8.8%	
他の市町村 (30km以遠) (N=3084)	68.2%	17.0%	11.6%	
N.A. (N=254)	58.0%	25.3%	13.1%	
全体 (N=19535)	63.2%	23.3%	10.5%	

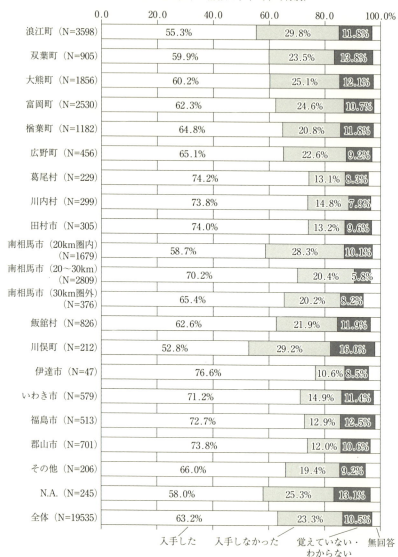

図 1-2 屋内退避指示の情報入手率（市町村別）

第1章　東京電力福島第一原子力発電所事故における緊急避難と原子力防災

表 1-3　屋内退避などの防護行動の実施の有無
(％)

屋内退避などの防護行動をとったか	立地4町 (N=4002)	浪江町 (N=1989)	南相馬市 (20km圏内) (N=985)	南相馬市 (20〜30km) (N=1973)	南相馬市 (30km圏外) (N=246)	広野町・葛尾村・川内村・田村市 (N=900)	他の市町村 (30km以遠) (N=2103)	N.A. (N=142)	全体 (N=12340)
屋内退避した	58.6	56.7	60.4	66.9	72.4	60.9	56.8	60.6	59.9
食料や水などのまとめ買いをした	15.9	15.2	16.0	26.2	22.0	20.7	42.4	26.1	22.6
子どもを外に出さないようにした	16.3	18.1	19.9	24.9	28.0	19.0	47.3	28.9	24.1
家の換気扇、暖房を使わないようにした	7.7	8.8	15.0	34.2	24.0	17.0	40.4	14.8	19.3
特別なことは何もしなかった	20.6	24.4	19.8	13.1	16.7	21.4	12.0	22.5	18.5
その他	10.7	11.5	12.0	10.8	12.2	10.6	12.6	9.2	11.3

注：複数回答．屋内退避に関する情報を入手した人12340人．

んと屋内退避の意味が理解されなければ緊急的に適切な行動はとれないのである。

なお，30km以遠の地域においては「食料や水のまとめ買い」「子供を外に出さないようにする」「家の換気扇，暖房などを使わない」などの行為をとっている人が多い。この人々は後に避難をしている人（区域外避難者）なので，当初から放射線について意識が高かったことがわかる（表1-3）。

総じて，「屋内退避」は東京電力福島第一原子力発電所事故では適切に実施されなかった。

なお，新たな防災指針では，全面緊急事態では5〜30km圏内（緊急防護措置区域，UPZ）では屋内退避をすることになっているが，その具体的な指針などは（執筆時点で）定まってないままである。

4　広域避難

次に現在，原子力発電所の防災対策として，中核に考えられている「広域避難」について考えたい。ただし，この「広域避難」は実効性の面から，様々な課題がある。

原子力事故時の広域避難の考え方

　緊急時には被曝の多少を考えた上で，屋内退避か広域避難を選択する。東京電力福島第一原子力発電所事故前は被曝の可能性があり防災対策を重点的に行うべき区域として 8 km までを EPZ（Emergency Planning Zone）と設定していた。だが，東京電力福島第一原子力発電所事故時には官邸での決定により，あまり深い根拠はないものの10 km，20 km と避難指示区域や屋内退避区域が拡大された。2011年3月11日19時3分に原子力緊急事態宣言が発せられ，20時50分に福島県知事から半径 2 km 圏内，21時23分には内閣総理大臣より東京電力福島第一原子力発電所 3 km 圏内の避難指示，10 km 圏内の屋内退避指示が出された。その後，翌日に福島第二原子力発電所の避難指示などに加え，避難範囲は順次拡大されていき，20 km 圏内に対して避難指示，20〜30 km 圏内の屋内退避が指示された。その1か月後，20mSv/年を基準に，計画的避難区域が設定された。

　現在，原子力災害対策指針では，IAEA の基準に照らし，緊急時の住民への被曝を可能な限り回避する観点から，緊急時の基準として，OIL（運用上の介入レベル：確率的影響の発生を低減するための防護措置の基準）というものが設けられている。大量の放射性物質が放出されるおそれが生じた時点で 5 km 圏（PAZ：予防的防護措置準備区域）は放出の有無に関わらず即時避難，5〜30 km 圏（UPZ：緊急時防護措置準備区域）は屋内退避を原則とし，実測値を基に地域毎に，避難の必要性とタイミングが判断される。その上で500 μSv/h を越えた場合には数時間を目途に避難する「即時避難（OIL1）」，20 μSv/h を超えた場合に食品の摂取を制限し1週間以内に避難する「一時移転（OIL2）」をすることとされた。

　先述したように，現在，これらの各自治体の避難計画は，東京電力福島第一原子力発電所事故前の IAEA によるスリーマイル島原子力発電所事故などを踏まえて作成された Pub1467（IAEA 2011）を前提に制定された原子力防災指針を前提とし，「○○％」が避難した場合という仮想のシミュレーションを基に検討されてきている。東京電力福島第一原子力発電所事故の実態の詳細を踏まえていない場合が多い。いうならば東京電力福島第一原子力発電所事故の検

証を詳細に行わず，避難計画を進めていることが多いのである．

なお，東京電力福島第一原子力発電所事故を踏まえた場合，最も実現が難しいと考えられるのが，「段階的避難」である．

これらは住民の被曝量を足し合わせた「被害をうける人の全体としての被曝量」としての「総被曝量」を減らすという方針，すなわち共助を前提として作られている．事故直後の避難に関しては，被害を受ける人全体の被曝量を減らすため——また渋滞等の混乱を避けるため——，5 km 圏内の PAZ（予防的防護措置準備区域）の人がまず避難し，それが終わってから必要に応じ，30 km 圏内の UPZ（緊急時防護措置準備区域）の人が避難するという「段階的避難」を行うというものである．

だが，そもそも個人にとって，「被害をうける人の全体としての被曝量」「総被曝量」はあまり関係がない．自身や家族の被曝量を最小化することが個人の目的となる以上，5 km 圏内であれ，5 km 圏外であれ，また30 km 圏外であれ，急いで遠くに逃げるというのは素直な行動であり，それを止める論拠はない．原子力事故後の避難においては，公の利益としての「共助」と自らの利益としての「自助」は対立する．もちろん，性善説にたち，すべての住民が行政の指示通りに避難すれば，被曝量は少なくなる．そもそも PAZ から避難をする即時避難の段階では放射性物質の放出はほとんどないことが前提である．

だとすると，次の段階で問題になるのは，行政の描く想定通りの対応をしない個々人の避難行動である．具体的には，①避難を想定していない範囲の外の人（避難指示区域外の人）が避難するという「影の避難（Shadow Evacuation）」，②避難を想定している範囲の中の人が，避難を指示されていない段階で避難を始める「自発的避難（Voluntary Evacuation）」の存在である．これをきちんと区別して把握すること，また行政の方針通りの広域避難を実行しようとするならばこれらを抑制することが重要となる．原子力事故後の避難では行政の指示する想定通りであっても渋滞が発生する．その上，住民は自分たちで判断して避難をする人も多いことから，さらに想定以上の渋滞や混乱が発生する可能性がある．

ましてや，詳細な知識がない場合，住民はどう行動してよいかわからず，適

37

切な避難や防護措置は実施されず，多くの場合，遠くに逃げるということが唯一の選択肢になってしまう。行政の指示には従わず，先に遠方に避難しようという人がふえるほどに混乱する。現在のところ，それを無理に，「行政の指示に従うよう」にお願いしているという状態である。この段階的避難への理解を深められるかどうかが，この壮大なる計画を実行する鍵となる。

避難の実態

東京電力福島第一原子力発電所事故では，行政の指示通りに住民が避難したわけではない。福島第一原子力発電所事故では，避難指示対象区域外のいわき市や南相馬市，福島市，UPZ外でも多くの「影の避難（Shadow Evacuation）」が発生しているし，また，線量の高くなった飯舘村などで避難を指示されていない段階で避難を始める「自発的避難（Voluntary Evacuation）」が発生している。だが，現在これらの実態が反映された避難計画となっていない。

では東京電力福島第一原子力発電所事故における実態を詳細に見ていこう。避難を開始した時期としては，3月12日が圧倒的に多いものの，時間が経過してから避難したという人も多い。事態の深刻化に伴って，避難者が増えていくに従って，直後は約3分の1，最大（約1週間後）で約2分の1が「祖父母，親，子供又は孫の家」「親戚の家」に避難している（図1-3）。報道されるのは避難所が中心となるため，このような避難をした人達はメディアに取り上げられることは少なく，この形態の避難はあまり認識されていない。当然これを踏まえた計画はない。

また，避難の回数は，基本的には後に避難した地域ほど，避難回数は少ない。なお直後に避難を開始した双葉町は，町役場としても川俣市，さいたまスーパーアリーナ，騎西高校と3回移動している。ただし，例外は浪江町である。浪江町は，町役場としても津島地区，二本松市東和支所，二本松市男女共生センターと3回移動している。双葉町も浪江町も，割合として大きくはないもののそれでも町役場について避難場所を移動した人は少なくなく，それが全体としての避難回数を上げていると考えられる（図1-4，表1-4）。

この避難回数にばらつきがあること，避難回数が必要以上に多いというのは

第 1 章　東京電力福島第一原子力発電所事故における緊急避難と原子力防災

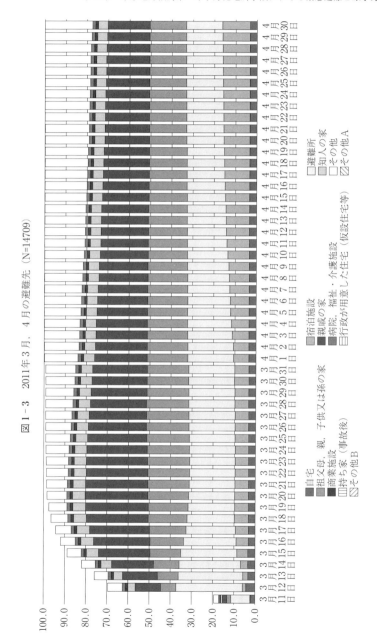

図 1-3　2011年3月、4月の避難先（N=14709）

図1-4 移動回数

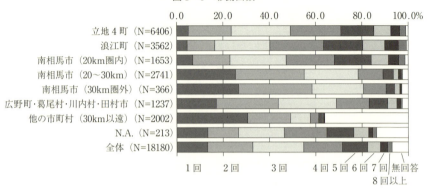

表1-4 移動回数(行為者平均)

	最小値	最大値	平均値	標準偏差
浪江町 (N=3427)	1回	20回	4.1回	1.785
双葉町 (N=876)	1回	12回	4.0回	1.641
大熊町 (N=1788)	1回	15回	3.7回	1.727
富岡町 (N=2425)	1回	17回	3.7回	1.691
楢葉町 (N=1117)	1回	11回	3.8回	1.636
広野町 (N=432)	1回	9回	3.4回	1.560
葛尾村 (N=212)	1回	7回	2.6回	1.319
川内村 (N=289)	1回	10回	2.7回	1.532
田村市 (N=261)	1回	20回	2.8回	1.731
南相馬市 (20km圏内) (N=1605)	1回	21回	3.8回	1.773
南相馬市 (20~30km) (N=2623)	1回	11回	2.5回	1.417
南相馬市 (30km圏外) (N=310)	1回	11回	2.3回	1.293
飯舘村 (N=383)	1回	7回	1.7回	1.004
川俣町 (N=108)	1回	6回	1.6回	0.864
伊達市 (N=18)	1回	3回	1.4回	0.698
いわき市 (N=504)	1回	12回	2.3回	1.400
福島市 (N=278)	1回	8回	1.9回	1.204
郡山市 (N=455)	1回	7回	1.7回	0.879
その他 (N=177)	1回	8回	2.7回	1.588
N. A. (N=201)	1回	20回	3.5回	2.055

いくつかの意味がある。一つは、住民は行政の指示通りに避難するのではないということである。混乱の中で各自が判断して、全国に逃げていったということである。また、今一つはこれは「平均値」にすぎないということである。一家族、一家族の人数が異なれば事情が違う。仕事も異なれば、血縁者のいる地域も異なる。人数が多くなればなるほど、一律の避難というのが困難になるということである。

現在、多くの原発立地地域で、広域避難計画が立てられている。都道府県が調整し、自治体をペアリングし、地域ごとにまとまっての避難が想定されている。もちろん行政として避難先を担保するのは重要ではあるが、実態として、本当に実現しうる計画なのかは、定かではない。

避難の阻害要因

次に避難時の阻害要因について考えたい。

もともと、原子力事故は「蓋然性が低い」とされ、東京電力福島第一原子力発電所事故以前は、広域に避難することは考えられてこなかった。そのため、現実的に自治体・住民は広域避難をすることを想定もしておらず、また方針がないまま避難をせざるをえず、多くの困難を抱えた。なお、先の避難計画においても下記のような阻害要因はほとんど考えられていない。

避難時の阻害要因として明らかになったことは、①移動に係る問題、②物資にかかる問題、③情報に係る問題の3つに大きく分けることができる（表1-2前掲）。

①、②に係る問題としてもっとも多く挙げられたのが「ガソリンが不足した」（74.3％）という問題である。原子力発電所立地自治体などと比べ、時間が経過してから避難した20km～30km圏の人々、30km圏外の人々においても高い回答率となっている。ガソリン不足が長期化し、どの地域でも（どの時点でも）、広域避難において大きな障害になったことがわかる。これは東日本大震災で顕在化した問題で、原子力事故に限らず、南海トラフ巨大地震など大規模災害においても同様の問題が生じると考えられ、現実的な解決策は考えられていない。なお、「道路が渋滞・損壊していた」（42.3％）、「食料や生活用品

が入手できなかった」(57.7%)という人も多かった。

③情報に係る問題としても，様々な課題が挙げられている。「どこに避難すればよいかについての情報がなかった」という設問において，もっとも解答率が高いのは，立地4町と20〜30km圏内の人々である。もちろん，行政の指示によりある程度の避難先市町村が指定された場合もあるが，①ほとんどの人々が車で避難していることから，避難した先の市町村でどこの建物に行けばよいかわからず混乱した，②祖父母，親，子供又は孫の家，親戚の家など行政の避難に頼らず親類を頼って避難した人も多く，そもそも，どのような避難が適切なのか判断ができなかった人が多かったのである。また，20〜30km圏の人々においては政府から，3月25日以降「自主避難」が呼びかけられたが，どこに避難すべきかという情報が提供されなかった。このため，「どこに避難すればよいかについての情報がなかった」との回答が多い原因となっている。

避難の長期性

なお，原子力事故の避難，移動については，長期間にわたって避難する人が多いというのも，一つの特徴である。5月以降も約半年くらいの間は借家や行政が用意した住宅（仮設住宅）を中心に移動する人は多い。また，30km圏外でも，5月以降に移動した人が顕著であった（図1-5）。

非避難者の対策

なお，「非避難者の対策」も重要である。3月11日〜4月30日までの間，域内残留者がある程度存在し，自衛隊や各町役場職員が説得し，避難を促した。

本調査結果からは，調査対象者の中でも警戒区域の1万1615人のうち，124人が避難していなかった（表1-5）。警戒区域内で避難していない人の特徴としては，圧倒的に男性の割合が高い。年齢層で見ると，立地4町は比較的年齢層が若い層が残留しており，浪江町，南相馬市（20km圏内）の場合は，やや高齢層が残留している傾向がある（表1-6）。

当初，避難をしなかった理由としては，「避難を判断できるほどの情報がな

第1章　東京電力福島第一原子力発電所事故における緊急避難と原子力防災

図1-5　5月以降の避難（移動）状況

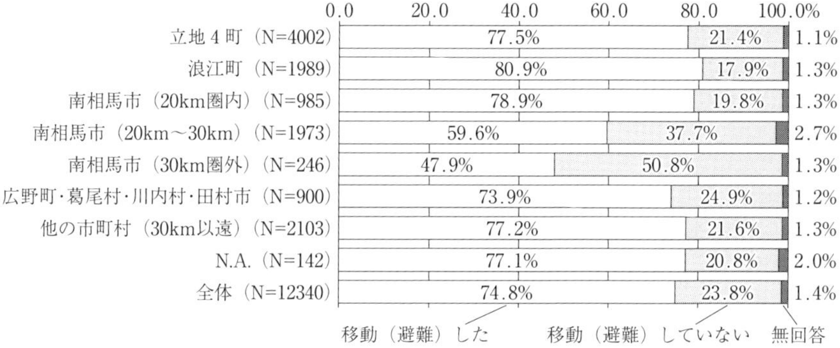

	移動（避難）した	移動（避難）していない	無回答
立地4町（N=4002）	77.5%	21.4%	1.1%
浪江町（N=1989）	80.9%	17.9%	1.3%
南相馬市（20km圏内）（N=985）	78.9%	19.8%	1.3%
南相馬市（20km～30km）（N=1973）	59.6%	37.7%	2.7%
南相馬市（30km圏外）（N=246）	47.9%	50.8%	1.3%
広野町・葛尾村・川内村・田村市（N=900）	73.9%	24.9%	1.2%
他の市町村（30km以遠）（N=2103）	77.2%	21.6%	1.3%
N.A.（N=142）	77.1%	20.8%	2.0%
全体（N=12340）	74.8%	23.8%	1.4%

表1-5　避難の有無　（％）

	避難した	避難していない	無回答
立地4町（N=6473）	99.0%（N=6406）	1.0%（N=63）	0.1%（N=4）
浪江町（N=3598）	99.0%（N=3562）	1.0%（N=35）	0.0%（N=1）
南相馬市（20km圏内）（N=1679）	98.5%（N=1653）	1.5%（N=26）	0.0%（N=0）
南相馬市（20～30km）（N=2809）	97.6%（N=2741）	2.4%（N=68）	0.0%（N=0）
南相馬市（30km圏外）（N=376）	97.3%（N=366）	2.7%（N=10）	0.0%（N=0）
広野町・葛尾村・川内村・田村市（N=1271）	97.3%（N=1237）	2.7%（N=34）	0.0%（N=0）
他の市町村（30km以遠）（N=3084）	64.9%（N=2002）	35.0%（N=1079）	0.1%（N=3）
N.A.（N=245）	86.9%（N=213）	13.1%（N=32）	0.0%（N=0）
全体（N=19535）	93.1%（N=18180）	6.9%（N=1347）	0.0%（N=8）

表1-6　非避難者の概要（性，年齢）　（％）

	警戒区域	立地4町	浪江町	南相馬市（20km圏内）	警戒区域外	南相馬市（20～30km）	南相馬市（30km圏外）	広野町・葛尾村・川内村・田村市	他の市町村（30km以遠）	無回答
男性	88.7	90.5	77.1	100.0	62.7	86.8	80.0	79.4	61.0	46.9
女性	10.5	9.5	20.0	0.0	35.1	13.2	10.0	17.6	37.0	43.8
無回答	0.8	0.0	2.9	0.0	2.2	0.0	10.0	2.9	2.0	9.4
10代	0.0	0.0	0.0	0.0	0.3	0.0	0.0	0.0	0.4	0.0
20代	4.0	6.3	2.9	0.0	8.4	1.5	0.0	2.9	9.1	9.4
30代	9.7	15.9	5.7	0.0	23.9	10.3	0.0	5.9	25.3	28.1
40代	12.9	17.5	8.6	7.7	14.8	22.1	20.0	14.7	14.6	3.1
50代	31.5	34.9	25.7	30.8	20.1	39.7	50.0	38.2	18.1	18.8
60代	23.4	14.3	31.4	34.6	18.3	13.2	0.0	26.5	18.7	12.5
70代	10.5	6.3	11.4	19.2	8.9	8.8	10.0	8.8	8.9	9.4
80代以上	5.6	3.2	8.6	7.7	3.4	4.4	0.0	0.0	3.2	9.4
無回答	2.4	1.6	5.7	0.0	1.9	0.0	10.0	2.9	1.7	9.4
	124人	63人	35人	26人	1223人	68人	10人	34人	1079人	32人

表1-7 避難しなかった理由（複数回答，1347人）
(％)

避難しなかった理由	立地4町(N=63)	浪江町(N=35)	南相馬市(20km圏内)(N=26)	南相馬市(20～30km)(N=68)	南相馬市(30km圏外)(N=10)	広野町・葛尾村・川内村・田村市(N=34)	他の市町村(30km以遠)(N=1079)	N.A.(N=32)	全体(N=1347)
自宅に居ても安全だと思ったから	7.9	31.4	23.1	10.3	10.0	20.6	22.2	28.1	21.2
行政が避難を呼びかけている地域でなかったから	0.0	25.7	3.8	5.9	10.0	8.8	51.2	43.8	43.4
放射性物質による汚染は問題ないと思っていたから	6.3	20.0	11.5	7.4	0.0	17.6	15.6	9.4	14.6
避難を判断できるほどの情報がなかったから	12.7	34.3	26.9	29.4	20.0	14.7	45.8	28.1	41.4
どこに避難すればよいかわからなかったから	9.5	22.9	26.9	23.5	20.0	0.0	43.3	43.8	38.6
家族と相談して避難は必要ないと判断したから	1.6	5.7	11.5	8.8	20.0	11.8	4.5	0.0	5.0
まわりの人が避難していなかったから	1.6	5.7	3.8	2.9	10.0	0.0	24.3	15.6	20.3
自宅と地域に愛着があったから	3.2	8.6	7.7	5.9	20.0	8.8	8.7	9.4	8.4
家族の要援護者などがいたから	0.0	8.6	15.4	16.2	0.0	11.8	7.7	0.0	7.8
防犯のために留守宅の管理が必要だったから	0.0	2.9	7.7	1.5	0.0	2.9	3.6	0.0	3.3
ペットがいたから	3.2	17.1	15.4	16.2	0.0	23.5	16.3	9.4	15.7
家畜がいたから	4.8	14.3	0.0	5.9	0.0	11.8	10.4	12.5	9.9
仕事の都合があったから	28.6	11.4	26.9	41.2	80.0	35.3	37.1	31.3	36.2
避難してきた人たちを支援していたから	0.0	11.4	7.7	16.2	0.0	2.9	10.4	15.6	10.0

かったから」「自宅に居ても安全だと思ったから」「どこに避難すればよいかわからなかったから」などが多く挙げられている。また浪江町において「行政が避難を呼びかけている地域でなかった」が多く挙げられている。これは主に津島周辺区域が当初，政府の20km圏避難指示にはあてはまらなかったことを反映していると考えられる（表1-7）。

なお，警戒区域外からの避難者の場合は「避難を判断できるほどの情報がなかった」「行政が避難を呼びかける地域ではなかった」「どこに避難すればよいかわからなかった」という理由が多い。仕事の都合も多くあげられている。

いずれも回答率が高い選択肢があるわけではない。残留者は積極的な理由があって残留したわけではない。特定の理由があるわけではない以上，対策はない。さまざまな理由から土地を離れない人々をなくすことは極めて困難ではないかと考えられる。事故対応においては，この，すぐに避難しない人のための「救助」「説得」，この残留者対策も必要である。だがこの対策は手付かずである。

5 安定ヨウ素剤の服用

　原子力発電所の事故が進展し，放射性物質の拡散が始まり放射線量が強くなったとき，放射性プルームが近づいたとき，また避難をするために屋外にでなければならないときなど，放射性ヨウ素による甲状腺の被曝を避けるため，被曝の程度がもっとも大きくなると考えられるタイミングを見計らって，放射性ヨウ素の吸収を防ぐために安定ヨウ素剤を服用する。

　東京電力福島第一原子力発電所事故の前は，原子力事故時に放射性物質が大量に拡散する状態になるまで事故発生から相当程度の時間があるという前提にたっていたために，安定ヨウ素剤は事故後に配布されることとなっており，服用時期や服用方法についても住民にはよく説明されていなかった。

　東京電力福島第一原子力発電所事故時には，政府・県からは安定ヨウ素剤の服用指示は出されなかったが，市町村によって対応が分かれ，複数の市町村で配布がなされた。具体的には以下の①〜③がある。

　① 住民へ配布し，服用を指示した自治体：三春町で7250人，双葉町は避難先に同行した保健師らの指示で服用した。また大熊町で340人は避難先（三春町）で職員の指示で服用した。服用指示は主に2町で保健師，1町で役場職員が爆発，風向などを考慮して判断したとされる。

　② 配布したが，服用を指示しなかった自治体：富岡町では，服用人数は不明だが2万1000錠が希望者に，いわき市では合わせて15万2500人に配布された。

　③ 配布しなかった自治体：楢葉町，浪江町では津島地区避難所に8000人分

が配備されたが，県からの指示がなく服用しなかった。南相馬市は配布を決定したが，住民へ情報伝達できず，また，混乱する避難などで住民の所在を確認できず服用できなかった。

と対応が分かれた（遠藤ほか 2014）。

だが実態はこれ以外の町村においても，少なくない人が，安定ヨウ素剤を受領，服用している。避難者全体で3.6％の人が服用し，避難自治体のほとんどで安定ヨウ素剤を服用した住民がいる（図1-6，図1-7）。それぞれの自治体の住民が様々な場所に避難しており，上記の当該市町村以外でも，配布自治体関係者から避難先で入手したものと考えられる。なお入手率や服用率に関しては，楢葉町と広野町，富岡町と川内村のように同じような避難経路をたどったところで類似の傾向がある。

住民の避難先は行政の指示通りとはかぎらず，様々な避難先では複数市町村の住民が混在して避難しており，安定ヨウ素剤を他市町村などから入手している。このことは，複数の市町村の住民が同時に避難，同時に同様の対応をしなければならない災害では，市町村ごとに，避難対応，避難計画が異なっていた場合，その自治体毎の対応によって混乱が生じるということを示している。近隣市町村で連携し，できるだけ同様の対応をとっていく必要があることを示しているし，他市町村の住民も混在して避難するため，人口分のヨウ素剤だけで十分に行き渡らない可能性があることを示している。

なお，震災前から，原子力発電施設等緊急時安全対策交付金では，安定ヨウ素剤は，服用対象人口に対する必要量の3倍を目安に交付の対象としているので，ある程度の量は確保されている。

また，従来，40歳以上は服用不要とされていたが，震災後に40歳以上でも甲状腺ガン発症増大のリスクが残ることから服用することに変更された。ただし，子どもは甲状腺被曝について成人よりも発がん影響の感受性が高いゆえに優先的に服用すべきこと，40歳以下が優先的に服用すべきこと，放射性物質を体内に取り込んだ可能性がある事故発生後，24時間以内に服用すべきことなどは知っている必要もある。

事故時に情報伝達の手段は限られ，詳細な服用の指示を伝えるのは難しいの

第 1 章　東京電力福島第一原子力発電所事故における緊急避難と原子力防災

図 1-6　ヨウ素剤の服用・受領

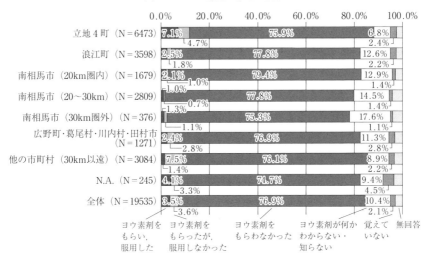

図 1-7　ヨウ素剤の服用・受領

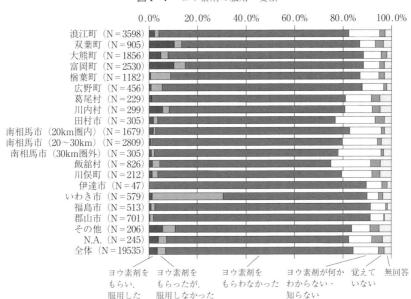

で，安定ヨウ素剤の特徴については住民が事前に正確に理解しておくことが前提であるが，その周知の度合いは，どの自治体においても未確認のままである。

6 スクリーニングと身体除染

広域避難を行う際には，被曝線量を下げるために，スクリーニング検査（避難退域時検査）が行われる。これは，放射性物質が体の表面や服に付着していないかを確認するものである。もし，放射性物質が体表面や服に付着していたことが確認された場合は，必要に応じて身体除染を行う。これは基本的には外部被ばくの低減を目的としている。

事故直後，どのくらい体の表面や物の表面にどれくらい放射性物質が付着しているかを図る単位としては，1分間あたりの放射線（β線）の数「cpm（count per minute）」として測定される。東京電力福島第一原子力発電所事故においては，「福島県緊急被ばく医療活動マニュアル」にある13,000 cpmを全身除染の基準としていたが，水も不足し，除染体制も整っていない段階では除染対象者が膨大になり混乱してしまうとの判断から，3月14日から100,000 cpmに変更された。これも計画上の数値がうまくいかなかったことの証左でもある。

これを踏まえて，現在は，緊急時の基準としては，OIL（運用上の介入レベル：確率的影響の発生を低減するための防護措置の基準）の一つ「人のスクリーニング・除染の基準（OIL4）」として40,000 cpm，一か月後基準値として13,000 cpmとされている。

調査結果から見ると，東京電力福島第一原子力発電所事故においては，調査結果からは，警戒区域からの避難者は，（市町村ごとにも異なるものの）2～3割の人がスクリーニングを受けていなかった。避難した人全体としても3分の1程度の人がスクリーニング検査を受けていない。なお楢葉町，広野町などいわき市・茨城県方向に避難した自治体の避難者ほど，この傾向が顕著である。また，避難区域外の住民（後に避難した区域外避難住民）は，何らかの形で約3割がスクリーニング検査を受けている。約7割近くが，放射線に対する不安が

第 1 章　東京電力福島第一原子力発電所事故における緊急避難と原子力防災

図 1-8　スクリーニング検査の受診率

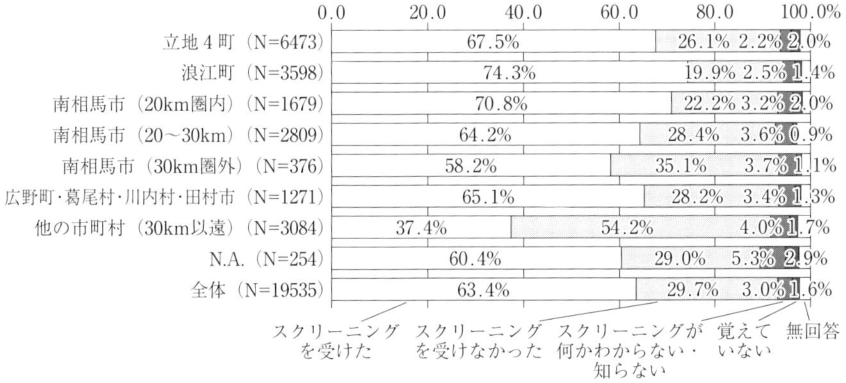

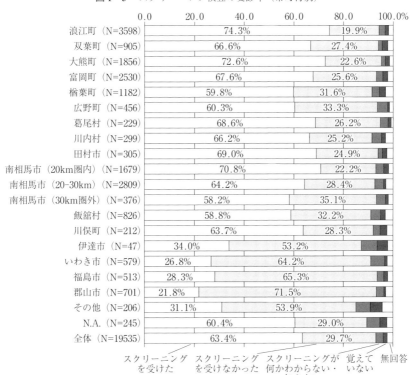

図 1-9　スクリーニング検査の受診率（市町村別）

あったにもかかわらず，スクリーニング検査を受けていないということである（図 1 - 8，図 1 - 9）。

　もちろん，スクリーニング検査は直後の被曝量の大雑把な把握，外部被曝の把握に過ぎない。だが，もし被曝が確認された場合，身体除染によって物理的な被曝量は大幅に低減できる。また被曝がなかった場合でも直後の被曝量の確認は心理的負荷を軽減するためにも極めて重要である。甲状腺の異常の要因とされる放射性ヨウ素は，半減期が約 1 週間であることから，初期段階でスクリーニング検査を受けなかった場合，後で遡って被曝の有無を確かめることはできない。そのため長期間，甲状腺の異常が出るかもしれないという不安を抱えることとなってしまう。初期段階でスクリーニング検査が徹底されなかったことは，住民の初期被曝がわからないという不安を引き起こし，福島県の県民健康調査（震災後の行動記録などを基にした被曝線量の推計，甲状腺がん検査の実施）に至る，現在の様々な問題の遠因となっている。被曝量が小さかった／なかったとしても，初期のスクリーニング検査は極めて重要なのである。

　だが，現在の原子力防災指針，各県の原子力にかんする避難計画では基本的には PAZ（0 〜 5 km）圏内の即時避難については放出前の避難であるとしてスクリーニング検査は行わないことになっている。30 km 圏外についてもスクリーニングの計画はない。東京電力福島第一原子力発電所事故の教訓を踏まえれば，現行の計画では，長期間，多くの人が放射線への不安を抱えることになるであろう。

　かつ，先述したように，住民の避難行動は行政の指示通りとはならない。そのため緊急時のスクリーニング検査はきちんとその意味と実施場所などを周知していないと全員を検査対象とすることができない。実施体制をどう確立するか，検査漏れを防ぐことが可能か，考えるべき課題は多いまま残されている。

7　原子力事故情報の課題と教訓

　なお，ここまで住民の対応について調査に基づいて東京電力福島第一原子力事故時の実態を検討してきたが，その前提として重要なのが，事故発生から住

民避難の判断に至るまでの「情報」である。これについても間接的に住民の避難に関わるので，事故情報，放射線モニタリング情報，放射性物質の拡散情報，災害対応情報，救助情報について課題を緊急避難や放射線防護という視点から簡潔に記述しておきたい。

事故情報

　原子力事故が発生した場合，まず異常な現象が発生していることを覚知し，防災関係機関および周辺住民に情報として知らせる必要がある。原子力災害対策特別措置法では，基準以上の放射線量が確認されるなど，定められた異常な事象（特定事象）が発生した場合に原子力事業者は関係者に対して「10条通報」を行う。さらに事態が深刻化し，原子力事業所境界付近で500 μSv/h を検出した場合には「15条事象」と判断され，内閣総理大臣から「原子力緊急事態宣言」が発表される。これらが緊急時であること，放射線防護措置を考えなければならないことを知らせる重要な情報となる。

　これらの情報は1999年のJCO臨界事故を教訓に立法化された原子力災害対策特別措置法で定められたもので，原子力災害対応のトリガーとなるものとして用意されたものだが，発出されたのは今回だけである。よって，次に発出されるような場合にきちんとその内容も含めて受容，理解されるかどうかも不明である。

　また，2012年の原子力災害対策指針の制定によって，10条通報，15条事象という枠組みを拡大する形で，初期対応段階について緊急時活動レベル（EAL: Emergency Action Level）が定められ，大津波や震度6弱の地震などが発生した場合のことを「EAL1 警戒事態（AL: Alert）」，原子力災害対策特別措置法10条にあたる事象が発生した場合のことを「EAL2 施設敷地緊急事態（SE: Site Emergency）」，原子力災害対策特別措置法15条事象にあたる事象が発生した場合のことを「EAL3 全面緊急事態（GE: General Emergency）」と呼ぶこととなった。

　なお，過去，JCO臨界事故，新潟県中越沖地震，東京電力福島第一原子力発電所事故など原子力が関わる事故できちんとすばやく事故発生や放射線に関

する情報が関係自治体，住民に迅速に伝わったことはない。数時間単位のタイムラグがある。東京電力福島第一原子力発電所事故においては，津波の対応，報道機関は津波の報道に追われ，事故当日は自治体や住民に対して，クリティカルな情報としてはほとんど伝わっていない（3月11日は，原子力に関連する報道は，ほとんどなされていない）。

そもそも東京電力福島第一原子力発電所事故の場合は，避難や心理的影響に関しては，これらのトリガー情報や放射線量よりも，「水素爆発」のインパクトの方が大きかった。よって，次の災害のときに情報がきちんと伝わるかどうかは，検討が必要であろう。

放射線モニタリング情報

原子力発電所周辺にはモニタリングポストが置かれ，常時空間放射線量のモニタリングがなされているが，事故時にはこれに加え緊急時モニタリングなども行われる。放射線量情報の収集および放射性物質の拡散の実況ないし予測を知ることは，放射線防護のすべての前提となる。原子力防災指針により，「防護措置実施の基準である運用上の介入レベル（Operational Intervention Level: OIL）」が導入されたが，OIL1（避難や屋内退避），OIL2（一次移転）など，防護措置は基本的に空間線量の実測数値によって決まるので，このモニタリング情報は重要度を増したといえる。

東京電力福島第一原子力発電所事故においては，東京電力の敷地内の8台のモニタリングポスト，14台の排気管モニターは全交流電源喪失のため使用できなくなったほか，福島県が持つ24台のモニタリングポストは1台を除き使用できなかった（棚塩，請戸，仏浜，熊川の4台は津波で流出，波倉は津波により回線が使用不可能，18台は伝送する回線の基地局のバックアップ用電源が途絶）。

緊急時に得られるはずのモニタリングデータがほとんど得られず，極めて混乱した。モニタリングポストの頑強性も一つの検討課題である。

放射性物質の拡散情報

東京電力福島第一原子力発電所事故までは，SPEEDIによってシミュレーシ

ョンを行いつつ，モニタリングデータを見ながら屋内退避か，もしくは広域避難の方向を判断することになっていた。モニタリングポストのデータは，オフサイトセンターを経由してERSS（Emergency Response Support System：緊急時対策支援システム）に情報をおくられることになっていたが，その専用線も地震による停電などのため16時43分以降使用できなくなり，モニタリングデータは伝達されなかった。また東京電力緊急時対応情報表示システム（SPDS）からのデータ伝送もなされず，この結果，原子力安全・保安院の緊急時対策支援システム（ERSS）はSPEEDIの計算の前提となる情報を得ることはできなかった。

　SPEEDIは風向きと地形を考慮しつつ，放射性物質の拡散をシミュレーションするものである。もし放出源情報を得られないのなら単位放出（一定量の放射性物質が原子力発電所から放出されること）を前提としたシミュレーションを元に判断することになっていた。だが官邸関係者に対し文部科学省の担当者がSPEEDIを十分に説明できなかったため，官邸関係者はSPEEDIの情報を得られない状況にあることの意味，「単位放出によるシミュレーション」の意味を理解できず，これらの計算結果を避難など防護措置に役に立てることはできなかった。

　東京電力福島第一原子力発電所事故においては「モニタリングデータ」「SPEEDIの単位放出による拡散シミュレーション」が長期間にわたって開示されなかったことが問題とされているが，「事故直後から放出源情報が得られていない」「SPEEDIモニタリングデータの収集が不可能になった」という情報の意味が理解されなかったことの方がより大きな問題であった。情報システムが停止しているということは，できるだけ早く避難すべきと解釈せざるを得ない。「情報が得られない」という情報は人々の緊急被曝を防ぐため，避難のために事故直後，関係者や地元の行政・住民に開示すべき決定的に重要な情報であった。だが，それらは伝達されなかったのである。

　なお，東京電力福島第一原子力発電所事故後は，このSPEEDIの情報は避難情報としては活かされないこととなった。それぞれの地域のモニタリング実測値に基づいて避難することとなった。すなわち，放射線量が上昇し，被曝し

てから避難するということである。本来は，原子力事故後の避難は，放射性物質の拡散情報に基づかなければ早期の避難は行えない。政府事故調の報告書では，むしろ単位放出の情報さえ提供さえあれば，浪江町の避難時における被曝は防げたことが示されている（東京電力福島原子力発電所における事故調査・検証委員会，2012, p. 233）。東京電力福島第一原子力発電所事故で活かせなかったからといって，これをやめるべきではない。だが，SPEEDI はスケープゴートにされたまま，国は SPEEDI の運用をやめている。

なお，東京電力では過酷事故に備えて DIANA（Dose Information Analysis for Nuclear Accident）という放射性物質の大気拡散影響評価のシミュレーションシステムを有しており，シミュレーションの重要性は失われていない。5 km 〜 30 km の UPZ において，避難の指針が公には実測値のみであるという意味で大きな課題である。

災害対応情報の共有

原子力災害においては，事故情報，避難勧告・避難指示に関する情報をどの機関が発信するのか，どのように関係機関で情報共有するかという問題がある。平時は，避難勧告，避難指示は災害対策基本法60条に基づき市町村長が行うことになっている。だが JCO 臨界事故の屋内退避指示も茨城県が発出しているし，東京電力福島第一原子力発電所事故においても，福島県，政府が避難指示，屋内退避指示を出している。これらは法的根拠は不明瞭のままである。なお，地域防災計画上，県知事が避難指示・避難勧告を発出できると定めているのは新潟県のみであり，他道県はそのようなことは計画上定められてはいない。もっとも原子力事故は市町村単位では対応が困難であるから，本来はどこが主導するべきなのか，今一度議論をすることも必要であろう。

また緊急事態応急対策拠点施設（以下，オフサイトセンター）に関して，原子力災害対策特別措置法上は，原子力防災については政府が責任を持つという前提の下，原子力発電所近くに設置されたオフサイトセンターに市町村，県，政府など関係機関が集まり，事故対応について，意思決定をすることになっていた。だが，東京電力福島第一原子力発電所事故では，大熊町の福島県原子力災

害対策センターは非常用電源も故障し、線量も上がり、関係者も集まらずに機能しなかった。結果、東京の官邸で3km、10km、20kmの避難指示、屋内退避指示が発表されたが、多くの市町村は政府、県、東京電力と機能的な連絡が取れず、他市町村の状況を把握できないまま、その情報をNHKなどのテレビ放送などで状況を理解し、避難の判断を行わざるを得なかった自治体が多かった（浪江町と東京電力は未だ、事故情報の授受にかんして意見の相違があり、SPEEDIの情報も政府から福島県庁に伝わった段階で、情報が失われたとされ、詳細は不明のままである）。

東京電力本社と官邸、文部科学省、経済産業省（ERC：経済産業省緊急時対応センター）、原子力安全・保安院、原子力安全委員会、オフサイトセンター、県庁それぞれにおける緊急時の役割がきちんと決まっておらず混乱したため、3月15日からは政府・東京電力統合対策本部で情報が発信されることとなった。

いずれにしろ、原子力事故の場合は様々な機関による対応が同時並行で行われるので、この調整や役割分担が極めて重要なポイントとなる。原子力規制庁が主導するEMC（緊急時モニタリングセンター）など、役割が明確化した部分はあるが、それ以外の情報発表の方法やイニシアチブをどの組織がとるかなど、明文化されていないものも多い。情報発信の主体や役割分担も課題である。

救助情報の共有

東日本大震災では、今一つ、問題となったこととして救助情報の共有がある。自衛隊と福島県警、福島県災害対策本部の連絡体制がうまくいっていなかったことにより、双葉病院と系列の介護老人保健施設ドーヴィル双葉において入院患者の救出、移送に混乱・遅れが生じた。結果、南相馬市を迂回したのち、いわき市に入院患者を長時間かけて移送したため避難途中に7人が死亡した。また避難まで時間がかかったことなどから最終的に50人の死者が出る事態となった。この警察・消防・自衛隊などの救助隊の連携の問題などは、政府事故調査検証委員会などにおいても指摘されてきた問題だが、解決されていない。

緊急避難や放射線防護という視点から

　ここまで，東京電力福島原子力発電所事故における避難に関する調査結果を中心に詳述してきたが，緊急避難や放射線防護という視点から大きくポイントをまとめるとすれば，下記のようになる。

・基礎自治体が避難したときにどう住民に情報を伝達するかなど，情報伝達手段について十分に検討されていない。なお，平時から市町村は住民に対して防災行政無線や登録者へのメールくらいしか情報伝達の手段はもっていないので災害時の情報伝達のルートも確立しているとはいえない。

・「原子力防災」「放射性物質」「緊急時の防護措置」「原子力に関する広域避難」に関する知識を住民は身につけておく必要がある。緊急時に何をなすべきか詳細がわかっていないと住民はどう行動してよいかわからず，適切な避難や防護措置は実施されない。

・屋内退避，ヨウ素剤，スクリーニング，除染など放射線からの防護措置，広域避難について住民が事前に正確に理解しておく必要があるとともに，これらの情報伝達手段が確保される必要がある。

・放射性物質や放射線防護，線量についての知識がなければ，原子力事故についての緊急時の情報を理解できず，避難や適切な防護措置は適切に行えない。そのため，住民がこれらの知識を十分に理解できているかが重要である。

・ガソリン不足，防災機関の情報共有の問題など，その他避難を阻害する要因が検討されていない。

・100％の住民が行政の指示通りの避難を行うわけではない。それぞれの判断による避難所以外への避難，その人々への情報周知体制，およびその後の対応などについては，なんら対策がなされていない。

・域内残留者の発生とその人々と救助の問題も現実問題として発生するが議論されていない。

・住民は自治体の枠を越え，ばらばらに避難するので自治体ごとで避難対応や防護措置の指示対応が異なると混乱する。各自治体が行う防護措置はできるだけ方針を合わせる必要がある。

・原子力防災における放送の位置づけや情報共有についての改善策は東日本大

震災を踏まえても明示化されてない。
・住民心理に関する課題については残されたままである。原子力事故における避難は第一義的には，放射性物質からの被曝をふせぐためのものではあるが，仮に健康に影響がなかったとしても，派生的に避難をする人に不安感を増大させ，周囲に差別感情を引き起こし，生業を，地域を，家族を，人間関係を崩壊させる。そこまで含めて原子力災害時の避難を考える必要がある。

　そのため，原発立地地域の住民だけではなく日本国民全員において，放射性物質や放射線防護，線量に関して正確な理解が必要である。そうしないと，原子力事故後に政府・自治体から発せられる緊急時の原子力防災情報を適切な広域避難や放射線防護措置に結びつけることや，生活の継続，事業の継続を判断することができない。また，差別，いやがらせ，長期間の過剰な食品忌避，過剰な対応など様々な社会的混乱を助長することになる。とはいえ，これらへの対処はそう容易ではない。

残された課題

　また，本章で検討していない残された課題も，避難や防護措置に絞っても多くある。具体的には以下の通りである。
・屋内退避の手法，日数の限度については十分に考えられていない。
・原子力発電所の複数号機が事故を起こす場合が想定されていない。東京電力福島第一原子力発電所の1～4号機の事態の時間差の進展，東京電力福島第二原子力発電所の緊急事態宣言を踏まえれば，地震・津波等により複数の原子力発電所の事故が発生する場合の避難も想定されるべきだが，想定されていない。
・各立地県の原子力災害時の広域避難計画においては，UPZ圏内において，避難指示が出されていない段階での避難「自発的避難（Voluntary Evacuation）」についてシミュレーションなどにおいて考慮されている場合があるものの，域外の「影の避難（Shadow Evacuation）」については，十分に考慮されていない。
・特定の区域が避難等対象区域となることが想定されているが，隣接した市町

村が避難を開始した場合，住民感情としては避難せざるを得ないというのが現実的であり，実際に東京電力福島第一原子力発電所事故ではそのような避難が行われている（葛尾村と浪江町，楢葉町と広野町の例）。だが，このような心理的状況を踏まえた想定となってない。
・要援護者対策が十分でない。各事故調査検証委員会において指摘されている双葉病院，ドーヴィル双葉に代表されるような避難区域内の特別養護老人施設，重症患者や寝たきりの患者，要援護者など，など無理に避難することでリスクが高まる人を避難させることは限りなく困難である。フィルター，陽圧化などの施設対策を実施し，屋内退避をするにしても医薬品・食料のストック・補充，医師，職員の確保の方策は十分に考えられていない。

原子力災害の教訓を今後に生かす

本論では，さまざまな観点で原子力災害について考えてきたが，原子力災害の教訓を今後に活かす上で通底するポイントを最後にいくつか述べておきたい。

まず「Disaster is Unique」であるということだ。放射性物質の放出規模，期間，核種，様相（気象や時間，人口規模）は事故毎に異なり，災害はそれぞれごとにユニークである。東京電力福島第一原子力発電所事故と全く同じ原因，同じ規模の災害は起こらない。そして対応も異なる。チェルノブイリ原子力発電所事故は核種が様々あったので，核種毎の汚染マップが必要であったが，東京電力福島第一原子力発電所事故においては，セシウム134，セシウム137が卓越していたので空間線量を示すことが重要になった。事故の状況によって対応も変わってくる。

また，放射線量の低減の度合いも異なるので，復興のスピードの前提も異なってくる。放射性物質の放出規模，期間，核種，様相（気象や時間，人口規模）によって，原子力災害は全く異なる対応をとらざるを得ない。過去の事例は一つのケースに過ぎない。その視点を忘れないことである。

とはいえ，「Disaster is Repeated」である。やはり初期の避難の課題や対応は当然，類似の課題が存在する。災害への備えの基本として「過去の災害の教訓に学ぶ」ことは大原則である。東京電力福島第一原子力発電所事故の避難，

防護措置に関する教訓や課題を明確化し，これを踏まえた防災対策を考えることは出発点である．

　そもそも，現段階の原子力防災の問題点は極めて単純である．過去の災害の教訓（東京電力福島第一原子力発電所事故の教訓）を活かして次の災害に備える，少なくとも同じような被害，混乱を繰り返さないという防災の基本ができていないことである．これは，先に記述したが，もともと政府の原子力防災がIAEAの防災指針を取り入れるということを基本としていることによる．東京電力福島第一原子力発電所事故は先進国での最大規模の事故であり，東京電力福島第一原子力発電所事故が今後の原子力防災の基礎になってくると考えられるにも関わらず，東京電力福島第一原子力発電所事故の教訓を最大限に汲み取ろうという姿勢は弱い．結局のところ，この東京電力福島第一原子力発電所事故を経験しても，全電源喪失について対策を立てた，津波の浸水について対策を立てた，シビアアクシデント対応を行った，だからもう東京電力福島第一原子力発電所事故ほどの原発事故は起きないはずという過信があるのではないだろうか．東京電力福島第一原子力発電所事故を経てもなお，原子力行政・原子力事業者は安全神話から脱却できていないのである．この「安全神話への回帰」に抗い続けるには，真摯にこの東京電力福島第一原子力発電所事故の発生とその後の避難を含めた災害対応の現実に向き合い続けることである．

　避難すること，放射性物質の飛散をよしとしないのならば，究極的に住民の生命，財産，就業（賠償を含めて）の代替可能性が許容されないのならば，原子力発電を捨てるか，周辺には住まないか，いずれかの選択肢を取らざるを得ない．社会が，住民が事故の可能性に同意できないならば，そもそも原子力発電が社会で許容される技術ではないということである．

　東京電力福島第一原子力発電所事故の発生という教訓を忘れ，それらを深く考えないまま再稼働して原子力発電を再開した場合でも，少なくとも，緊急時や事故が発生した際の避難を「是」とするということを忘れてはならない．また廃炉となっても当面の間，使用済核燃料はそれぞれの原子力発電所に存在する．いずれにしろ，原子力発電所が存在する以上，より現実的な避難，防護措置を考えておくことは必須なのである．

＊本章は，筆者の原子力避難に関する論考（関谷 2015a；関谷 2015b；吉井ほか 2016；関谷 2017）を元に，大幅に加筆修正を加え，再構成したものである。

注
(1) なお，その他の市町村においては①20 km 圏外における計画的避難区域や特定避難勧奨地点の避難者，また②福島市，郡山市などのいわゆる「区域外避難者」を含んでいる。
(2) なお，時間が経過してからの避難となった20 km 圏外や計画的避難区域などを含む30 km 以遠の人々は家族・近隣住民からのよびかけ，親戚からのよびかけなどインフォーマルな情報が役にたっていた。

引用・参考文献
遠藤きよ子・高橋まり子・功刀恵美子・野口和孝・佐藤政男，2014，「福島原子力発電所事故時の安定ヨウ素剤に関する薬剤師の経験と今後の課題」『社会薬学』33 (1)：43-50.
原子力安全委員会，1980，原子力施設等の防災対策について，昭和55年6月（平成22年8月最終改訂）．
原子力安全・保安院原子力防災課，2009，「原子力災害等と同時期又は相前後して，大規模自然災害が発生する事態（複合災害）に対応した原子力防災マニュアル等の見直しの考え方の論点（平成21年4月27日）」（http://www.meti.go.jp/committee/materials2/materials2/downloadfiles/g90427c22j.pdf）．
原子力規制委員会，2012，「原子力災害対策指針（平成24年10月31日）」（平成30年10月1日最終改正）（https://www.nsr.go.jp/data/000024441.pdf）．
IAEA, 2011, General Safety Guide (No. GSG-2), IAEA Safety Standards Criteria for Use in Preparedness and Response for a Nuclear or Radiological Emergency Jointly sponsored by the FAO, IAEA, ILO, PAHO, WHO 1 for protecting people and the environment.
関谷直也，2015a，「東京電力福島第一原子力発電所事故から考える原子力防災の課題――『安全神話』への回帰に抗い，福島の教訓に立ち止まる」『都市問題』106 (8)：20-25.
関谷直也，2015b，『災害対策全書（別冊）「国難」となる巨大災害に備える――東日本大震災から得た教訓と知見』，ぎょうせい，320-323.
関谷直也，2017，「東京電力福島第一原子力発電所事故における緊急避難の教訓（特集 東日本大震災と原発事故（シリーズ28）原発再稼働問題）」『環境と公害』47 (2)：39-44.

東京電力福島原子力発電所における事故調査・検証委員会，2011,「東京電力福島原子力発電所における事故調査・検証委員会　中間報告」.
東京電力福島原子力発電所における事故調査・検証委員会，2012,「東京電力福島原子力発電所における事故調査・検証委員会　最終報告」.
吉井博明・田中淳・関谷直也・長有紀枝・丹波史紀・小室広佐子，2016,「東京電力福島第一原子力発電所事故における緊急避難の課題——内閣官房東日本大震災総括対応室調査より」『東京大学大学院情報学環紀要情報学研究　調査研究編』32：25-82.

第2章
原子力災害における被災自治体と復興計画

丹波　史紀

　原子力災害は被災者のみならず自治体ごと行政の機能移転を余儀なくされた。全国に避難する被災者の安否確認，必要な行政サービスの確保に始まり，被災自治体は災害後の行政運営に多くの困難が生じた。見通しの立たない原子力災害による被害拡大の前に，自治体は前例のない復興計画の策定にとり組まざるを得なかった。こうした中で導き出された考えは，「地域の復興」の前に「人間の復興」を優先し，その両方を実現しようとする計画である。そうした復興の基本理念は，被災者である当事者から導き出されていった考えと言える。

　本章では，原子力災害による自治体の行政機能移転の経緯をふまえ，前例のない災害を前に被災地でどんな議論がなされ復興計画策定に至ったのかを論じる。

1　被災自治体の機能移転

原子力災害における役場機能の不全と移転

　2011年3月に発生した東日本大震災は，学校や公民館などの避難所に震災1週間後に約40万人もの人びとが避難する状況にあった。その後，3月11日15時37分以降，東京電力福島第一原子力発電所は1号機を皮切りに同時多発的に複数の原子炉が全交流電源を喪失した。

　政府は，19時3分に原子力災害対策特別措置法に基づく「原子力緊急事態宣言」を発令し，21時23分には第一原発から半径3km圏内の住民に避難指示，3～10km圏内の住民に屋内待避を指示した。翌12日5時44分には半径10km圏内の住民にも避難指示をだした。同日18時25分には半径20km圏内の住民に

避難指示を拡大した。3月15日11時00分には，半径20〜30km圏内の住民に屋内待避を指示した。さらに4月22日午前0時を境に，半径20km圏内を「警戒区域」に指定し，同区域内への住民の立ち入りを禁止した。

こうして原発周辺自治体を中心に多くの住民が避難を余儀なくされた。原発周辺自治体では，住民だけでなく自治体職員も避難を余儀なくされ，行政機能そのものも移転せざるを得なかった。これによりその後の行政機能は著しい制約の中で運営しなければならなかった。

原発周辺自治体の役場機能移転はどのような経路をたどったのか。例えば，双葉町では3月12日8時に川俣町に避難するよう防災無線を通じて広報した。その後放射線量の数値が急上昇したために，14時頃井戸川町長（当時）が職員に役場の閉鎖を指示し退避した。その後3月19日には埼玉県さいたま市にあるさいたまスーパーアリーナに移動したが，その際移動した町民は町民7140人のうち約1200人にとどまった。その他の双葉町民は，二本松市，田村市，郡山市，福島市，いわき市，南相馬市と県内各地，さらに県外にも分散して避難した[1]。その後3月末役場機能は，埼玉県加須市の旧騎西高校に移転した。その他，大熊町は田村市から会津若松市へ，浪江町は二本松市へ，富岡町は川内村から郡山市へ，楢葉町は会津美里町からいわき市へ，葛尾村は会津坂下町から三春町へ，川内村は郡山市へ，飯舘村は福島市へ，とそれぞれ役場機能を移転させている（図2-1）。

役場の本部機能をそれぞれ別の自治体へ移転せざるをえなかったが，災害直後は各地に分散して避難所に避難する住民へのサポートから，役場職員が各避難所等で配置し対応するなどした。住民避難においては，バスもしくはマイカー等で避難し避難先の避難所に順次入っていったが，避難の際に住民の避難先の把握まではしていない場合もあり，その後の住民把握に困難が生じた。さらに病院や福祉施設等では，自力で避難することが困難な者もいたことから，マイクロバスやヘリコプターで避難するなどしたが，避難過程で亡くなる者もあった。詳細は本書第4章で後述する。なお，双葉町はその後2013年6月17日役場機能を福島県いわき市内に仮庁舎を開設し移転させた。

第２章　原子力災害における被災自治体と復興計画

図 2 - 1　原子力災害における行政機能移転

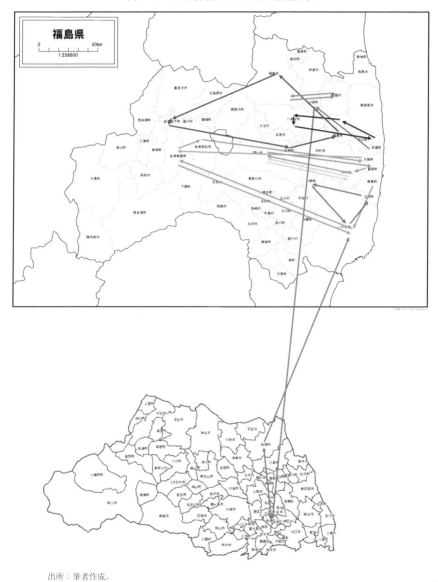

出所：筆者作成。

行政サービスの執行困難

　被災自治体は本庁舎機能を別の自治体に移転せざるを得なかったが，広域的に避難する住民の対応には多くの困難が生じた。各自治体は政府や福島県の指示を待つことなく自発的に住民への避難の呼びかけやサポートに取り組んだ。各自治体の取り組みは災害時における行政機能のあり方について検証を必要とするが，さしあたり詳細な記録を公開している大熊町を例に取りあげる。[2]

　大熊町では震災翌日の3月12日，バスに乗り込み田村市都路地区を目指して避難した住民は，避難所がいっぱいであったために西へとさらに進み，小野町，三春町，郡山市へと避難した。同日18時25分，政府が半径20km圏内に避難指示を出したことにより，田村市都路地区は避難対象地域となった。防災無線で避難を知った都路地区の住民と共に同市船引地区に再避難した。この際同行した職員は大熊町災害対策本部との連絡がとれず田村市の災害対策本部と協議し再避難を決断した。

　その後大熊町災害対策本部では，職員不在の避難所もあったために職員の再配置を行った。なおその後も避難した田村市内で避難所の再編があった。避難して1，2日後頃から家族の安否が取れない者や家畜等の世話で町内に残っている者などが現れていた。町の記録では3月17日段階で40人の行方不明者を確認している。同町職員は自衛隊と協力し，放射線量の高い町内を10日ほどかけて所在の確認や避難呼びかけを行っている。また，住民の避難先の移動にともない所在の確認は困難を極めた。

　行政の機能移転を余儀なくされた大熊町では，町長印などの公印の回収に始まり，町民の安否確認，被災証明書などの発行手続きを行っていった。また，住民情報にかかわるシステムが同町内に残っていたため，このデータやノートパソコンの回収を行い，コールセンターを開設して町民の安否確認を行っていった。3月25日に町の拠点を会津若松市に移すことを発表，4月5日開所を目指し会津若松市に自治体の出張所を開設することを決めた。大熊町では町の出張所の開設にともない，小中学校等の学校機能の再開を会津若松市内で再開することを決定した。2011年3月1日時大熊町では，幼稚園児334人，小学生726人，中学生368人が在籍していた。4月16日幼稚園・小学校・中学校の合同入

学・入園式が開かれ，就学児童は幼稚園135人，小学生357人，中学生216人が在籍し，全体の47.6％が同市内で始業を開始した。なお，それ以外の児童・生徒は区域外就学を選んだ。行政機能および学校などを会津若松市に移転し再開させる上で当時の同市教育長の役割は大きかった。

　大熊町では，行政機能を別の自治体で執行するという異例の事態をふまえ，会津若松市と協議をし，「会津若松市・大熊町行政サービス調整表」を作成，両自治体間で随時協議を重ね，行政サービスの分担と調整を行った。大熊町ではそのための必要経費も応分に負担した。後述するように，「東日本大震災における原子力発電所の事故による災害に対処するための避難住民に係る事務処理の特例及び住所移転者に係る措置に関する法律（以下，原発避難者特例法）」の制定により，住民の避難先での行政サービスが利用できるようになった。また，会津若松出張所を役場の本部機能とすると共に，いわき出張所，中通り連絡事務所に各行政窓口を置くなどして住民への対応に努めた。

　当面の行政事務で大きな課題となっていたのは，2011年4月の福島県議会選挙，9月の町長選挙，10月の町議会議員選挙といった選挙事務であった。しかし震災直後は震災対応で自治体職員が多忙を極め，住民の所在確認もままならなかったことから，およそ選挙をすぐに実施できる状況になかった。そのため国は，「地方公共団体の議会の議員及び長の選挙期日等の臨時特例に関する法律」を施行し，選挙日程を延期した。その後の同年11月選挙実施に際しては，会津若松出張所といわき連絡事務所内に投票所を開設，全国に避難する住民に対し，不在者投票を郵送によって投票用紙・投票用封筒・不在者投票証明書を避難先の自治体の選挙管理事務所へ持参し投票するシステムで対応した。

　このように被災自治体では，広域に避難する住民への行政サービスにおいて，前例のない対応をその都度迫られ，一つひとつ手探りで対応した。とはいえ，全国に避難することになった住民への対応は困難を極め，必要な情報を住民に周知することすら制約があった。なお，被災自治体ではその後月2回広報誌を郵送で住民に届け，最低限の情報提供に心がけることになった。

広域避難する避難者の制度的対応

　原子力災害による長期にわたる避難指示が出され，住民の帰還等が見通せない中において，多くの自治体では全国に避難する住民のサポートに当面対応せざるを得なかった。特に広域避難する避難者への支援については，避難者の所在確認からスタートし，避難先での生活サポートなど広域的な対応が求められた。

　国は，2011年11月15日に「原発避難者特例法」を施行し，全国各地に避難する住民に対し，要介護認定等に関する事務，保育所入所に関する事務，予防接種に関する事務，児童生徒の就学等に関する事務など，住民への行政サービスを避難先の自治体が代行する制度をつくった。「指定市町村」から住民票を移さずに避難している住民については，指定市町村又は福島県が提供すべき行政サービスのうち，「自ら提供することが困難であるとして総務大臣に届け出て告示されたもの（特例事務）」については，同法に基づき，避難先団体から受けることとした。「指定市町村」は，いわき市・田村市・南相馬市・川俣町・広野町・楢葉町・富岡町・大熊町・双葉町・浪江町・川内村・葛尾村・飯舘村の13市町村である。ちなみに法律上，それ以外の自治体から避難する住民については，避難先の自治体の「努力義務」とされた。

　さらに，2012年6月21日には「東京電力原子力事故により被災した子どもをはじめとする住民等の生活を守り支えるための被災者の生活支援等に関する施策の推進に関する法律（以下，原発事故子ども・被災者支援法）」が施行された。上記のように，避難区域以外からも多くの住民が避難している現状において，政府・東京電力などからの支援あるいは賠償も十分ではないことから，必要な支援を求める法律が与野党超党派の議員立法により成立したのである。同法によって正確な情報提供や，放射線による健康上の不安解消，子ども・妊婦への健康被害の防止・健康管理，被災者の支援の継続性など必要な措置を講じるようにした。政府は，「被災者生活支援等施策」についての基本方針を定めることになっていたが，法制定後一年以上にわたって具体化されなかった。その後定められた基本方針も，区域外避難者（いわゆる「自主避難者」）への高速道路料金の「無料化」措置など新たな事業も盛り込まれたが，基本的には既存の制

度を踏襲する形となっている。法制定時の精神をどう具体化していくかが現在においても問われている。

　福島県では，避難者の多い各都道府県に職員を派遣し，避難先の自治体との連絡調整や避難者の相談対応にあたった。また，福島県あるいは浪江町などでは復興支援員を関東地方及び山形県・新潟県など各地に配置し，県外に避難する住民の対応にあたった。さらに被災市町村（原発避難者特例法で指定された13市町村）については，全国各地に避難する住民に向けて，月2回広報誌等を発送するなどし，情報伝達に努めた。さらに県外に避難する避難者への健康管理として，ホールボディカウンター検査の実施や県内同様震災時概ね18歳以下の福島県民を対象にした甲状腺検査の実施，あるいは県外避難者に対する「こころのケア事業」などを行っている。

　さらに，避難指示が出されている自治体の住民のみならず，区域外避難者も多く避難する状況にあることから，全国で避難者支援にあたる民間支援団体へ補助金を支給するなどし，避難者の相談・見守り・交流の場の提供などの支援活動をサポートした。また，各都道府県で活動する避難者支援団体のネットワークづくりなどを行うなどし，避難先地域で活動する団体への支援，連絡調整等を行った。抜け漏れのない支援を行うという観点から，各地の避難者支援団体につながっていない避難者の相談にもあたれるよう，避難者相談案内窓口（「ふくしまの今とつながる相談室 toiro」）を福島県内に開設し避難者の抱える悩みにきめ細かく対応できる電話相談を行っている。

　一方，長期にわたる避難生活を余儀なくされる住民が少なくないことから，避難者の住宅確保が課題となっていた。そのため，福島県は原発避難者向けの復興公営住宅を4980戸（計画時）整備することとし，長期にわたる避難生活に対応するため，応急仮設住宅から恒久住宅への転換を図る対応を行った。震災前の居住地でなかった地域での公営住宅入居が中心であることから，近隣地域のコミュニティへの避難者の参画を促す必要性が指摘され，福島県では「コミュニティ交流員」を各復興公営住宅に配置し，自治会の組織化や近隣住民との交流などの取り組みを行っている。

　一方，福島県は県外に避難する避難者に対し，2017年3月末をもって災害救

助法に基づく応急仮設住宅の供与を終了した。これに対応し，2017年1月から2019年3月までの間，避難生活を継続する世帯のうち，収入要件を満たす者に対し，「民間賃貸住宅家賃補助事業」を創設した。同制度は，初期費用10万円とし，1年目は家賃代の2分の1（上限月3万円），2年目は家賃代の3分の1（上限月2万円）を補助するとした。

2　国・福島県・被災自治体の対応

福島県復興ビジョン

　東日本大震災と原子力災害を経験した福島県は，その被害が何重にも折り重なって「複合」する複雑さをかかえている。特に，避難指示区域に設定された地域の自治体は，原子力発電所の事故収束・除染等の進捗や空間放射線量の低減，中間貯蔵施設建設あるいは避難指示区域解除など，復旧・復興の計画を策定し実施するための前提となる条件が不確定なために，その具体化に困難を極めた。一方で，少なくない被災自治体が，役場機能ごと広域に避難することを余儀なくされた。そのうえ避難する住民も全国各地に分散するなど，被災者支援にも大きな障壁をかかえ，一自治体の取り組みだけでは困難な状況にあった。そのため広域行政や国の役割が重要であった。

　福島県では，2011年8月に「福島県復興ビジョン」を策定し，復興に向けた「大まかな方向性」を確認した。具体的な計画策定が見通せない中で，福島県が今後被災地の復興に向けて目指すべき基本的なスタンスを確認することから始めた。さらに，そのビジョンを具体化するための計画策定として，「福島県復興計画」を2011年11月（第1次），2012年12月（第2次），2015年12月（第3次）と，3回にわたって策定・見直しを図った。

　とりわけ，被災自治体の多くが，通常の行政事務の実施すら困難な状況にあって，広域的に避難する被災者の支援に早急に取り組む必要性から，被災者の応急仮設住宅の提供，あるいは復興公営住宅など公営住宅の確保，あるいは生活インフラや風評被害払拭を含む産業基盤の整備などにおいて，福島県の役割が求められた。

第❷章　原子力災害における被災自治体と復興計画

福島復興再生特別措置法と福島復興のグランドデザインづくり

　こうした広域的な行政機能の実施が期待される中，国も，原子力政策を推進してきた社会的責任や原子力発電所事故特有の被害，さらには福島県の復興計画実施を着実なものにするために，2012年3月に「福島復興再生特別措置法」を施行した（資料2-1）。これは，原子力災害により「深刻かつ多大な被害を受けた福島の復興及び再生」について，「その置かれた特殊な諸事情とこれまで原子力政策を推進してきたことに伴う国の社会的責任を踏まえ」，国が「原子力災害からの福島の復興及び再生に関する施策を総合的に策定し，継続的かつ迅速に実施する責務を有する」ことを定めた特措法である。さらにその具体化を図るために，2012年7月13日に「福島県復興再生基本方針」を閣議決定した。福島県全体の復旧・復興の基本的方針を確認すると共に，広域的に避難する被災者の支援（2013年3月15日復興庁策定），あるいは風評被害対策（2015年4月2日復興庁策定）など国が広範囲にわたる被害に対応する独自の取り組みの具体化も図った。

　一方，避難を余儀なくされている沿岸部を中心とする12市町村などからは，最も深刻な被害のあった被災地域の復興が具体化されることを求める要求も強くあり，国は，避難12市町村全体の将来像を示した「原子力発電所の事故による避難地域の原子力被災者・自治体に対する国の取組方針（グランドデザイン）」（2012年9月4日復興庁策定）を示した。これを具体化するために，「避難解除等区域復興再生計画」（2013年3月19日内閣総理大臣決定）を定めた。さらに早期帰還が可能な区域の取り組みを示した「早期帰還・定住プラン」（2013年3月7日復興庁策定）なども示された。

長期避難者の生活拠点整備

　原子力災害における長期避難を余儀なくされた避難者の生活拠点の整備の一つとして，町外に長期間生活することができるコミュニティの整備を進めることになった。そこで復興大臣・福島県知事・避難自治体および受入自治体の首長で構成する「長期避難者等の生活拠点の検討のための協議会」を設置し，その具体化を計ろうとした。その主な協議事項として，①長期避難者等の生活拠

資料2－1　原子力災害からの復興施策体系

福島県全体

避難12市町村

グランドデザイン【平成24年9月4日復興庁策定】
・避難12市町村全体の概ね10年後の復興の姿と、それに向けた国の取組の姿勢をまとめたもの

- 基本的な考え方を提示
- 施策の展開を加速

福島復興再生特別措置法【平成24年3月31日施行】
・福島の復興・再生について、その置かれた特殊な諸事情と原子力政策を推進してきた国の社会的な責任を踏まえ推進を目的

福島復興再生基本方針【平成24年7月13日閣議決定】
・法の基本理念に則し、福島の復興及び再生に関する施策の総合的な推進を図るための基本的な方針

重点推進計画（県作成）[4/26認定]
・基本方針に則して、再生可能エネルギーや医療機器関連産業等の新たな産業創出の取組を推進する計画

産業復興再生計画（県作成）[5/28認定（本日）]
・基本方針に則して、福島の産業の復興・再生の推進を図る計画

避難解除等区域復興再生計画【平成25年3月19日総理決定】
・基本方針に即して、避難指示が解除された区域及びその準備区域等の復興及び再生を推進する計画

早期帰還が可能な区域

早期帰還・定住プラン【平成25年3月7日復興庁策定】
・早期帰還を目指す区域等における政府等の取組をとりまとめ。

広域

被災者支援（被災者支援施策PKG）【平成25年3月15日復興庁策定】
・子ども被災者支援法の趣旨も踏まえ、原子力災害の被災者の安心した生活、子どもの元気を復活させる政府の取組をとりまとめ

全国

風評被害対策（風評被害PKG）【平成25年4月2日復興庁策定】
・原子力災害による風評被害を含む影響に対する政府の取組をとりまとめ

出所：復興庁資料より。

点を確保するため，移転期間，移転規模，整備方法，制度的課題等について検討・調整，②避難元自治体のニーズに応じて，受入自治体と連携しつつ，災害公営住宅のモデル的整備について検討・協議，などを議題とするとした。しかし議論は関係先の調整が多岐にわたることや調整の難しさからスムーズにすすめられたわけではなかった。

　復興公営住宅に入居する住民の規模などを中心に，避難している住民の生活再建に受けた意向等を把握するために，復興庁において各自治体と協議しつつ住民意向調査を数度実施している。2012年8月の葛尾村を皮切りに，同年9月の大熊町，同年11月楢葉町，田村市，飯舘村，同年12月の富岡町，双葉町，2013年1月浪江町，大熊町と実施して調査結果を随時公表している。

　復興公営住宅は，避難元自治体の住民が居住することを想定しているが，実際に建てられる場所は自らの自治体ではなく受入自治体になるケースが多いことから，県営住宅として建設することとした。福島県は，いわき市に250戸，郡山市に160戸，会津若松市に90戸の計500戸を先行してモデル建設し，その後順次災害公営住宅の建設を進めた。生活拠点の整備にあたっては，福島県避難地域復興局が対応し各部局のタスクフォースによる実務レベルでの検討を進めているが，災害公営住宅のハード面での整備だけでなく被災者支援のソフト面での施策の充実を図るための検討を行った。そのために外部有識者も交えた意見交換会なども実施した。

　長期にわたって避難生活を余儀なくされている中，家族や地域が離散している現状をできるだけ解消したいという声は少なくなかった。当初県内外に避難していた相双地域の住民が，自らのふるさとに近い「浜通り」に居住地を移動するケースが多く表れた。双葉郡などに近いいわき市には，2万人以上の原発避難者が移転し生活をする状況になっていた。これは仕事や学校など生活の利便性や，文化・風土が近い場所での生活を望むなど，いくつかの要因が考えられる。

　こうしたことも背景とし，バラバラになった住民ができるだけコミュニティを維持しながら生活ができる環境を整備しようという議論も生まれた。いわゆる「仮のまち」・セカンドタウン・域外コミュニティなどの構想である。[3]

例えば，震災後比較的早い時期から福島県に入り，被災者の聞き取りを進めた社会学研究者のグループは，原発避難からの再生の一つとして，セカンドタウンを提起していた（山下・開沼編著 2012）。またいくつかの大学が中心になって，セカンドタウンおよび住民の段階的帰還などにむけた制度設計等の研究会も定期的に行われた。こうした議論の共通点は，長期にわたる避難生活を想定し，地域コミュニティをできるだけ崩さず，「避難生活」と「帰還」（もしくはふるさとの再生）の間にもう一段階住民が集住できる環境を整備しようという点にある。これは，震災によって家族も地域もバラバラに避難せざるを得ない現状において，見通しの立たない避難生活と生活再建の困難に，自らの自治体とは別の場所に避難前に住んでいた住民ができるだけまとまって生活できる環境を整備しようという考え方に基づく。
　しかし実態は，住民の避難先での「定着」や関係先自治体との調整に困難を極め，結果としてこの構想は実現に至らなかった。被災者や被災地のためを思い様々な提案が「外部」からなされたが，帰還もまたふるさと以外の場所に生活するのも最終的には被災者の「意思」による。そのため被災者の意思を十分くみ取らず政策提言をするだけでは事態は前に進まない。被災者一人ひとりの帰還の意思そのものも異なり，またゆれている。被災者の居住地の「選択」が様々な制約の中で選ばざるを得ない状態でなく，多様な選択の中から自らが選びとることができたか。こうした一連の議論には，被災者自らが納得のうえで自らの生活再建にむけた居住地の選択できるように，また自らのふるさとの今後を被災者同士が議論をしあえる場が必要であることを物語っていたとも言えよう。
　応急仮設住宅の建設から徐々に復興公営住宅の建設へとフェーズが移行する段階においても，福島県独自の発注方式の経験が生かされることになった。福島県は，速やかな災害公営住宅の建設を進めるために，「福島県買取型復興公営住宅整備事業」を行うことにした。この事業は，「原子力災害により避難を余儀なくされている方々の居住の安定を確保する」ことを目的にし，県内の民間事業者が復興公営住宅として整備する住宅等を県が買い取る方式をとっている。具体的には，県が住宅整備に係る提案を公募し，プロポーザル形式で提案

表2-1　福島県の復興公営住宅（原子力災害の被災者向け）の整備戸数

市町村	整備予定戸数		
	木造住宅	共同住宅	合計
福島市	93	382	475
二本松市	70	276	346
郡山市	80	490	570
会津若松市	72	62	134
南相馬市	50	877	927
いわき市	213	1,555	1,768
本宮市	39	22	61
白河市	40	0	40
田村市	18	0	18
桑折町	64	0	64
三春町	217	0	217
川俣町	120	0	120
広野町	58	0	58
川内村	25	0	25
大玉村	67	0	67
合計	1,226	3,664	4,890

出所：福島県の資料をもとに筆者作成。

のあった事業者から優秀と認められる事業者を選定し整備するものである。この買取型復興公営住宅では，従来型の中層型の共同住宅に加え，木造の戸建て形式の住宅も整備することになっており，被災者の居住環境の改善や周囲との景観の調和などを図っている（表2-1）。

こうした方式は，福島県が震災後整備した木造型応急仮設住宅の方式を継承している。例えば，事業者の参加資格要件に，「県内に本店を置いていること」としており，県内の建設事業者の仕事づくりにも寄与した。

避難指示解除後の地域再生構想

原子力災害による地域産業への深刻な打撃によって，商工業など事業者の事業再開が課題となっている。国は，国・県・民間をメンバーとする「福島相双復興官民協議会」を設置した。その下に「福島相双復興官民合同チーム」を組織し，内閣府原子力災害対策本部，福島県，公益社団法人福島相双復興推進機

構，独立行政法人中小企業基盤整備機構から構成される約180名の組織で，避難指示等の対象地域となった福島県内12市町村における事業者の事業・生業・生活の再建支援を行っている（図2-2）。

さらに，国は2014年1月赤羽経済産業副大臣（当時）を座長とする「福島・国際産業都市構想研究会」を発足させた。同研究会は，同年6月23日に最終報告の決定，翌日の6月24日に「経済財政運営と改革の基本方針について（骨太の方針2014）への位置づけ」を行った。2014年8月の「福島復興再生協議会」において，福島県知事から復興大臣に要望がなされ，2015年度概算要求において総額200億円の予算が盛り込まれた。これが福島県における新産業創出による産業再生を狙いとした「イノベーション・コースト構想」である。震災，原子力災害によって失われた浜通りの産業・雇用を回復するため，廃炉やロボット技術に関連する研究開発，エネルギー関連産業の集積，先端技術を活用した農林水産業の再生，未来を担う人材の育成強化などを通じて新たな産業・雇用の創出を図ることを目的にしている。原子力災害現地対策本部長である内閣総理大臣を座長とし，福島県知事，地元市町村長，有識者等で構成される「イノベーション・コースト構想推進会議」を2014年12月に設置し，放射性物質分析・研究施設，モックアップ試験施設などの建設，福島ロボットテストフィールドや国際産学官連携拠点の整備，スマート・エコパーク建設，エネルギー関連産業の集積，農林水産分野の新産業創出などを柱に，浜通りを中心に新産業創出の計画を行っている。

構想の具体化を図り，国内外の企業・研究機関による新産業創出の取り組みは，今後の福島県の産業再生の柱となっている。各種施設等も建設され始めているが，こうした新産業創出を担う人材確保も課題となっている。

3 被災自治体の復興計画づくり

各地で作成された復興ビジョン・復興計画の策定課題

福島県内の「浜通り」を中心とする被災自治体では，地震・津波の自然災害と原子力災害の両方の被害を受け，復興計画策定など多くの課題が存在した。

第2章　原子力災害における被災自治体と復興計画

図2-2　福島相双復興官民合同チーム

出所:「福島相双復興官民合同チーム」資料より。

福島県以外の他の被災地が，復旧・復興の取り組みを進めるための計画策定に着手した状況においても，福島県内の多くの被災自治体では，直面する住民避難や自治体移転などによる影響によって計画策定になかなか着手できなかった。

南相馬市では，2011年8月17日に「南相馬市復興ビジョン」を策定し，その後2011年12月21日に「南相馬市復興計画」を策定した。浪江町では，2012年4月に「浪江町復興ビジョン」を策定，2012年10月に「浪江町復興計画」を策定した。このように，多くの被災自治体では，長期化する原子力災害の影響から，①原子力発電所事故の収束作業が困難を極めたこと，②放射線量の低減など安心・安全の環境への見極めが困難であったこと，③除染の進捗状況などの環境改善の取り組みが見通せないこと，などから具体的な復興計画をすぐに策定することが困難であった。そのため，ビジョン・方向性を確認する「復興ビジョン」を策定する自治体が少なからず見られた。特に，避難指示による地域への立ち入りが大きく制限される状況において，被災自治体は自ら被害状況を確認する作業すら大幅に遅れることとなったことも影響している。

その後，各被災自治体において復興計画が策定されることになるが，上記のような復旧・復興の時期的な見通しが立てられない特殊事情から，多くの自治体では計画年限を示せないままの計画づくりとなった。年度ごとの計画的な復旧・復興の計画策定が困難なために，廃炉作業・除染の進捗・中間貯蔵施設の受入是非・避難指示解除の方針など，状況の進捗に応じて随時計画の見直しを余儀なくされた。例えば，飯舘村は2011年6月の「までいな希望プラン」から2011年12月の「いいたて　までいな復興計画」，さらに2015年6月の「いいたて　までいな復興計画第5版」まで，随時計画見直しを行ってきた。

さらに福島県の被災自治体の復興計画の多くの特徴は，避難指示が当面望めない自治体の多くが，当面の被災者の生活再建を優先（「人の復興」）させ，徐々に地域の復興（「まちの復興」）を進めるという2つの目的を追求する計画内容となった。

上記のような，国・福島県・被災自治体の計画と施策の実施においては，地震・津波による自然災害の影響と，原子力災害による複合的な被害の両方の課題に取り組まざるを得ず，除染・中間貯蔵施設建設・全国各地に広域避難する

住民サポートなど，自然災害の被害をうけた被災地とは異なる課題にも取り組まなければならなくなった。

　一方，計画的な復興の道筋が描きにくい被災自治体の多くは，原子力災害という特殊性から，国や東京電力が一体となって原子力行政を進めてきた経緯をふまえ，その社会的責任による対応を求めている。そのため，福島県，特に沿岸部の原子力災害の被害を受けた地域は，前述のように，他の自然災害にともなう災害と異なる政策対応を必要としていた。

　そのため避難指示区域における復興計画は，①原子力発電所事故の収束を見すえながらの長期にわたる復興プロセス，②福島復興再生特別措置法に基づく国・県と一体となった被災自治体の復興計画の必要性，③長期にわたる避難を余儀なくされる人たちへの住まいと暮らしの再建をすすめるための施策具体化，④自治体間の広域連携による面的・広域的な復興施策の必要性，⑤長期復興プロセスにおける財政的裏付けの必要性，などが共通した課題となった。さらに，こうした多様なステークホルダーが関与する復興プロセスに当事者の参画をきちんと担保していく特別な努力も必要とされた。

住民参加で作成した浪江町の事例

　浪江町は福島県の東部に位置し，双葉郡8町村の中で一番人口規模が多い震災前には約2万1000人が生活をしていた。原発事故直後，浪江町から避難した住民は町内の津島地区に避難したが，政府からの「緊急時迅速放射能影響予測ネットワークシステム（SPEEDI）」の公表が住民の避難において十分活用されなかったために，放射線量の高い津島地区に浪江町民は避難をすることとなった。そのため避難した住民は「無用な被曝」をしたと感じている。当時の津島地区の放射線量は200μSvを超えていたとも言われている。浪江町は，政府からの避難指示も十分伝わらず，結果として当時の町長がテレビをみて避難を決断した。こうした状況から，双葉郡においても浪江町は住民の避難というよりも，「離散」とも言える状況で県内あるいは全国に家族・地域がバラバラになりながら避難した。現在も全国600にものぼる自治体に浪江町民が避難生活を余儀なくされている状況にあった。一方，浪江町は請戸地区など大きな津波の

被害もあり，原子力災害の避難によって救助活動が継続して行えず，幾人もの助かるかもしれなかった命が助けられなかった。

浪江町をはじめとして原発周辺の自治体は，広域避難を余儀なくされ全国にちりぢりになった町民が今後の生活再建や町の将来をどう考えるか模索が始まった。

浪江町では復興計画をつくるには，原発事故の収束や放射能汚染の実態，さらには避難区域の解除見通しなど，様々な計画策定の前提条件が見通せないことから，当初復興計画策定の前に復興ビジョンを策定することにした。2011年10月に第一回目のビジョン策定委員会を開催し，その後計8回の委員会によって検討を重ねていった。その過程の中で，高校生以上の町民（1万8448人）を対象にした「復興に関する町民アンケート」を実施した。この策定委員会の中でも，住民の様々な意見が交わされ，町が提示する復興ビジョンのあり方に疑問や意見が多く出された。その最も大きな課題の一つは，住民の「帰還」をめぐってであった。町は当初早期の住民の帰還を想定していた。しかし町民の中からも元の町に「帰る」条件にないと考える意見が少なからず表明された。特に子どもをもつ親世代からは，子どものことを考えると町に「帰る」ことへのためらいが多く出された。

一方，長期にわたる避難生活が想定される状況において，町の再生の以前に避難生活においても住民の生活再建の施策が早期に求められていた。そのために浪江町の復興ビジョンの第一の柱は，「すべての町民の暮らしを再建する〜どこに住んでいても浪江町民〜」とした。そして当面3年間の短期計画を策定し早期実施を打ち出した。長期避難生活において，「最優先に復興すべきものは『一人ひとりの暮らしの再建』」を前面にかかげたのである。それは，将来のあり方についてはそれぞれの考えを尊重し，「町の復旧・復興の第一は，町民の暮らしの再建」であり，「今どこに住んでいようとも，今後どこに住んだとしても，すべての町民の命が守られ幸せな日々の暮らしを取り戻せるよう」にすることを追求していこうとして，「人の復興」を第一にかかげたものであった。自治体の側からすれば，帰還しない住民も包摂したビジョンを打ち出したことは当時画期的なことであった。住民一人ひとりの選択を尊重し，住民の

暮らしの再建を第一に掲げたこうした自治体のビジョンは，町民自らが提起した点が注目される。

ちなみに同町の復興ビジョンでは，「復興の基本方針」とし，いずれの場所においても一人ひとりの暮らしの再建を目指す方針に加え，もう一つ「ふるさと なみえを再生する～受け継いだ責任，引き継ぐ責任～」を掲げている。同町では，当時の小学生1年生から中学生3年生までの1697人を対象にした「復興に関する子ども向けアンケート」を実施した。回収率71.7％（1217人）と高い回収率によって多くの子どもたちが町の復興について意見した。そこでは，「今の生活で困っていること」への設問（複数回答）において，「浪江の友だちと会えなくなった」（78.6％）が最も多く，他にも「家が狭い」（54.7％），「また津波がこないか不安」（51.4％），「自分の部屋がなくなった」（41.2％），「放射能のせいで病気にならないか不安」（35.7％）と困っていることや不安をあげていた。一方で，「今の生活でうれしかったこと」の設問（複数回答）においては，「新しい友だちができた」（82.4％）が最も多く，その他にも，「学校が楽しい」（55.6％），「家族の大切さがわかった」（50.8％），「友だちの大切さがわかった」（47.8％），「周りの人が親切にしてくれた」（46.9％）と答えた。さらに，「浪江町のことが好きですか」という設問には，84.6％とほとんどの子どもが「好き」と答えていた。

またこの子どもアンケートでは，自由記述も取っている。「大人になったとき，浪江町はどんな町になってほしいですか」と「その他，町長にお願いしたいこと」の二つを聞いた。子どもたちは自由記述に丹念に一人ひとりの思いを直筆で書いた。その中には浪江町の風景の絵など描く子どもたちもいた。それぞれの子どもたちが浪江町に愛着を持ちながら，震災前と同じような浪江町を取り戻したいという想いにあふれていた。当初，役場職員がパソコンで自由記述を入力しようとしたが，子どもたちの想いが伝わる自由記述にふれ，そのまま一つひとつをスキャナで読み取り，直筆の子どもたちの声を町民に知ってもらうことにした（資料2－2）。

このアンケートは，子どもたち一人ひとりがおかれた実態と浪江町の復興に対する子どもたちの思いがよく理解できる。半数の子どもたちが家族離散をし，

8割近い子どもたちが「浪江の友だちと会えなくなった」ことを一番の困りごととしてあげ，避難生活における困難が子どもたちにも降りかかっている現実を表わしていた。その一方で，子どもたちがふるさとに対し，「きれいで安全な町」「自然豊かな町」「明るく賑わいのある町」といった住みなれた地域への愛着をもち，子どもたちの多くが「震災前のような浪江町に戻って欲しい」と感じている事実を大人たちに突きつけた。

浪江町復興ビジョン策定の委員会では，実際に子どもたちの声を聞こうという意見も出された。子どもを持つ親には，町への帰還をためらい者もあった。一方で実際の子どもたちは浪江町に対し愛着を持ち，ふるさとのことを大人たちに負けないほど想っている気持ちが強いことも，このアンケートを通じて気づかされた。

このアンケートの結果は，それまで住民の帰還やふるさとの再生にゆれていた策定委員会の空気を一変させた。多くの子どもたちが，町への愛着をどの子どもたちも持っていることを示し，「震災前のような浪江町に戻って欲しい」と感じている事実を大人たちに突きつけた。委員会の中である区長は涙ながらに，「自分が生きているうちに浪江町に戻れるかどうかわからないが，子どもたちに浪江のふるさとを引き継いでいきたい」と言った。こうして浪江町の復興ビジョンにおける「復興の基本方針」のもう一つの柱は，「ふるさと なみえを再生する〜受け継いだ責任，引き継ぐ責任〜」という方針を掲げることになった。これにより復興ビジョンは，子どもたちにふるさとを引き継ぐ責任を大人たちが果たし，ふるさとの再生を大きな目標に掲げたのである。これには，被災者一人ひとりの生活再建をそれぞれの場所で支援しつつも，将来，ふるさとに戻るという選択が可能な環境を大人の責任において果たそうとする決意の表れとも言える。復興ビジョンの過程をふりかえると，帰還に向けてゆれる町民の思いが，子ども向けアンケートの結果によって変化し，次世代にふるさとを取り戻し，引き継ぎたいという思い，それを実現するためのふるさとの再生を帰還の有無にかかわらず地域に住んでいた者の責任として引き継いでいこうと考えるに至った。子どもの意見表明が現実として町の将来のあり方を決める方針に反映され生かされた事例とも言える。

第2章 原子力災害における被災自治体と復興計画

資料2-2 子どもたちへのアンケートの自由記述

みんながかなしんでくらしているけど、むかしと同じ浪江町。ほうしゃのうがなくなって、すむ町に、なってほしい。なるべくはやくふっこうして浪江町にもどれる事を願います。

大堀小で卒業式を迎えたかった。

放射線がはやく、二度とこのような事故がないようにしてもらいたい。もとの浪江町にもどってほしい。

浪江町の友達と遊びたい。浪江小学校に通いたい。

いまのままで、キレイになってほしいしがおきる前と同じような浪江町になってほしいと思う。

学校の友だちとべんきょうしたり遊んだりできるように学校をもとどおりにしてほしい。

今とかわらない町。毎日がたのしい町。

ーにもく早く家に帰りたいです。もう一度、友達に会えるきかいを作ってほしいです。

大堀小学校の友だちに会いたいです。

大人になってだいすきな町は、みんな大好きな浪江町。ぼくは見ず知らずの人前でもいいのでその人のくらしをよくすることができるようになっていてくれていたらいいと思います。

新浪江、家ができるように11日の早くにいいか1日の早く仮の合いの仮の3人仮の3人だどくしてほしい。ペラベラと8日もう一11日に、仮の仮どに早く仮の仮にしたて伝えるようにしてほしい大好きな友達やみんな早く会に合えるようになってほしい。放達の交流会をいっぱい作いっぱいにこえがイチオシです。

資料：浪江町（2012）「復興に関する子ども向けアンケート自由意見（確定版）」より。

被災自治体の復興計画がめざしたもの

　浪江町だけでなく，避難を余儀なくされている多くの自治体では，復興の基本的な考え方を，「帰る」「帰らない」ではなく，一人ひとりの被災者が生活を再建できる「人間の復興」を掲げ，同時に将来における「地域の復興」の両方を復興の基本としている。それは，浪江町の事例からも明らかなように，多くの住民の参画に基づく復興の基本的理念の共有が，こうした理念を作り上げていく大きな要因となったことを確認する必要がある。

　その後，浪江町は住民の様々な住民間の意見を尊重し合い，合意形成を図っていく姿勢は貫かれ，復興ビジョンの基本方針を共通認識にしながら，復興計画づくりに取り組んだ。復興計画の策定委員会は，100名を越える町民から委員を組織し，各部会に分かれながら町民自身がこれからの被災者の生活再建と地域の再生を考える検討を重ね計画づくりに取り組んだ。こうした子どもを含む住民の復興計画づくりへの参画を進めたことも起因し，その後町の青年たちが定期的にふるさとの将来について考える「ふるさと未来創造会議」とする勉強会や，30年後の町の将来を見すえた町のNPO団体による町民の継続的なワークショップによる民間レベルの復興ビジョンの提起なども生まれることになっていった。

　その後，避難指示解除が出され帰還困難区域を除く多くの被災自治体では，役場機能を元のふるさとに戻し，行政機能の再開を果たしている。避難指示解除がされた多くの自治体では，進捗のスピードは異なるものの徐々にではあるが「帰還」を選択する者も現れてきている。さらには帰還困難区域においても「特定復興再生拠点」の整備による区域再編なども行われ，当初計画した「復興計画」の想定とは大きく情勢が変わってきている。復興ビジョン，さらにはその後の復興計画の基本理念を継承しつつ，新たな情勢の変化にも応じた復興計画の再整備が必要な状況にあるとも言える。

注

(1) 詳細は，双葉町（2017）を参照。
(2) 詳細は，大熊町（2017）を参照。
(3) ただしこれはまだ議論の段階であり，具体的な制度設計を行うまでに現状はなり得ていない。議論が先行し，国や県と基礎自治体との調整や，住民の意向確認などが今後の課題といえる。

引用・参考文献

山下祐介・開沼博編著，2012，『「原発避難」論——避難の実像からセカンドタウン，故郷再生まで』明石書店.
大熊町，2017，『大熊町震災記録誌——福島第一原発，立地町から』.
双葉町，2017，『双葉町東日本大震災記録誌——後世に伝える震災・原発事故』.

第3章
避難者の生活再建と住まいの再生

除本 理史

　東日本大震災および福島原子力発電所事故（以下，福島原発事故，または原発事故と表記）において特徴的なのは，被災地域（避難元）がきわめて広範であり，また避難先も全国に広がっているという「広域性」である（広域避難）。このことが避難者の生活再建にも大きな影響を及ぼしている。

　避難者の生活再建には，就労，子育て，医療，介護，住まい，コミュニティなどに関わる様々な課題がある。本章では，これらのなかでとりわけ住まいの問題をクローズアップしたい。住む場所が不安定のままでは日常生活の落ち着きは取り戻せないため，住まいの再生は，生活再建のなかでも特に重要な「核」の位置を占めるからである（平山 2013：v）。

1　原発事故による住民の避難と地域社会

　原発事故による避難は，原住地（避難元）によって「強制避難」と「自主避難」（区域外避難）に大きく分かれる。ここでは，政府の設定した避難指示区域（旧警戒区域，旧計画的避難区域）からの避難者を「強制避難者」，避難指示区域外からの避難者を「自主避難者」（区域外避難者）と呼んでおく。ただし，避難指示の解除によって，避難指示区域の範囲は時点により変化するため，両者の境界は必ずしも厳密でない場合がある。

　区域内・外の違いは，賠償や支援策において大きな違いをもたらす（また区域内にも格差が存在する）。区域内・外の避難者とも，同じく原発事故で避難を余儀なくされたのだが，政府の線引きによって地域間格差が設けられており，そのことが避難生活にも大きな影響を及ぼしているのである。

政府の避難指示等と避難者数

2011年3月11日，福島原発事故が発生したことを受け，国は原子力災害対策特別措置法に基づいて，原子力緊急事態宣言を発出するとともに，原発周辺に避難等の指示を出した。3月12日には避難区域が第一原発20km圏に拡大され，3月15日には20～30km圏に屋内退避の指示が出された。

2011年4月22日，国は第一原発20km圏に警戒区域を設定し，原則立ち入り禁止とするより厳しい規制措置をとった。また同日，国は20～30km圏の屋内退避指示を解除し，計画的避難区域および緊急時避難準備区域に再編した。計画的避難区域は，第一原発20km以遠で年間被曝量が20mSvに達する恐れのある区域であり，おおむね1か月をめどに避難することとされた。緊急時避難準備区域では，緊急時に屋内退避や避難が可能な準備をしておくこと，子ども，妊婦，要介護者，入院患者などは区域内に入らないことが求められ，保育所，幼稚園，小中高校は休園，休校とされた。

福島原発事故による避難者数は，2012年5月に16万4865人となり，ピークを迎えた。[1] 表3-1は，福島県の避難者数の推移を避難先（県内・外等）別に示したものである。

その後，公表されている避難者数は漸減し，2016年8月時点で約8万8000人となり，2018年12月時点では約4万3000人に減少した（表3-2）。特に近年，急速に減少しつつあることがわかるが，これには2017年3月末以降，区域外避難者に対する仮設住宅の打ち切りが進行してきたことが影響していると考えられる。[2] 福島県内の避難者については，避難先で住宅を取得した人や復興公営住宅等へ入居した人は含まれていない。[3] 県外の避難者についても区域外避難者などの集計漏れがあり，例えば大阪府は2017年6月，同年4月の避難者数を147人から809人へ，同年5月の避難者数を88人から793人へと大幅に修正した。自己負担で民間賃貸住宅や公営住宅に入居したり，「親戚・知人宅等」に避難した人が除外されていたためである（除本 2017b：43-45）。

こうした問題の背景には，政府が避難者の数を明確に把握しようとしていないことがあるが（日野 2016：21-55），いずれにせよ，避難者数の推移をみるうえでは，以上のような制約があることを踏まえておく必要がある。

第33章 避難者の生活再建と住まいの再生

表3-1 福島県の避難者数の推移（2011年10月〜2014年12月）
(人)

年／月	県内避難者	県外避難者	避難先不明	計
2011／10	88,212	56,469	—	144,681
2011／12	93,476	61,167	—	154,643
2012／ 6	102,180	62,038	—	164,218
2012／12	98,528	58,608	—	157,136
2013／ 6	96,386	53,960	142	150,488
2013／12	89,947	48,944	58	138,949
2014／ 6	81,560	45,279	50	126,889
2014／12	75,796	46,070	50	121,916

出所：福島県災害対策本部の公表した避難者数。2011／10，12は「ふくしま復興のあゆみ」（2012年10月29日），2012／6〜2014／6は同第8版（2014年8月4日），2014／12は「平成23年東北地方太平洋沖地震による被害状況即報（第1342報）」（2014年12月26日）による。

表3-2 福島県の避難者数（避難先別，2018年12月）
(人)

北海道	937
東　北	15,312
関　東	18,172
中　部	5,043
近　畿	1,430
中　国	582
四　国	149
九　州	789
沖　縄	188
避難先不明	13
計	42,615

出所：福島県災害対策本部「平成23年東北地方太平洋沖地震による被害状況即報（第1749報）」（2019年1月9日）より作成。

　さらに注意すべきは，表3-1，表3-2が福島県の避難者数だけを示しているという点である。原発事故による汚染は，県境を越えて広がっているため，次に述べるように福島県以外の東北・関東地域から避難した人たちもいる。

避難者の諸相
　図3-1は，想定される避難元と避難先の組み合わせを示したものである。

図3-1　原発避難の類型

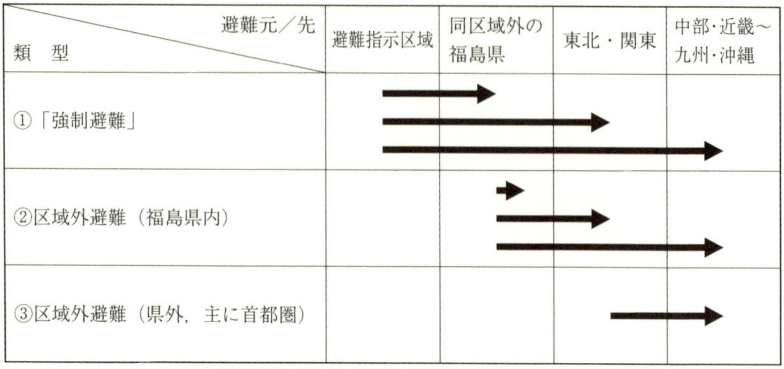

類型＼避難元／先	避難指示区域	同区域外の福島県	東北・関東	中部・近畿〜九州・沖縄
①「強制避難」		→	→	→
②区域外避難（福島県内）		→	→	→
③区域外避難（県外，主に首都圏）			→	

注：社会学広域避難研究会による図（『週刊金曜日』2012年7月27日号）をもとに作成。
出所：除本（2013a：29）に一部加筆。

　前述のように，東日本大震災と原発事故では，避難の広域性が特徴である。原発事故による避難指示区域の外部（区域外）では，そこに避難をしてきている人がいるのと同時に，そこから避難している人もおり（福島県内の中通りから比較的汚染の軽微な会津地方へ，というようなケースもある），特に福島県内の事情は複雑である。

　区域外避難者の多くは，汚染の影響を受けやすい子どもや妊婦と，その家族である。夫が避難元に残り，妻と子どもが避難するという世帯分離（「母子避難」）も生じている（吉田 2016）。

　さらに，福島県だけでなくそれ以外の東北地方，あるいは関東のホットスポットなどから，被曝を避けるために避難している人たちもいる。しかし，こうした関東などからの避難者の数は，公表されていないため把握することができない（震災による避難やその他の移住等との区別が難しいという事情もある）。避難・移住支援にたずさわる早尾貴紀は2014年の時点で，甲信・北陸より西の地域では，東北よりも関東からの避難者が多いことから，関東からの避難者数は数万人は下らず，10万人を超えていても不思議ではないとした（早尾 2014：11）。

第3章　避難者の生活再建と住まいの再生

地域社会の受けた打撃

　事故後，福島県の9町村が役場機能を他の自治体に移転し，広い範囲で社会経済的機能が麻痺した。ある地域の全住民が避難しても，それが一過性のもので，汚染の影響が残らなければ，地域レベルの被害は比較的容易に回復可能であろう。しかし，避難が長期化すれば，回復はそれだけ難しくなる。建物は劣化し，土地は荒れていく。

　地域を構成する複数の個人・世帯の間で，原住地への帰還や生活再建に関する意思決定（例えば移住先）が多様化すれば，住民が離散していく。地域コミュニティが崩壊すれば，そのなかで継承されてきた伝統や文化なども失われてしまう。自治体も存続の危機に直面する。

　政府は除染を行い，住民を元の土地に戻す「帰還政策」を進めてきた。しかし，自治体が役場を戻し，廃炉や除染などの作業で人口が流入したとしても，住民が入れ替わってしまえば，すでに元の自治体ではない。震災前のコミュニティが回復するわけでもない。帰還しても，以前の暮らしを取り戻すのは非常に難しい。

　したがって，避難の継続や避難先での生活再建などを含む，多様な選択肢の保障が必要である。次節では，避難者の長期的な生活再建に向けた課題について，住まいとコミュニティの問題を中心にみていきたい。

2　住まいとコミュニティの再生に向けて

避難所から仮設住宅へ

　原発事故で避難を余儀なくされた人たちは，事故発生当初，体育館，公民館などに開設された避難所や，親戚・知人宅などに身を寄せた。避難所の居住環境は劣悪だったため，ホテルや旅館などのより条件のよい避難所への移転も行われた。

　また，仮設住宅の供与もはじまった。プレハブなどの建設仮設住宅は，福島県では2011年秋ごろにはほぼ完成した（福島県外の避難先にはつくられていない）。また，仮設住宅の建設が間に合わないことから，民間賃貸住宅などを利用する

写真3-1　建設仮設住宅の一例（会津若松市）

出所：筆者撮影，2012年8月。

表3-3　仮設住宅の供与戸数および入居者数（福島県分）

(戸，人)

| | | 福島県内 | | | 福島県外 | 計 |
		建設型	借上げ型	計	借上げ型	
戸　数	避難指示区域	6,122	8,572	14,694	2,588	17,282
	同区域外	1,470	3,824	5,294	5,230	10,524
	計	7,592	12,396	19,988	7,818	27,806
人　数	避難指示区域	10,921	17,701	28,622	6,394	35,016
	同区域外	3,404	9,353	12,757	13,844	26,601
	計	14,325	27,054	41,379	20,238	61,617

注：2016年10月末時点，福島県生活拠点課取りまとめ。同課によれば，「借上げ型」に災害救助法の枠外での提供戸数が含まれている場合がある（避難先自治体の集計による）。避難指示区域の範囲は2015年6月15日時点のもの。
出所：衆議院東日本大震災復興特別委員会（2017年4月11日）での高橋千鶴子委員提出資料（http://chiduko.gr.jp/kokkai/kokkai-5523から入手可能）より作成。

「みなし仮設住宅」も提供された。仮設住宅は，福島県の区域外避難者に対しても供与され，家賃負担はない。区域外避難者への賠償がきわめて限定的であることから，仮設住宅は避難継続のために決定的に重要な支援措置となった。

福島県の避難者に対する2016年10月末時点の供与戸数は，建設仮設住宅（「建設型」）が7592戸，みなし仮設住宅（「借上げ型」）が2万214戸である（表3－3）。後者を都道府県別に示すと，表3－4のとおりである。

避難指示の解除と仮設住宅の供与終了

2014年4月以降，田村市都路地区，川内村東部の20km圏，楢葉町などで避難指示が順次解除された。さらに，2017年3月31日と4月1日には，福島県内4町村，3万2000人への避難指示が解かれた。ただし，帰還困難区域等の2万4000人には避難指示が継続している（2019年1月時点）。

福島県は2017年3月，区域外避難者への仮設住宅供与を終了した（2015年6月15日時点の避難指示区域，および楢葉町全域では延長）。その影響はおよそ1万戸，2万6000人に及ぶ。旧緊急時避難準備区域や，旧警戒区域のうち2014年中に解除された田村市都路地区，川内村東部（荻・貝ノ坂を除く）も終了の対象に含まれることになった。避難者の生活再建には住居の確保が不可欠であるから，2015年に供与終了の方針が明らかになると，避難当事者だけでなく，ジャーナリスト，実務家，研究者からも批判や懸念の声があがった。

仮設住宅の供与は，災害救助法に基づいて行われる。同法は，今回のように県境を大きく越える広域避難を十分想定していたとはいえない。東日本大震災では，こうした広域避難に対応すべく，制度の運用が図られた（山崎 2013：13-14；日野 2016：100-101）。

仮設住宅の供与は，被災県の要請により，避難先の都道府県が実施するというしくみである。そのため，供与終了を決めるのも被災県となる。福島県が仮設住宅の終了を決めたのは，原発事故被害者への賠償や支援策を収束させていく国の「避難終了政策」と軌を一にしている。[4]

仮設住宅の供与終了によって，多くの避難者が新たに家賃負担を求められたり，退去・転居を余儀なくされる。これでは，住まいという生活再建の「核

表3-4　都道府県別みなし仮設住宅供与戸数（2016年10月末時点）

(戸)

	避難指示区域	避難指示区域外		計
		民間賃貸	公営住宅等	
北海道	32	65	164	261
青森県	15	22	15	52
岩手県	10	63	4	77
宮城県	101	409	50	560
秋田県	23	78	10	111
山形県	91	492	114	697
福島県	8,572	3,496	328	12,396
茨城県	338	176	57	571
栃木県	128	146	51	325
群馬県	68	62	35	165
埼玉県	377	128	139	644
千葉県	219	261	45	525
東京都	460	132	608	1,200
神奈川県	211	232	115	558
新潟県	306	480	63	849
富山県	4	2	23	29
石川県	13	22	16	51
福井県	7	8	2	17
山梨県	10	22	21	53
長野県	19	44	48	111
岐阜県	2	12	9	23
静岡県	38	56	13	107
愛知県	20	71	44	135
三重県	1	1	10	12
滋賀県	0	0	11	11
京都府	17	1	93	111
大阪府	17	0	106	123
兵庫県	3	12	32	47
奈良県	0	0	1	1
和歌山県	2	0	1	3
鳥取県	0	2	17	19
島根県	5	4	0	9
岡山県	1	0	22	23
広島県	4	18	16	38
山口県	0	0	3	3
徳島県	0	0	0	0
香川県	2	0	3	5
愛媛県	2	0	11	13
高知県	0	0	0	0
福岡県	10	27	11	48
佐賀県	2	6	8	16
長崎県	6	5	3	14
熊本県	1	8	0	9
大分県	0	0	4	4
宮崎県	3	1	2	6
鹿児島県	4	8	6	18
沖縄県	16	143	5	164
計	11,160	6,715	2,339	20,214

注：表3-3の「借上げ型」の戸数を都道府県別に示したもの。
出所：福島県生活拠点課「仮設・借上げ住宅供与戸数」（2016年10月末現在取りまとめ）、および表3-3出所資料より作成。

表3-5　仮設住宅の供与終了

供与期間	市町村	供与戸数
2018年度終了	南相馬市（帰還困難区域含む）	1,435
	川俣町	78
	川内村	2
	葛尾村（帰還困難区域除く）	138
	飯舘村（帰還困難区域除く）	736
	小　計	2,389
2019年度終了	富岡町	1,402
	浪江町	1,851
	葛尾村（帰還困難区域）	9
	飯舘村（帰還困難区域）	36
	小　計	3,298
今後判断	大熊町	1,035
	双葉町	626
	小　計	1,661

出所：『福島民友』2018年8月28日付掲載の表より作成。

となる条件が大きくゆらいでしまう。避難者にどのような影響が生じているのか，その全体像は明らかでなく，実情の把握が急務となっている。

　他方，2015年6月15日時点の避難指示区域，および楢葉町全域では，仮設住宅の供与が延長された。しかし，楢葉町については2018年3月で終了し，その後も表3-5のように順次打ち切りが進んでいる。

住居の賠償

　避難指示区域からの避難者に対しては，事故発生からかなり遅れたものの，住居の賠償がなされるようになった。賠償のしくみや問題点については第8章で扱うが，ここでは住居の賠償について述べておく（除本 2013b：206-211；同 2016：186-189）。

　2012年7月，東京電力（以下，東電）は経済産業省とともに，住居の賠償に関する基準を策定・公表した。しかし，この基準では賠償額が少なくなり，住居を再取得できないという批判が高まった。まず，土地・建物については，避難指示の解除時期と連動した減額措置がある。すなわち，避難指示の解除時期

図3-2 避難指示の解除時期と住居賠償の減額

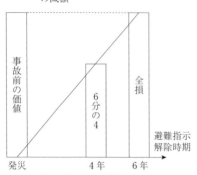

出所：資源エネルギー庁「避難指示区域の見直しに伴う原子力損害賠償の実施について」（2013年3月）より作成。

図3-3 居住用建物に関する経年減価と追加賠償

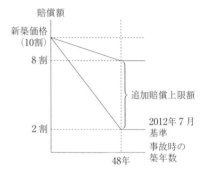

注：「2012年7月基準」は，同月に公表された住居の賠償基準（本文参照）。
出所：『福島民友』2013年12月27日付掲載の図より作成。

が事故後6年以降であれば，「事故前の価値」の全額を賠償するが，6年に満たず早く帰還できた場合は，それに応じて賠償を減額する（図3-2）。

建物については，「事故前の価値」の算定のなかで，「経年減価」が考慮される。築48年以上の家屋については，新築価格の2割しか賠償されない（図3-3）。原発事故の被害地域には，そうした古い家屋が多いため，自治体から反発が出された。

筆者が話を聞いた楢葉町のある避難者は，最も早く帰還できるとされる避難指示解除準備区域に自宅があり，土地・建物に庭木などを含めた賠償額が約720万円と提示された。(5)この方の場合，ローンも残っており，提示された賠償額で，従前と同等の住居を再取得するのが困難なのは明らかだった。

日本弁護士連合会は，2012年8月10日付の会長声明でこれらの減額措置を批判し，避難者が生活基盤を再取得できるよう，賠償の仕方を改めるべきだと提言した。各方面からの批判を踏まえて，国の原子力損害賠償紛争審査会は，住居賠償の見直し作業に着手し，2013年12月，住居の追加賠償（住居確保損害）を含む中間指針第4次追補を決定した（住居確保損害のうち，建物分の上乗せについては図3-3のとおり）。同追補では，帰還困難区域（大熊町・双葉町については全域）からの避難者には無条件に住居確保損害が認められるが，それ以外

第3章　避難者の生活再建と住まいの再生

表3-6　住居賠償のしくみ

	2012年7月基準	住居確保損害（第4次追補）
帰還困難区域	○（全損扱い）	○（大熊町，双葉町は全域に適用）
帰還困難区域以外の避難指示区域	△（避難指示解除時期により減額あり）	△（移住等の合理性の認定が要件。宅地は帰還困難区域等より25％減）
緊急時避難準備区域，その他	×（適用なし）	

注：「2012年7月基準」は，図3-3に同じ。「避難指示区域」は旧警戒区域および旧計画的避難区域。
出所：筆者作成。

の避難指示区域に対しては，「移住等をすることが合理的と認められる場合」との留保が加えられた（表3-6）。ただし，移住の合理性の判断に関する実際の運用では，本人の申告に基づく柔軟な対応がなされている。

　このように賠償制度が整えられていったため，避難指示区域の住民においては，住居の再取得が進んでいる。復興庁などが実施している住民意向調査（2018年）によれば，避難先で持ち家に住んでいるという回答は，双葉町で61.7％，富岡町で57.5％，浪江町で61.9％，川俣町山木屋地区で45.1％（山木屋地区以外の川俣町内）または68.9％（町外），葛尾村で51.8％にのぼる（復興庁2019：21-22）。

　住居の再取得は，避難者の生活再建が一定程度進展していることを意味するが，他方でこれが避難生活の終了を意味しないことにも注意を促しておきたい。住居を再取得したとしても，まずは居住スペースを確保したにすぎず，避難前の暮らしが取り戻せるわけではない。すでに注記したように，避難先で住居を取得したり，次に述べる復興公営住宅に入居したとしても，自分は避難者だと意識している場合が多いのである（高木 2017：113）。

復興公営住宅

　避難指示区域の住民であっても，事故前に不動産をもっていなければ，それに対する賠償は得られない。あるいは賠償があってもローンは返済しなければならない。こうした事情から避難先で住居を取得することが難しい人に対して，

写真 3-2　復興公営住宅の一例（南相馬市）

出所：筆者撮影，2018年 8 月。

復興公営住宅が整備されている。

　2018年末時点で，4890戸の整備計画に対し，完成戸数が4707（96.3%）である。建設地はすべて福島県内で，内訳はいわき市が1744，南相馬市が927，郡山市が570，福島市が475，二本松市が346，三春町が198，会津若松市が134，川俣町が120などとなっている（いずれも計画戸数）。

　2016年から，応募件数が募集戸数に満たないという事態が生じ，募集対象者が広げられることになった。県営復興公営住宅の募集対象者は，現に避難指示を受けている「居住制限者」としていたが，募集を行ってもなお空き住戸がある場合，避難指示が解除された区域の「旧居住制限者」も対象に加えることが2017年 8 月に決定されている（福島県土木部建築住宅課編 2018：44）。

コミュニティ形成の課題

　阪神・淡路大震災で、災害公営住宅に関して大きな問題となったのは、居住者の孤立化や孤独死であった（塩崎 2014：110-111）。福島県の復興公営住宅でも、2017年1月、孤独死の事例が初めて明らかになった（福島県は災害公営住宅を復興公営住宅と呼んでいる）。

　この点で、西田奈保子らが2017年1月に行った質問紙調査が示唆的である。同調査は、原則として入居開始から1年以上経過した復興公営住宅について、入居する全世帯を対象に実施された。回答者のうち約8割が60歳代以上であり、単身世帯が49.9%、夫婦のみ世帯が26.5%であった。震災前と比較した近隣関係の変化については、約7割が近所づきあいが減ったと回答している（「かなり減った」が61.7%、「少し減った」が10.3%）。

　復興公営住宅内の住民とのつきあいについては、約6割が「たまに立ち話をする程度」以上のつきあい方をしていることがわかった。他方で、「交流がない」が13.4%、「顔を知っている程度」が22.7%であり、交流が希薄な人たちも一定程度存在している。さらに、復興公営住宅周辺の住民との交流については、「交流はない」という回答が約半数を占めた。復興公営住宅内だけでなく、周辺住民との関係をつくっていくことが今後の課題となる（西田ほか 2017；高木 2018）。

　人々が避難元のコミュニティから引きはがされ孤立化していくという問題は、避難者が集まる建設仮設住宅や復興公営住宅よりも、みなし仮設住宅や、避難先で住居を再取得した場合に、むしろ深刻化する恐れがある。福島県社会福祉協議会（以下、社会福祉協議会を社協と略す）が、2016年2月に生活支援相談員（後述）に対して行った質問紙調査の報告書にも、「避難元以外で自宅を再建する場合の課題」として、次のような記載がみられる。「再建世帯についてはそれ〔復興公営住宅入居者〕以上に再建先の地域とのコミュニケーションを強く求められると予想される。例えば町内会への入会や地域行事への参加や様々な制約について。だがそれ以上に危惧されることは、賠償金等を受けている避難者へのやっかみから起こりうる、地域住民の偏見ではないだろうか」（福島県社会福祉協議会 2017：20）。

こうした課題に対応するための施策としては，①復興公営住宅の入居者同士や周辺住民との交流活動を支援するコミュニティ交流員，②市町村社協の生活支援相談員，③県や市町村の復興支援員，などの配置がある。これらはすべて国費でまかなわれている。
　このうち①については，2018年時点でNPO法人みんぷくが福島県から事業を受託しており，約90人のコミュニティ交流員を県内に配置している。担当エリアは複数に分かれ，拠点はいわき，福島，郡山，会津若松，南相馬の5つである。主な業務は，復興公営住宅入居者同士のコミュニティ形成に向けたきっかけづくりや交流活動の支援，入居者の交流促進のための訪問活動，復興公営住宅内の自治組織の形成や運営支援，地域住民との新たな交流の場の創出，復興公営住宅内・外での共助機能の確保，地元町内会加入に向けた地元自治組織との総合調整，などである。
　②生活支援相談員は，戸別訪問やサロンなどの活動を行っており，避難元だけでなく避難先の市町村社協にも配属されている。例えば会津若松市社協の場合，震災後，避難所から仮設住宅（建設型，借上げ型）に移る人が増えていくなかで，大熊町社協の生活支援相談員と2人1組で仮設住宅への同行訪問を実施し，2013年以降は大熊町以外の避難者も対象に訪問活動を開始した。戸別訪問は避難元社協が主体となって行うが，土地勘のない避難元社協をサポートしたり，頻繁に訪問できない避難元社協に代わり単独訪問をしたりなど，各避難元社協のニーズに合わせた形で連携しながら，活動をバックアップしているという。
　③復興支援員の活動内容は，自治体により様々である。双葉町の場合，「ふたさぽ」という愛称で，広報支援とコミュニティ支援が活動の2本柱となっている。前者は，広報紙や町公式チャンネル「ニュースふたば」の動画制作などが中心である。後者では，自治会の立ち上げや会合・イベントなどの支援を行ってきた。

制度や施策の網の目からこぼれ落ちる人々
　こうした支援策は福島県内に集中する傾向があり（例えばコミュニティ交流員

写真3-3　首都圏のあるNPOが運営する食堂・カフェ。浜通りの避難者が集う

出所：筆者撮影，2018年10月。

は復興公営住宅を対象とするから活動範囲が福島県内に限定される），住居の賠償も避難指示区域に限られる。逆に，県外避難者，区域外避難者においては，賠償や支援が手薄になり（あるいはまったくなく），住まいの確保と生活再建が難しくなるという事態が生じやすい。

　避難指示区域から福島県外に避難したある男性（70歳代）の場合，震災発生時には病気でしばらく仕事をしておらず，自宅も借家だったため，所得減少や住居に対する賠償が得られない。慰謝料や家財の賠償と，月額数万円の国民年金はあるが，これまでと将来にわたる生活費をそれらでまかなっていかなくてはならない。彼は社会的に孤立しているわけではなく，町の復興支援員の要請を受けて町民のサークルを立ち上げるなど，複数の会合に積極的に参加している。一方で，その参加のための交通費などが負担となる。こうした状況から，貯蓄の取り崩しも発生している。現在は首都圏の借上げ仮設住宅（民間賃貸）に1人で住んでいるが，打ち切られた後どうするかが悩みである。新たに部屋を探すにしても，家賃負担が発生し，保証人をみつけるのも難しい。彼は福島県に帰還することを望んでいないため，復興公営住宅に入居するという選択肢

も閉ざされている。

　避難指示区域内であっても，このように条件によっては，住まいの確保が困難な状況に陥る可能性がある。そもそも賠償は，事故で失われた所得や財産を埋め合わせるものだから，それらが乏しかった場合には，賠償額も少なくなってしまうのである。

　まして，区域外避難者には住居の賠償がない。そのため，仮設住宅の打ち切りによって，避難生活の継続が困難となった（この問題については次節で述べる）。

　被災者の住まいの確保を「自己責任」の問題とせず，「居住権」保障の観点から政策的対応を行うべきであろう（鈴木 2013）。

3　区域外避難における課題——仮設住宅の終了を中心に

乏しい賠償と支援策

　第8章で述べるように避難指示区域外の賠償は手薄だが，福島県全域が仮設住宅の供与対象となったため，福島県の区域外避難者は，多くが県外に避難したものの，各地のみなし仮設住宅に入居することができた。だが，福島県外からの避難者には，その適用もなかった。

　いずれにせよ，総じて区域外避難者には，賠償や支援策が乏しい。そのため，経済的な困難が生活再建を進めるうえで大きなハードルとなる（山本 2017：81）。

　福島県から新潟県に避難した人を対象に，新潟県が2017年10～11月に実施した質問紙調査でも，このことがはっきりとあらわれている。「現在の生活設計は何でやりくりされていますか」（複数回答）という質問に対して，避難指示区域内（2015年6月15日時点の区域）から避難した人の場合，回答の多い順に「勤労収入」が55.6％，「賠償金」が44.9％，「預貯金」が33.2％と続く。他方，区域外では「勤労収入」が75.0％，「預貯金」が32.2％等であり「賠償金」は2.5％にすぎない（表3-7）。さらに今後の生活について，経済的な不安を感じている人（「とても不安を感じる」「ある程度不安を感じている」の合計）が，区

表3-7　現在の生活のやりくり（新潟県調査） (％)

	勤労収入	預貯金	賠償金	年金・恩給	児童扶養手当
全体 n=431	66.4	32.7	21.3	21.1	12.5
避難指示区域内 n=187	55.6	33.2	44.9	27.3	5.9
避難指示区域外 n=236	75.0	32.2	2.5	16.9	17.8
	事業収入	借金	生活保護	その他	無回答
全体	5.3	5.3	0.7	1.9	1.6
避難指示区域内	3.2	1.1	0.5	2.1	1.1
避難指示区域外	6.8	8.5	0.8	1.7	2.1

出所：新潟県（2018a：23）より作成。

表3-8　今後の生活に関する経済的な不安（新潟県調査） (％)

	とても不安を感じている	ある程度不安を感じている	どちらともいえない	あまり不安を感じていない	不安を感じていない	無回答
全体 n=431	49.4	31.1	7.9	8.1	1.6	1.9
避難指示区域内 n=187	41.2	34.8	9.1	9.6	2.1	3.2
避難指示区域外 n=236	55.5	28.0	7.2	7.2	1.3	0.8

出所：新潟県（2018a：23）より作成。

域内では76.0％であるのに対して，区域外では83.5％にのぼる（表3-8）。

　加えて，この調査では，回答者のうち了解を得られた11人に対する聞き取りも行われた（対象者は避難指示区域内・外とも。2017年12月実施）。調査報告書には，避難指示区域外から家族4人で避難している50歳代男性の次のような声が掲載されている。「収入は以前の半分以下に落ちた。やはり50歳近くでは再就職は厳しいと感じた。妻も専業主婦から，現在は，働いているが，二人を合わせても前の収入に追いつかない。」「この収入では子どもを大学に行かせてやれないというのが現実である。〔中略〕以前の会社の退職金や，保険も全て解約してやっているが，貯蓄が減っていく一方である」（新潟県 2018b：17）。

仮設住宅の終了と退去者に対する支援策の問題点

　前述のように，福島県は2015年6月15日，区域外避難者に対する仮設住宅の

資料3-1　区域外避難者に対する福島県の支援策（主要施策概要）

1　民間賃貸住宅等家賃への支援
　(1)対象世帯：仮設住宅等に避難している世帯のうち，収入要件を満たし，供与期間終了後も民間賃貸住宅等で避難生活を継続することが必要な世帯。
　(2)収入要件：基準額「月額所得21万4000円以下」の世帯。母子避難など二重生活世帯については，世帯全体の所得を2分の1として扱う。
　(3)対象期間：2017年1月分～2019年3月分。
　(4)補助率，補助額：2017年1月～2018年3月分は家賃等の2分の1（月額最大3万円）。2018年4月～2019年3月分は家賃等の3分の1（月額最大2万円）。
2　住宅確保等への取組
　(1)公営住宅等の確保に向けた取組：仮設住宅等からの退去後，住宅確保が困難な世帯に対し，公営住宅等への優先的な入居や，空き戸の活用による支援を進める。
　(2)意向調査等の実施
　(3)避難者住宅確保・移転サポート事業（2017年1月～）
3　移転費用の支援──福島県ふるさと住宅移転補助金
　(1)対象世帯：県内外の仮設住宅等から県内（内避難世帯は避難元市町村）の自宅等へ移転した世帯（2017年3月末までに完了した移転が対象）。
　(2)補助額（［　］内は単身世帯）：県外からの移転は10万円［5万円］。県内からの移転は5万円［3万円］。

出所：福島県生活拠点課「避難指示区域外から避難されている方への帰還・生活再建に向けた総合的な支援策」（2017年1月25日）より作成。

供与を2017年3月までで終了する方針を決めた。福島県は仮設住宅の供与終了とともに，それに代わる支援策を発表している（資料3-1）。これには，避難を継続する場合の家賃補助や，県内に帰還する場合の移転費用補助が含まれるが，次のような問題点も指摘されている。[11]

家賃補助についてみると，期間が2年間に限定されており（2019年3月末まで），補助率が1年目の2分の1から，2年目には3分の1へと下がるしくみになっている。また，収入要件があるため，仮設住宅が終了となる世帯のうち一部が対象となるにすぎない。さらに，年収が低い世帯では，例えば月額6万円の家賃に対して，当面3万円ないし2万円の補助があっても，いずれ家賃の全額を支払わねばならず，その負担に耐えられないであろう。したがってこれは，仮設住宅の終了にともなう矛盾の緩和措置というべきであり，仮設住宅に代わる施策としては限定された中身となっている。

仮設住宅の供与終了や支援策の打ち切りが進めば，避難者の経済的負担は不可避的に増大する。子どもの成長や収入の変動など何らかのきっかけで，潜在

していた問題が表面化してくることも考えられる。今後とも，避難者の状況と支援策の動向を継続的に把握していくことが不可欠である。特に福島県外への避難者については，避難先ごとに事情がかなり異なるため，それぞれの地域の実情をより詳しく調査する必要がある。

家賃補助の打ち切りについて，新潟県による前記の聞き取り調査では，次のような声が出されている。

「当面は今の生活を継続したいという思いもあるが，やはり金銭面の不安が大きい。今，月3万円の補助が福島県から家賃補助で，家賃が6万円なので半分，それが来年度は3分の1，つまり2万円になるので，収入が来年度も変わらなければ，生活は苦しくなる」（40歳代男性，区域外から家族3人で避難。新潟県 2018b：21）。

また，夫が福島県に戻り，母子で新潟県に避難している40歳代女性は，「福島の持家の維持費やローン，夫の生活に関わる光熱水費と，新潟県での母子の避難生活に関わる経費（アパートの家賃，生活費）との二重負担になっている」ことから，家賃補助が下がったり打ち切られたりすれば避難を続けるのが難しくなる，と述べている（新潟県 2018b：22）。

「区域外」としての旧緊急時避難準備区域

一度は避難指示区域と同様の状況になったにもかかわらず，賠償が手薄な区域もある。第一原発20〜30km圏の旧緊急時避難準備区域は，その代表例である。特に川内村と広野町は，役場を他の自治体に移転した避難自治体である。しかし，同区域は避難指示区域とは異なり，慰謝料の対象期間が短く，住居の賠償がないなど，賠償の扱いでは大きな格差が設けられてきた。以下では，川内村（震災発生時の人口は約3000人）を例としてその経緯と現状を説明する。

「復興のフロントランナー」を自認する川内村は，2012年3月，避難自治体のなかで広野町とともにいち早く役場機能を元の地に戻した。川内村の大半は旧緊急時避難準備区域に含まれる。同区域は2011年9月末に解除され，これにともない精神的損害の賠償（慰謝料）が2012年8月末で打ち切られている[12]。

住民の帰還はきわめて緩やかに進んできたが，2017年3月末の仮設住宅供与

終了を境にして,帰村率(村内生活者数／住基人口)が10ポイント増加した(同年3月1日時点で70.1%,4月1日時点で80.3%。川内村役場提供資料による)。旧緊急時避難準備区域では,前述のように住居の賠償がなく,区域外避難者と同じ状況に置かれているため,避難先で住居を確保するには経済的負担が大きい。

　2018年2月1日時点の帰村率は81.0%だが,年齢階層別にみると,子育て世代や子どもでは相対的に低い(10歳未満が57.1%,10歳代が50.1%,30歳代が65.9%,40歳代が71.8%)。他方,高齢者の帰村率は高く,70歳代は93.0%,80歳代は92.8%である。ただし,90歳代では77.4%と全年齢階層の平均より低い。高齢者ほど村に戻っていると単純にはいえないのである。

　帰村の進行が緩やかだった理由として,放射能汚染への懸念や,生活条件の回復が遅れたことが挙げられる。川内村の住民は震災前,医療,教育,買い物,雇用などの機能を,原発の立地する浜通り沿岸部に大きく依存しており,一体の生活圏を形成していた。しかし原発事故後,浜通り沿岸部のこれらの機能がストップしてしまったのである。

　川内村に戻っている人の典型的なイメージは,比較的高齢で,村に仕事があり,あるいはすでにリタイアしていて,健康の心配があまりなく,自分で車を運転できる人である。川内村の特に中心部は,汚染が比較的軽微だといわれるから,こうした諸条件が満たされれば,自宅に戻って暮らすことを選ぶ人が多いのは理解できる。

　放射能汚染については,筆者らの調査のなかでも,避難先の郡山市より村に戻ったほうが線量が低いという話をよく聞いた。だが実際には,空間線量の値は場所によってかなり異なるので,一概にこのようにはいえない。山林の除染は,ほぼ手つかずである。したがって,健康への影響に不安をもつ人が出てくるのは避けられない。

　子育て世代の帰村率が低い理由としては,さらに子どもの学校や教育の問題がある。例えば村で居住した場合,高校の選択幅が非常に狭くなってしまう。発災直前の2011年3月1日に,富岡高校川内校が閉校となり,村には高校がなくなっていた。原発事故以前の高校進学先は,浜通り沿岸部が多かったが,現在もその多くが休校となっている。

高齢者が帰村をためらう要因としては，第一に，村で生活する意味が損なわれたことが挙げられる。特に，農作業をする意味の喪失（生産物を孫に食べさせられない）は軽視できない。第二に，村に戻った場合のマイナス面も大きい。医療や介護の体制は，避難先の都市部のほうが充実している。帰村した場合，家族や近隣住民が避難したままで，頼れる人がいなかったり，あるいは震災前に比べ生活が不便ななかで，これまで以上に周囲に世話をかけてしまうことへの遠慮もある。第三に，避難者が集まって暮らす建設仮設住宅では，近隣同士のコミュニティが次第に形成されてきたため，そこから離れるのはつらいという方も少なくない。

　以上は，筆者らが主として2014年に実施した川内村の調査から指摘してきたことである（除本・渡辺編著 2015）。その後，村内では生活諸条件や雇用の回復のために，特別養護老人ホームの開所（2015年11月），複合商業施設のオープン（2016年3月），工業団地の造成（2017年7月完成）などが進められてきた。また，2017年春には4町村，3万2000人への避難指示が解除され，隣接する富岡町でも複合商業施設が開業するなどの動きがある。筆者が2017年8月10日に行った聞き取り調査（次項参照）でも，帰村して当該施設で働きはじめた人がいた。震災前には，浜通り沿岸部の雇用などが川内村の住民にとっても重要な意味をもっていたが，それらの機能は緩やかに回復しつつある。

　ただし，2017年度から双葉郡の5つの高校が休校となるなど，復興が一足飛びに進むわけではない。むしろ，避難指示解除が拡大するにともない，生活諸条件の回復は，それらの解除地域に共通する課題としてクローズアップされている。

建設仮設住宅の閉鎖と退去者の動向——川内村の事例から

　次に，川内村の住民が入居していたある建設仮設住宅（以下，X仮設と表記）を事例として，閉所後の入居者の動向に関する調査結果を報告する。筆者を含む研究者グループと福島県弁護士会 原子力発電所事故対策プロジェクトチームは，川内村を対象に共同調査を行ってきた（除本・渡辺編著 2015）。この一環として，筆者らは60人の村民から聞き取り調査を行ったが（実施期間は2014

年3～11月），そのうち21人がX仮設入居者であった。

　2017年8月10日，筆者はX仮設の自治会長を務めていた男性（表3-9のSさん），および他の帰村者3人から川内村でお話をうかがうことができた。それにより，仮設住宅終了の影響と，2014年の聞き取り対象者21人の近況について，一定の知見を得た[13]。以下はその報告である（除本 2017b：40-43）。

　川内村だけでなく他の避難自治体にも共通するが，若い世代はみなし仮設住宅に暮らし，高齢者が建設仮設住宅にとどまる傾向がある。筆者らが聞き取りをしたX仮設の入居者も，高齢の方が多かった。

　X仮設の管理戸数は150で，閉鎖時の入居戸数は明らかでないが，100未満の数十戸と考えられる。2017年3月18日には自治会がお別れ会を催し，また村も3月26日に閉所式を行った。

　Sさんによれば，ほとんどの入居者は家族，親族，友達に手伝ってもらい，なるべく費用をかけないように引越しをしたという。3月末には何世帯かを残してみな退去した[14]。

　最後に残ったのは，退去が困難な人工透析患者3世帯と，末期がん患者2世帯であった。人工透析患者を抱える3世帯のうち，病院の送迎や家族のサポートで通院が可能になった2世帯は何とか村に戻ったが，1世帯は帰村できず病院の近くにアパートを借りることになった[15]。また，入退院を繰り返していた末期がんの患者2人は，2017年5～6月に死去した。その結果，X仮設に暮らすのはSさんのみとなり，調査時点では，自身も2017年9月には帰村する予定とのことであった（実際の帰村は2018年春）。

　近々帰村予定のSさんを除くと，聞き取り調査の時点で帰村していない人は3人である（Eさん，Fさん，Tさん）。そのうち2人は明らかに，医療，介護のニーズがあることから帰村をあきらめていた。

　また，Kさんのように，教育の必要から孫が避難先にとどまり，世帯分離が生じている例もある。子育て世代が多いみなし仮設住宅では，帰村しない人は建設仮設住宅より多くなると考えられる。

　医療，介護，教育に加え，放射線被曝への不安も，帰還／避難の意思決定に影響を与える。ある帰村者は，自宅の庭で少量の野菜を育てており，食物をあ

第3章 避難者の生活再建と住まいの再生

表3-9 川内村X仮設入居者の帰村状況

A	28歳男	子どもの教育や仕事の心配から，帰村をためらっていたが，X仮設閉鎖にともない村に戻った。現在は富岡町の商業施設で働いている。
B	58歳女	障がいをもつ妹の介護や仕事の心配から，以前は帰村を考えていなかったが，X仮設閉鎖にともない村に戻った。現在は村内で仕事を得て，妹も村内の共同作業所に通っている。
C	73歳男	シイタケ原木を採取する山林の放射線量が高いことへの心配などから帰村は考えていなかったが，X仮設閉鎖にともない村に戻った。現在は家業の農業をしている。
D	66歳女	Cさんの妻。X仮設閉鎖にともない，夫とともに帰村した。
E	65歳男	妻の人工透析のため，X仮設から別の市にある病院に通う（車で片道40分）。仮設閉鎖にともない，病院の近くにアパートを借りた（福島県の家賃補助制度を利用）。村の自宅には農地の維持管理のため通っている。
F	57歳女	夫が車いすで生活しており，リハビリが必要。X仮設閉鎖にともない，夫のリハビリを続けるために帰村をあきらめ，避難先に居を定めた。
G	84歳女	通院の心配から，帰村をためらっていた。X仮設閉鎖にともない村に戻ったが，自宅の補修が必要だったようである。
H	90歳男	医療の心配から帰村をためらっていたが，X仮設閉鎖の半年ほど前に村に戻った。
I	85歳女	Hさんの妻。Hさんと同様，医療の心配から帰村をためらっていたが，夫とともに村に戻った。
J	82歳男	認知症があるが，村が仮設住宅の閉鎖にともない介護体制を改善したこともあって，息子とともに帰村した。
K	76歳男	もともとX仮設と村との二重生活のようになっていたが，早い段階で帰村した。教育の関係から，みなし仮設住宅にいた息子の妻と孫が避難先に残り，世帯分離が生じている。
L	70歳男	弟が震災前から事故の後遺症で入院している（避難前は富岡町の病院）。X仮設閉鎖にともない帰村し，弟は村の老人ホームに入所した。
M	79歳女	避難先で体調が悪化し，医療ニーズが高い。そのため「死ぬまで仮設にいたい」といっていたが，現在は村に戻って1人暮らしをしている。
N	78歳女	―
O	83歳女	村に戻って農作物をつくっても食べてくれる人がおらず，農地の管理も難しい。息子夫婦は村の自宅に戻っているが，医者に診てもらうのにも移動の面で手間をかけることになる。そのためX仮設にとどまっていたが，閉鎖にともない自宅に戻った。
P	83歳女	帰村しても近隣が戻らず，もともと隣家も遠いため，何かあった場合の心配があることや，夫の介護の必要から，X仮設にとどまっていた。しかし閉鎖にともない村に戻った。
Q	83歳女	―
R	84歳女	X仮設で1人暮らしをしていたが，川内村の自宅を建て直して，子どもと一緒に暮らしている。
S	65歳男	X仮設の自治会長を務めた。仮設に残らざるをえなかった世帯の世話を終え，2017年9月に帰村予定。
T	26歳女	X仮設閉鎖後も帰村せず，避難先でアパートに移った。
U	34歳男	X仮設閉鎖にともない，村内の母親の実家で1人暮らしをしている。旧警戒区域の自宅は解体した。

注：年齢は2014年の聞き取り調査時のもの。「―」は，2017年8月の聞き取り調査で近況の情報が得られなかったことを意味する。
出所：筆者らの行った聞き取り調査（2014年3～11月，2017年8月。詳細は本文参照）より作成。

る程度自給できることが帰村のメリットの一つだが，内部被曝への不安を完全には払拭できないと話していた。自宅で暮らしたり食物を自給できるなど，帰村の魅力は大きい。ただしそれでも，震災前の暮らしを完全に回復できるわけではない。

　Mさんは「死ぬまで仮設にいたい」と口にしていたというが，ここから推察されるように，帰村が余儀なくされた選択だという場合もあろう。ただしSさんが述べるとおり，建設仮設住宅の入居者は高齢の方が多いため，仮設住宅が永続しないのであれば，なるべく体が動く段階で帰村したり，あるいは避難先に居を定める意思決定を行うのがベターだという面も否定できない。とはいえ，帰村した場合の村内・外の移動手段の確保は，改善が図られているものの依然として大きな課題のようであり，その点での家族のサポートの有無は高齢者などの帰村の判断に大きく影響していると考えられる。

　いずれにせよ，それぞれの世帯の事情は複雑，多様なので，それらに応じた配慮が望まれる。前述のように，旧避難指示区域でも仮設住宅の提供が順次終了していく。したがって，先行する川内村などの事例から，教訓や課題を汲み取る努力が求められる。

多様な選択肢の保障を

　政府の避難者対策は，「帰還政策」「避難終了政策」という特徴をもつ（除本 2017a：23）。これらは，避難者を帰還／移住へと移行させることで「避難」という状態を終了させることを目指すものだ。しかし，帰還か移住かという二者択一の枠組みでは避難者の意識をとらえきれない。避難先にとどまりながら，避難元の地域と緩やかにつながろうとする試みも続けられてきた（松井 2017）。

　そこで，帰還／移住のいずれでもない選択肢として「長期待避」があることを明らかにし，その選択を保障しうるよう施策を拡充すべきだという主張がなされている（舩橋 2013；今井 2014）。具体的には，避難先での住まいの中長期的な保障や，現住地と避難元（原住地）の両方の自治体に参加できるしくみ（「二重の住民登録」）などである。川内村の例でもみたとおり，それぞれの事情に応じて，「長期待避」など多様な選択を保障しうる条件づくりが求められて

いる。

　本書を通じて強調されているように，多様な復興の姿を各個人や家族が選択できる「複線型復興」の視点が重要である（丹波 2018）。これはまさに原発事故子ども・被災者支援法の理念でもある。被災者の実情を十分に把握し，一人ひとりの生活再建と復興が可能になるよう，きめ細かな支援策を講じていくことが求められる。

注
(1)　ふくしま復興ステーション「避難区域の状況・被災者支援」（http://www.pref.fukushima.lg.jp/site/portal/list271.html）2018年9月14日閲覧。
(2)　福島，宮城，神奈川の3県は，仮設住宅の提供が打ち切られたことにともない，区域外避難者を避難者数の集計から除外していた。『読売新聞』2017年11月12日付朝刊。
(3)　高木竜輔らが復興公営住宅入居者や楢葉町民に対して行った質問紙調査によれば，避難先で住居を取得したり復興公営住宅に入居したとしても，当事者の意識として，自らを避難者と位置づけているという回答が半数以上にのぼる（高木 2017：113）。したがって，これらの群を避難者数の集計から除外するのは問題である。
　　『日本経済新聞』2019年3月17日付朝刊で明らかにされているように，避難12市町村およびいわき市が把握している県内避難者数を合計すると5万2061人にのぼる（2019年1月末または2月1日時点）。しかし，福島県が公表している県内避難者数は8655人にすぎない（2019年2月）。本章脱稿後，この記事に接した。
(4)　国の避難終了政策については本文でも後述するが，次の文献を参照していただきたい。日野ほか（2016），除本（2017a：23）。
(5)　2013年5月の聞き取り調査時点で，東電から提示されていた金額。
(6)　東電プレスリリース「住居確保に係る費用の賠償および住居以外の建物修復に係る費用の賠償に関するご案内について」2014年4月30日。
(7)　ふくしま復興ステーション「復興公営住宅　地区ごとの工程表と進捗状況」（http://www.pref.fukushima.lg.jp/site/portal/ps-fukkoukouei009.html）2019年1月30日閲覧。
(8)　NPO法人みんぷく「コミュニティ交流員ホームページ」（https://minpuku.jimdo.com/），社会福祉法人　福島県社会福祉協議会避難者生活支援・相談センター「ふくしま元気復興レポ！　NPO法人　みんぷく」2018年6月20日（http://www.pref-f-svc.org/archives/category/hinansyashien），ともに2018年9月17日閲覧。

なお，いわき市でのコミュニティ形成の取り組みについて，高木・川副（2016）を参照。
⑼　福島県社会福祉協議会『はあとふるふくしま』2017年7月号。
⑽　当該男性への聞き取り調査は2018年7月21日，同年10月25日に実施した。また電話による補足的な照会も行った。
⑾　次段落の内容は，日本環境教育学会関西支部第196回関西ワークショップ（2016年10月15日）での奥森祥陽氏の報告に基づく。
⑿　川内村の区域別人口は，2014年4月1日時点の住民登録数でみると2739人，うち旧緊急時避難準備区域が2410人，旧警戒区域が329人（うち荻・貝ノ坂が54人）である（経済産業省「避難指示区域の概念図と各区域の人口及び世帯数」，http://www.meti.go.jp/earthquake/nuclear/pdf/140401.pdf）。慰謝料の賠償終期は区域によって大きく異なり，旧緊急時避難準備区域では2012年8月，旧警戒区域では2018年3月である。
⒀　今回の調査では，2014年の聞き取り対象者21人の近況について，特に帰村／避難継続の選択に焦点をあててSさんからお話をうかがった。帰村者のなかにも，持ち家の自宅に戻った人だけでなく，村営住宅（復興公営住宅を含む）に入居した人などがいる。後者の場合には家賃負担が生じるが，こうした詳細については十分確認できていない。
⒁　川内村に戻る場合は，資料3-1に掲げた移転費用補助を受けることができる。ただしこれは，2017年3月末までに完了する移転が対象となる。帰村した人はおおむねこの補助を受けたようである。
⒂　帰村しなかったのは表3-9のEさんである。Eさんは資料3-1の支援策にある家賃補助を受けることができた。この補助の対象は，福島県内の避難者については，①妊婦がいる世帯，②18歳以下の子どもがいる世帯，③避難生活の長期化にともない，避難先の特定の病院での治療を必要とする世帯（人工透析を受けている方など）に限定されているが，Eさんの場合，この③が適用されたと考えられる。

引用・参考文献

復興庁，2019，『平成30年度　福島県の原子力災害による避難指示区域等の住民意向調査　全体報告書』．
福島県土木部建築住宅課編，2018，『復興公営住宅整備記録――原子力災害による避難者の生活再建に向けて』．
福島県社会福祉協議会，2017，『「生活支援相談員活動による避難住民生活の現状調査（第四回）」報告書』3月．
舩橋晴俊，2013，「震災問題対処のために必要な政策議題設定と日本社会における制

御能力の欠如」『社会学評論』64(3)：342-365.
早尾貴紀，2014，「原発避難の実態と『避難の権利』」『インパクション』194：10-14.
日野行介，2016，『原発棄民——フクシマ5年後の真実』毎日新聞出版.
日野行介・吉田千亜・渡辺淑彦・除本理史，2016，「福島『避難終了政策』は何をもたらすか——原発事故被害の現在」(座談会)『世界』878：169-181.
平山洋介，2013，「はじめに——被災した人たちが，ふたたび住む」平山洋介・斎藤浩編『住まいを再生する——東北復興の政策・制度論』岩波書店，v-xii.
今井照，2014，『自治体再建——原発避難と「移動する村」』ちくま新書.
松井克浩，2017，『故郷喪失と再生への時間——新潟県への原発避難と支援の社会学』東信堂.
新潟県，2018a，「福島第一原発事故による避難生活に関する総合的調査　アンケート調査報告書」3月.
新潟県，2018b，「福島第一原発事故による避難生活に関する総合的調査　インタビュー調査報告書」3月.
西田奈保子・高木竜輔・松本暢子，2017，『復興公営住宅入居者の生活実態に関する調査　調査報告書(概要版)』.
塩崎賢明，2014，『復興〈災害〉——阪神・淡路大震災と東日本大震災』岩波新書.
鈴木浩，2013，「福島　人びとの『居住権』を求めて——『被災者に寄り添う』ことの意味」平山洋介・斎藤浩編『住まいを再生する——東北復興の政策・制度論』岩波書店，165-180.
高木竜輔，2017，「避難指示区域からの原発被災者における生活再建とその課題」長谷川公一・山本薫子編『原発震災と避難——原子力政策の転換は可能か』有斐閣，93-131.
高木竜輔，2018，「福島県内の原発避難者向け復興公営住宅におけるコミュニティ形成とその課題」『社会学年報』47：11-23.
高木竜輔・川副早央里，2016，「福島第一原発事故による長期避難の実態と原発被災者受け入れをめぐる課題」『難民研究ジャーナル』6：23-41.
丹波史紀，2018，「原子力災害からの再生——『尊厳』を回復することができる復興政策を」『都市問題』109(3)：8-20.
山本薫子，2017，「『原発避難』をめぐる問題の諸相と課題」長谷川公一・山本薫子編『原発震災と避難——原子力政策の転換は可能か』有斐閣，60-92.
山崎栄一，2013，『自然災害と被災者支援』日本評論社.
除本理史，2013a，『原発賠償を問う——曖昧な責任，翻弄される避難者』岩波ブックレット.
除本理史，2013b，「原発賠償と生活再建」平山洋介・斎藤浩編『住まいを再生する

──東北復興の政策・制度論』岩波書店，225-223．
除本理史，2016，「原発事故賠償と福島復興政策の5年間を振り返る──避難者に対する住まいの保障に着目して」『経営研究』66(4)：185-195．
除本理史，2017a，「福島復興と賠償の課題」『環境と公害』47(1)：21-26．
除本理史，2017b，「福島原発事故による避難者への仮設住宅の供与終了について」『経営研究』68(3)：35-51．
除本理史・渡辺淑彦編著，2015，『原発災害はなぜ不均等な復興をもたらすのか──福島事故から「人間の復興」，地域再生へ』ミネルヴァ書房．
吉田千亜，2016，『ルポ　母子避難──消されゆく原発事故被害者』岩波新書．

第4章
災害時の福祉課題とその支援

丹波　史紀

　原子力災害によって避難を余儀なくされた被災者の災害時における福祉課題とその支援について論じた。災害直後の福祉課題として、①避難所、②障がい者・高齢者など災害時要配慮者の避難、避難生活期の福祉課題として、①住まい、②経済生活と貧困、災害後の二次被害として、①心身の健康、②介護需要、③震災関連死、などについて取りあげた。さらに被災者支援として展開された住民独自の取り組み、NPO・NGOの取り組みなどについて取りあげ、今後の被災者支援のあり方として「スフィア基準」などを参考に人道的で尊厳ある支援の必要性を論じた。

1　災害直後の福祉課題①避難所における人道的配慮

　災害や紛争など危機的状況下において、どのようにしてすべての人びとの尊厳を守るかは政策上もしくは学術上も、今日重要なテーマである。特に災害時は、初期段階から人道的支援が求められる。日本は「災害列島」と呼ばれ、数多くの災害を経験してきたが、その際にいかに人道上の配慮がなされ、かつ個人や家族の尊厳が守られるかが常に問われてきた。災害時に設置される避難所の多くは、体育館に毛布一枚程度、食事もおにぎりやパンなどが中心である。ましてや女性・子ども・障がい者などに配慮した環境整備は十分とは言えず、常にその対応が問題視されてきた。そのような中、「災害時の避難生活に関する検証・研究を行い、被災者の安全な生活の向上に寄与する事を目的」に、避難所・避難生活学会が2014年に設立された。
　2011年東日本大震災とその後の東京電力福島第一原子力発電所事故にともな

う原子力災害では，多くの被災者を生み出した。ピーク時には約40万人が避難したともされ，それは全国各地に広域的に避難した。福島県は16万人以上の人が避難を余儀なくされた。今回の東日本大震災および原子力災害においてどのような避難所・避難生活であったのか。本章では改めてこのテーマを取りあげたいと思う。

　福島県では，原子力災害に伴い，一時的に避難した避難所を移転せざるを得なかった場所も多く，何度も避難所を転々としている状況が見られた。今回の東日本大震災では，学校や公民館などの避難所に震災1週間後に約39万人が避難する状況にあった（ちなみに阪神・淡路大震災では約30万人）。避難所の数も一番多いときで，約2400か所と阪神・淡路大震災の2倍にあたる。ピーク時の避難所における避難者数（括弧内は避難所数）で見ると，岩手県は約5万5000人（399か所），宮城県は約32万人（1183か所），福島県は約7万4000人（410か所）となっている。

　今回の東日本大震災と原子力災害に伴う避難では，地域防災計画の想定を越えた広域避難を余儀なくされ，避難元自治体のサポートには限界があった。原子力災害によって避難をせざるをえなかった人たちは，指示された避難先の避難所が満杯であるなどし，方々の避難所に順次入っていくことになった。そのため2011年4月1日から福島県は，県内のホテル・旅館約546か所を2次避難所とし，原子力災害によって長期避難となった人たちの避難場所として活用した。また，双葉町は役場ごと埼玉県に移転し，一時埼玉県のさいたまスーパーアリーナを避難所にしていた。その後埼玉県加須市に役場機能を移し，2011年3月30日から4月1日にかけてその旧埼玉県立騎西高校をそのまま避難所にした。自然災害時には通常7日間から数か月程度を想定した避難所は，原子力災害という長期にわたる避難生活を強いられたことから，双葉町の旧騎西高校の避難所は，震災から1023日，2013年12月27日まで異例の長さで避難所を開設することになった(1)（表4-1）。同避難者はピーク時の2011年4月上旬には1400人を越えた。ちなみにホテル・旅館などの2次避難所は，2012年2月21日まで設置され，2011年6月のピーク時には，1万7900人が身を寄せていた。体育館や公民館・集会所などの1次避難所は2011年12月28日にすべて閉鎖されている。

表4-1　避難者数・避難所数の推移—東日本大震災，阪神・淡路大震災，中越地震

		発災日	1週間後	2週間後	3週間後	1か月後	2か月後	3か月後	4か月後
避難者数	東日本大震災：避難者数	20499	386739	246190	167919	147536	115098	88361	—
	中越地震：避難所生活者数	42718	76615	34741	11973	6570	0	—	—
	阪神・淡路大震災：避難所生活者数	—	307022	264141	230651	209828	77497	50466	35280
避難所数	東日本大震災：避難所数	—	2182	1935	2214	2344	2417	1459	—
	中越地震：避難所数	275	527	234	146	94	0	—	—
	阪神・淡路大震災：避難所数	—	1138	1035	1003	961	789	639	500

出所：政府の緊急災害対策本部資料による。

さらに福島県外の全国各地に避難した者は，2012年6月をピークに約6万人が避難生活を余儀なくされた。

こうした避難所では，大量の集団が生活するために居住スペースも限られ，身の回りの物も多くない。衛生環境も悪化する避難所もあり，ノロウィルスやインフルエンザの感染が広がることもあった。さらに，女性の性的被害なども報告されており，県内の大型避難所では，女性のためのスペースを地元NPOなどが設置するなどの取り組みも行われた。

避難時の障がい者・高齢者等

とりわけ今回の震災では，「避難所格差」という言葉がよく使われ，食事や毛布，衛生面など避難所環境が場所によって大きく異なると言うことが指摘された。大災害の際には少なからずそうした現象が見られるが，今回の震災では過去の震災経験が十分生かされていないという点が特徴的であった。特に課題となったのは，障がい児者や高齢者などである。自閉症の子どもを抱える親子は，大人数いる避難所の環境になじめず，1か月以上にわたって車上での避難生活を余儀なくされた。在宅障がい者は避難所にすら行けず，自宅にとどまらざるをえない者もおり，必要な支援が十分行き届かないケースが多く見られた。[2]

中村（2012）は，震災直後の福島県内の障がい児者のおかれた実態を丹念に聞き取った貴重な記録を残している。福島県内で長らく障がい児教育に携わってきた経験から，障がい種別を超えて多くの障がい当事者や家族，関係者に聞き取りを行っている。福島県聴覚障害者協会が災害翌日から会員の安否確認等の状況把握を行ったが，非会員も含め把握する聴覚障がい者670名の安否が確認できたのは，震災から20日ほど経った3月30日であった（中村 2012：45）。聴覚障害者は，当初避難先で放射線の被害等に関する手話や文字による情報がなく，音声だけの説明だったので，内容が全く理解できない者もいた。相馬市で津波に流され死亡した知的障がいのある男子高校生は，軽度の障がいであるため日常生活においては自分で行動できるが，津波を予測して避難するほどの判断能力はなく，祖母と二人自宅で津波に遭遇し亡くなった（中村 2012：57-60）。同じく相馬市の40代知的障がいの男性は，地震のショックのため自力で歩くことすらできず，助けに来た二人に両脇を抱えられながら高台に上り，腰の高さにまで津波が押し寄せたが，なんとか高台の旅館に避難した。しかし高台の旅館に抱えられながら避難したときには，すでに意識がなく周りの救助もあったが間もなく死亡した（中村 2012：79-81）。また30代の難病により人工呼吸器をつけ電動車いすで生活していた身体障害者のいわき市の男性は，これまで24時間ヘルパーを常駐していた。しかし最近では1週間のうち3回，祖母と二人になる時間を90分つくっていたその際に地震と津波が押し寄せ，津波で流されそうになり，祖母と握っていたその手を「もういい」と言いながら濁流の中に消えていった（中村 2012：85-88）。発達障がい等で避難所での生活になじめないことを理由に，親戚や知人宅を何カ所も転々と移転した家族も少なくなかった。ちなみに福島県社会福祉協議会と福島県盲人協会が行った調査では，震災から約3か月の間に死亡した福島県内における障がい者の数は，身体障がい者で102名，知的障がい者で9名，精神障がい者で7名であった。
　「在宅被災者」の存在は，災害時に度々指摘されるが，今回の東日本大震災では規模の大きさや被災者数の多さなどから問題が集中した。岡田（2015）は，東日本大震災において避難所がいっぱいなために入ることができないことなどを理由に，被災した自宅の二階等で生活を続ける「在宅被災者」の存在とその

支援について詳細に論じている。例えば宮城県石巻市では，在宅被災者に対し食糧配給などをいち早く行ったが，2011年3月29日時点で6万2693人の「在宅被災者」が存在し，その数は石巻市の人口約16万人のおよそ4割にも達していた（p. 50）。この石巻市の食糧配給は約8か月間にわたって続けられた。こうした「在宅被災者」の多くは，高齢者や障がいのある人たちであった。東日本大震災では，少なくない障がい者や高齢者が避難できず自宅にとどまらざるを得なかった者も存在する。

なお「福祉避難所」は，新潟県中越地震など大規模災害を通じて，要介護状態の高齢者や障がい者などを受け入れる福祉避難所の有効性が確認されており，多くの自治体が地域防災計画において福祉避難所の指定をしている。にもかかわらず，東日本大震災においては十分にその機能を発揮しなかった。今回の震災で設置された福祉避難所は全体で約40か所，その多くは仙台市内の30か所であり，福島県はゼロであった。

2　災害直後の福祉課題②障がい者・高齢者など災害時要配慮者の避難

災害時の医療・福祉施設と避難

災害時の避難を検討する際に，多くの困難をかかえていたのは医療や福祉施設であろう。震災以前に作成された地域防災計画では，「学校，病院，工場及びその他防災上重要な施設の管理者は，それぞれ作成する消防計画の中に，以下の事項を留意して避難に関する計画を作成し，避難対策の万全を図る」ものとするし，災害時の患者・入所者の避難は基本的に病院や福祉施設の独力で行うこととしていた（福島県防災会議 2009：15）。当初半径20 km 圏内という範囲の避難区域を想定していなかったのである。唯一原子力災害時における避難マニュアルを作成していた今村病院（富岡町）においてさえ，全患者を広域的に避難させる想定のマニュアルは持ち合わせていなかった。

病院等の避難

震災直後の第一原発から半径20 km 圏内にあった病院は，7施設である。国

会事故調査委員会の最終報告書によれば，事故当時この 7 施設に入院していた患者は約850人である。(4)「そのうち約400人は人工透析や痰の吸引を定期的に必要とするなど重篤な症状を持つ，又はいわゆる寝たきりの状態にある患者」（＝重篤患者）であったとする（国会事故調東京電力福島原子力発電所事故調査委員会 2012：380）。

　国会事故調査委員会の調査では，同 7 施設では，発災後の避難先と避難手段の確保に差が生じた。結果として発災後まもなく患者を避難させることができた病院と，数日にわたって避難先や避難手段の確保に困難が生じ結果として患者避難に困難が生じた病院とに分かれた。福島県立大野病院，双葉厚生病院，南相馬市立小高病院は比較的早期に避難手段や避難先医療施設の確保ができ，「近隣の住民とほぼ同時である 3 月13日までに入院患者全員が避難した」としている（同前：381）。一方，今村病院，西病院，小高赤坂病院，双葉病院については避難先・避難手段ともに確保が困難であったために，避難中に重篤化した患者や結果として死亡した者も現れた。ちなみに最後まで避難が遅れた双葉病院は，残されていた患者35人を自衛隊が救助開始したのは 3 月16日零時35分頃とされている（同前：234-241）。

　双葉病院では第一陣から第三陣にわけて避難したが，3 月12日に重篤患者以外の209人と院長以外の医療スタッフを大型バス 5 台等にのせ第一陣の避難を開始した。しかしその後重篤患者129人と系列の介護老人保健施設ドーヴィル双葉の入所者98人を数名のスタッフでサポートしなければならなかった。3 月14日 4 時頃自衛隊第12旅団輸送支援隊が到着し，同日10時30分頃までに，病院入院患者34人とドーヴィル双葉入所者98人を車両にのせ，スクリーニング場所の相双保健福祉事務所に向かった。その後福島市からいわき市にあるいわき光洋高校の避難所まで230km 以上，実に10時間という長距離・長時間の避難を余儀なくされた。こうした長距離・長時間の避難は小高赤坂病院でも同様であった。双葉病院及び介護老人保健施設の入院・入所者が一次避難先となったいわき光洋高校は十分な医療設備もなく体育館にとどめおかれるだけとなった。その後，医療設備のある受入先を探したが，大人数をまとまって受け入れる施設はなく，少人数ずつ県内外に90か所分散して二次避難した。

こうした長距離かつ長時間にわたる避難を余儀なくされ，避難した先の医療設備も十分でないために，多くの者は症状を重篤化させ，中には死亡する者さえ出た。3月14日ちなみに国会事故調査委員会の最終報告書では，2011年3月末までに7施設及び系列の介護老人保健施設で避難過程に死亡した者は，60人に上ったとしている（同前：381）。

　病院における避難先と避難手段の確保に差が生じ，結果として患者の症状が重篤化したり，死亡者が出たことをその病院関係者の責任にだけ帰すことは適切ではない。各種の報告書や証言などを紐解くと，避難が早期にできた病院も偶然による結果である場合もあった。避難が遅れた病院では，災害直後の通信不能や行き違い，縦割りによる情報共有の遅れなどが事態の悪化をもたらした。しかしそこにいた医療スタッフは患者の避難に，できるかぎり最善の努力を行っていた。

　国会事故調査委員会の最終報告書では，今回の原子力災害にともなう病院等の患者避難を検証している。重篤患者の長時間にわたる移動などにより死亡事故や病状の悪化をもたらした深刻な事態に陥った要因として，「a. 看護師など医療スタッフが避難してしまい，医療関係者が不足した」，「b. 避難区域が広範囲に及び，周辺住民も避難手段を必要としたため，交通インフラがひっ迫し，活用できる避難手段が限定された」，「c. 避難区域が広範囲に及んだため患者が長距離，長時間の避難を強いられた」，「d. 放射線による被害を避けるために短期間に避難先を確保することが求められ，十分な医療設備のない避難所に一時避難してしまった病院があった」と分析している（同前：382）。その上で同報告書は，「広範な避難区域設定を伴う大規模な原子力災害を想定していなかった地方自治体及び医療機関の防災計画の不備」が事態悪化の要因であったとし，「原子力災害への備えの欠如がある」と結論づけている（同前：380）。大規模な原子力災害による広範囲に及ぶ被害の拡大を想定できておらず，事前の備えを結果として怠った所産と言えよう。

高齢者・障がい者の福祉施設の避難

　他方，福祉施設の避難も多くの困難をかかえた。福島第一原発から半径

30km圏内の高齢者や障がい者等の福祉施設は，入所施設だけでも23施設にのぼる（図4-1）。

例えば，双葉町にある特別養護老人ホーム「せんだん」とその系列施設では，震災時特別養護老人ホーム67人，グループホーム9人，ショートステイ8人，デイサービス1人，双葉町社会福祉協議会から介助を依頼された在宅の要介護高齢者3人の88人の避難を要した。88人は5つのグループに分かれ，それぞれ避難したが，避難先の明確な指示もなく転々とした（図4-2）。また，大熊町にある特別養護老人ホーム「サンライトおおくま」でも入所者80人が避難先を転々とし，県内各地の施設に入ることとなった（図4-3）。

一方で，結果として避難をしない選択をした福祉施設もある。飯舘村にある特別養護老人ホーム「いいたてホーム」である。飯舘村は4月22日に全村が計画的避難区域に指定をされたが，5月17日村内の他の事業所とともに同ホームは継続した操業が国に認められた。「いいたてホーム」では入所定員120名，ショートステイ10名であったが，震災時約100名の入所者，寝たきりの高齢者も30名ほどいた。平均年齢も80歳程度で終末期にある入所者もあった。このため同施設では，先に避難した他自治体の施設の状況もふまえた上で，県内外に分散して避難するリスクよりも，村内で継続して支援を続けることの方が高齢者への負担も少ないと判断し村内に残ることとした。ただしそれを支える職員の体制の確保には困難が生じた。

障がい児者の福祉施設も避難先を転々とした。福島県福祉事業協会は南相馬市・富岡町・川内村などに複数の施設を擁していた。3月12日福島第一原発から半径10km圏内に避難指示が出されると，富岡町にあった知的障害児施設東洋学園児童部，障害者支援施設東洋学園成人部，知的障害者支援施設東洋育成園，そしてグループホーム富岡事業所の計165人は，同法人内の川内村にある障害者支援施設あぶくま更生園に避難した。しかし同日午後今度は半径20km圏内に避難指示が出されると，同村内の川内村小学校体育館に更生園入所者を含む計220人が避難した。3月14日，体育館での避難生活が困難として，田村市にある多機能型事業所田村，児童デイサービス事業所田村の2か所に避難先を移した。しかしその避難先はもともと宿泊機能もなく，廊下等に布団を敷き，

第4章　災害時の福祉課題とその支援

図4-1　福島第一原発事故に伴い避難した30km圏内の社会福祉施設

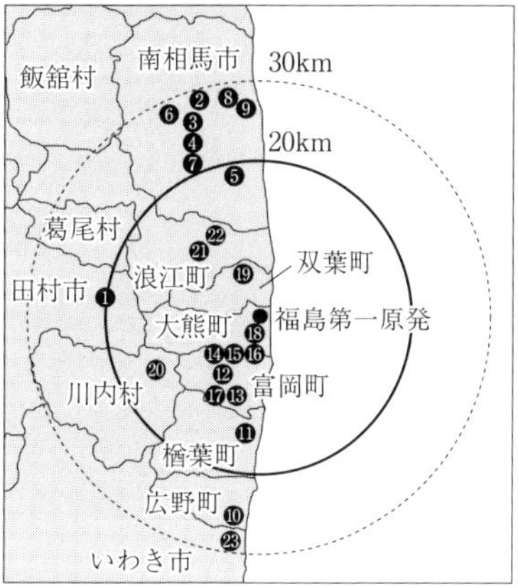

●田村市
①特別養護老人ホーム　都路まどか荘（50人）

●南相馬市
②養護老人ホーム
　南相馬市高松ホーム（100人）
③特別養護老人ホーム　長寿荘（70人）
④特別養護老人ホーム　福寿園（80人）
⑤特別養護老人ホーム　梅の香（50人）
⑥特別養護老人ホーム　竹水園（60人）
⑦知的障害時施設　原町学園（30人）
⑧知的障害者授産施設
　原町共生授産園（50人）
⑨知的障害者通勤寮
　原町学園アフターケアセンター（23人）

●広野町
⑩特別養護老人ホーム　花ぶさ苑（36人）

●楢葉町
⑪特別養護老人ホーム　リリー園（80人）

●富岡町
⑫養護老人ホーム　東風荘（75人）
⑬特別養護老人ホーム　舘山荘（80人）
⑭知的障害児施設　東洋学園児童部（80人）
⑮障害者支援施設　東洋学園成人部（49人）
⑯知的障害者支援施設　東洋育成園（50人）
⑰障害者支援施設　光洋愛成園（40人）

●大熊町
⑱特別養護老人ホーム
　サンライトおおくま（80人）

●双葉町
⑲特別養護老人ホーム　せんだん（70人）

●川内村
⑳障害者支援施設　あぶくま更生園（46人）

●浪江町
㉑特別養護老人ホーム
　オンフール双葉（140人）
㉒救護施設　浪江ひまわり荘（100人）

●いわき市
㉓特別養護老人ホーム　翠祥園（85人）

注：入所施設のみ．（　）内は施設の定員．30km圏外でもライフライン等の被害により避難した施設あり．
出所：福島県社会福祉協議会，2011，「はあとふるふくしま」Vol. 183，2より．

図4-2　特別養護老人ホーム「せんだん」の避難ルート

「せんだん」の避難ルートは上図の通りで、5つのグループに分かれた。当日、ヘリで二本松市に搬送されたのは5人だけだった。
双葉高校には利用者12人と岩元施設長が残された。飲み物も食べ物もないまま同校体育館で一夜を明かし、翌日、自衛隊ヘリで二本松市に搬送された。

【特別養護老人ホームせんだんの避難ルート】
（いずれも23年3月）

❶南相馬市→川俣町　18人
　3月12日午後2時ごろ双葉高校に移動。自衛隊ヘリに乗れず、施設送迎用の車両などで南相馬市へ。道の駅南相馬で一夜を明かす。13日、川俣町の川俣高校体育館に着いたが満杯のため同町体育館へ。13人が栃木県の施設に入所。1人が栃木県で入院し、4人は家族に引き取られた。

❷川俣町→福島市　36人
　12日午後3時ごろ、自衛隊のトラックと職員の車で浪江町から川俣町を経て福島市へ。受け入れ先の福島高校体育館に着いたのは午後11時30分ごろ。31人が福島市、伊達市、栃木県の施設へ。3人が福島市で入院し、2人は家族に引き取られた。

❸浪江町→南相馬市→郡山市　17人
　12日午後、双葉高校に移動したが自衛隊ヘリの搬送ができず、県警のバスで浪江町の苅野小へ。警察官らに再避難を促され南相馬市に向かう。午後11時30分ごろ渡辺病院に到着。13日、同市の特別養護老人ホーム長寿荘に移動。16日、福島市などを経て郡山市の郡山養護学校へ。12人が会津美里町と栃木県の施設に入所。1人が郡山市で入院し、4人が家族に引き取られた。

❹二本松市→郡山市　12人
　12日午後、自衛隊ヘリに乗るため双葉高校庭に移動したが岩元施設長と共に取り残され、体育館で一夜を明かす。13日午後4時すぎ、自衛隊ヘリで二本松市の二本松北小に着陸。午後10時20分に郡山養護学校に避難した。7人が会津美里町と栃木県の施設に入所。2人が郡山市で入院し、3人が家族に引き取られた。

❺二本松市→郡山市　5人
　12日午後4時ごろ、自衛隊ヘリで二本松市の二本松北小に着陸し、同市の県男女共生センターへ。16日、郡山養護学校に移動。4人が栃木県の施設に入所、1人が二本松市の病院に入院した。

出所：双葉町、2017、「双葉町東日本大震災記録誌――後世に伝える震災・原発事故」より。

第4章 災害時の福祉課題とその支援

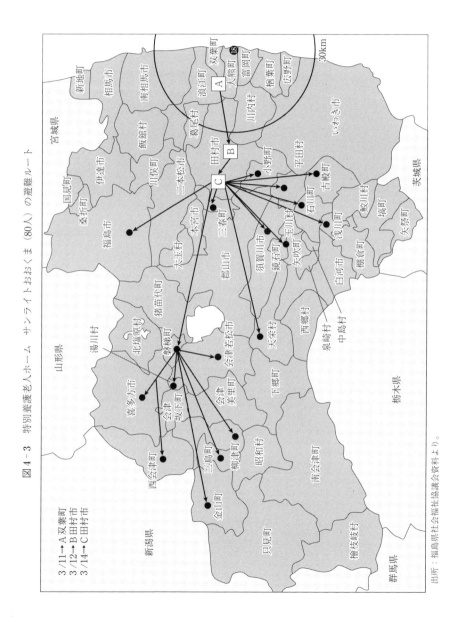

図4-3 特別養護老人ホーム サンライトおおくま (80人) の避難ルート

3/11→A 双葉町
3/12→B 田村市
3/14→C 田村市

出所：福島県社会福祉協議会資料より。

一枚の布団を数人でわけあうような状態であった。居住スペースが狭く220人もの障がい児者を避難させておくのは困難と判断し，千葉県鴨川市にある千葉県立鴨川青年の家に4月5日・7日の2回にわけて移動することにした。一方，3月15日には福島第一原発から半径20kmから30km圏内に対し国内退避の指示が出された。同法人内にある南相馬市の4施設（原町学園・原町共生授産園・原町学園アスターケアセンター・グループホーム原町事業所）では，飯舘村にあるワークスペースいいたてに計127人が避難した。その後相馬市内に避難先をかえ，就労している障がい者の一部を除いて，4月11日に同じく千葉県立鴨川青年の家に避難した。この避難は，2012年2月まで続いた。その後田村市，いわき市と利用者・職員とも転々とし7回にわたって避難先を変えざるをえなかった。いわき市四倉に仮設施設を開設したのは2019年2月25日である。

福島県内の児童養護施設

原子力災害における避難として障がい者や高齢者の施設は注目されがちであるが，それ以外の施設も忘れるわけにはいかない。例えば，児童福祉施設についても多くの困難をかかえた。福島県内には児童養護施設が8施設あり，浜通りには2施設存在していた。いわき育英舎は定員40名の児童養護施設である。震災後水道が断水し食料も入手困難なため非常食でつないでいた。施設側は3月14日福島県に相談するも，30km圏外であるという理由から避難は認められず，施設独自の判断で避難することは致し方ないという回答であった。また水や食料については，法人独自に市と交渉してみてはという回答しかなかった。3月16日施設側から県内外で避難先を探すことを福島県に伝え，施設全体で避難先を確保できるよう斡旋を依頼した。その後福島県から須賀川市にある福島学園が受け入れ可能との回答をうけ，3月18日より児童23名，職員6名に公用車や職員の私用車を使い避難した。

福島県内の児童福祉施設ではこの経験をふまえ，その後福島県社会福祉協議会内の児童福祉施設部会において，原子力災害時における施設間の相互避難受入等に関する「災害時相互応援協定」（2012年5月15日）を結んだ。同部会では，災害の緊急時の対応マニュアルを定め，緊急時の避難の必要性の判断，避難後

の居所や食生活，さらには児童の避難先での学校教育の確保などについてガイドラインをつくった。こうしたとりくみも，現場の自発的な努力によるものである。

医療・福祉施設の独自の努力と行政のサポート

　上記の事例をみると，災害時施設の患者・入所者の避難は，各機関の独力で行うことを前提としている。しかし，前述のように原子力災害という複合災害の中で広域的にかつ長期にわたって避難は想定されてこなかった。その後，児童福祉施設同士で協定を結ぶなど独自の努力をおこない，ガイドライン作りなどにとり組んでいるが，こうした「自助努力」だけでは限界がある。

　福島県保健福祉部では，2016年10月に「医療機関・社会福祉施設等原子力災害避難計画策定ガイドライン」を定めた。これは，東日本大震災において，入院患者や高齢者，乳幼児や妊産婦，傷病・障がい児者など，いわゆる「災害時要配慮者」（避難行動要支援者）が，「災害時の情報伝達，避難先，搬送手段及び避難ルートに関する事前の調整が，県，市町村，関係機関，さらには病院や社会福祉施設の間で十分に行われていなかったことから，受入先の確保に時間を要したり，要配慮者の受入には適さない施設への避難などの事例が生じ」た反省をふまえ，原子力災害時における「避難計画」をあらかじめ定めておくために策定したガイドラインである。同ガイドラインでは，各病院や福祉施設等が避難計画を策定できるようマニュアルを示すなどしている。

　ただし，同ガイドラインでは，「避難先の確保」について，各施設が避難先を確保できる場合には施設が作成する「避難計画」に避難先施設を明記するとし，避難先が確保できない場合には「県が事前に避難先候補施設を登録しておき，災害時に県が関係機関と連携して調整」するとしている。

　また「避難の実施等」に際して，車両等の確保については「病院・施設等が保有する車両と県が関係機関と連携し確保する」としている。そして，「避難計画」にあらかじめ保有している車両の台数及び不足する車両の種類や台数等を記載し，避難の際に車両等の確保に努めることになっている。避難経路については，「避難する際に県から指示」するとしている。震災以前の計画からす

れば，避難先や車両の確保等について県の関与を強めたものと言えるが，発災直後にみられた通信インフラの不備や福島県災害対策本部における組織内の連携の不備などをみると，実際に原子力災害時における実効性のある措置がとられるかどうかは今後十分な検証が必要である。

医療施設の再開状況

　避難指示が出された被災12市町村（田村市，南相馬市，川俣町，広野町，楢葉町，富岡町，川内村，大熊町，双葉町，浪江町，葛尾村，飯舘村）では，長期にわたり住民生活に大きな支障が生じた。特に医療機関や福祉施設等の社会インフラは同区域での事業再開がながらくできずにいた。

　医療機関については，2011年3月11日以前は，被災12市町村において，病院8施設，診療所60施設，歯科診療所32施設が開業していた。避難指示区域の指定により，同区域内での開業をすることができない医療機関は，一部避難先で再開した施設もあったが，その多くは休止もしくは廃業した。福島県「避難地域等医療復興計画」（2017年7月）によると，被災12市町村における医療機関の再開は，病院が25％（3施設），診療所が33.3％（20施設），歯科診療所が12.5％（4施設）とそれぞれなっていた（2017年4月現在）（表4－2）。公的機関の医療機関の再開率が高いのに比べ，民間の医療機関の再開率は低い。また，避難指示解除が早期にされた地域の再開率は高いものの，避難指示解除後間もない地域もしくは帰還困難区域が大部分を占める地域については再開率が低いままとなっている。さらに薬局の事業再開はさらに深刻で，震災前31施設あった薬局は6.5％（2施設）のみ再開されるにとどまっている。なお，避難指示解除後の地域医療を支えるために，2018年4月には「県立ふたば医療センター」が富岡町に新設されるなど，公設による医療機関の新設も行われている。

　公設の医療機関の再開は，地域医療を担う公共的な役割を重視し高い再開率となっているが，民間の医療機関の再開率は十分ではない。その理由として，地域の人口回復が不透明なこと，震災後雇用していたスタッフを全て解雇したことや地域の医療人材の不足等による人材確保の困難，建物・設備などの損壊が激しく復旧に多額の費用を要するものの，東京電力による賠償が十分でない

ことなどが指摘されている。また，診療内容についても，内科・外科などの診療科の提供体制は整備されつつあるものの，人工透析や在宅医療などのニーズにきめ細かく応えるだけの体制整備は進んでいない。なお，双葉地域の二次救急医療機関は，今村病院（富岡町），県立大野病院（大熊町），双葉厚生病院（双葉町），西病院（浪江町）の4施設あったが，いまも再開されていない。ちなみに富岡町にあった今村病院の医師（院長）は，2016年10月に開設した富岡町立とみおか診療所の所長として医療活動に従事しているが，自らの病院については震災による損壊は少ないものの病院経営が成り立たないと判断し解体を余儀なくされた。今村病院を経営していた「医療法人社団・邦諭会」は，富岡町が整備した富岡町立とみおか診療所の指定管理者となり運営を担っている。

また，地域医療の再開にあたっては，医療人材の確保が課題となっているが，双葉地域の医療施設従事医師は，12.2人（人口10万対）にとどまっている。さらに看護職員も，双葉地域は123.2人（人口10万対）と全国平均や福島県内の他の地域に比べ低い状況にある（図4-4）。

東日本大震災における「災害時要配慮者」

今回の災害でもう一つ取り上げなければならないのは，一人暮し高齢者や障がい者，外国籍住民など「災害時要配慮者」（避難行動要支援者）の問題である。

元々自治体の多くは，地域防災計画の中で災害時における災害時要配慮者の安否確認や避難について規定を設けている。しかしこれが十分生かされなかった。福島県内のある自治体は，「同意方式」に基づく災害時要配慮者のリスト化の整備が済み首長への決済をとる当日に震災が起きた。この自治体は，自らの住民に対する対応とともに，沿岸部（浜通り）から避難してくる被災者の対応に追われ災害時要配慮者の支援がうまく進まなかった。また元々地域防災計画における「災害時要配慮者」の支援は，災害直後の安否確認等を想定し，今回の原発事故のように自らの自治体を越えて「広域避難」をしたり，避難先を何カ所も変えるような災害を想定していない。

また災害時には「福祉避難所」が設置されることになっているが，災害時要配慮者への支援としては十分に機能したとは言えなかった。福島県の沿岸部の

表4-2　避難地域12市町村の医療機関再開等状況

市町村名	区分	H23.3.1（震災前）	H29.4	施設再開率	備考
○避難指示解除から1年以上が経過した市町村					施設再開率：87.5%
田村市（都路地区）避難指示解除 H26.4.1	病院	0	0	—	
	診療所	1	1	100.0%	田村市立都路診療所（H23.7再開）
	歯科診療所	1	1	100.0%	田村市立都路歯科診療所（H23.7再開）
広野町 緊急時避難準備区域指定解除 H23.9.30	病院	1	1	100.0%	高野病院（震災後継続診療）馬場医院（H23.8再開）
	診療所	5	3	60.0%	広野町保健センター（H24.4再開）花ぶさ苑医務室（H24.4再開）
	歯科診療所	2	1	50.0%	新妻歯科医院（H26.7再開）
楢葉町 避難指示解除 H27.9.5	病院	0	0	—	
	診療所	5	4	80.0%	東電第二原子力発電所診療所（震災後継続診療）ときクリニック（H27.10再開）県立大野病院附属ふたば復興診療所（H28.2開設）特別養護老人ホームリリー園医務室（H28.3開設）
	歯科診療所	0	1	100.0%	蒲生歯科医院（H28.7再開）
川内村 避難指示解除 H26.10.1, H28.6.14	病院	0	0	—	
	診療所	1	2	200.0%	川内村国民健康保険診療所（H24.4再開）特別養護老人ホームかわうち医務室（H27.11開設）
	歯科診療所	0	0	—	
小計	病院	1	1	100.0%	
	診療所	12	10	83.3%	
	歯科診療所	3	3	100.0%	
○避難指示解除から1年未満の市町村					施設再開率：16.1%
南相馬市（小高区）避難指示解除 H28.7.12（帰還困難区域以外）	病院	2	1	50.0%	南相馬市立小高病院（H26.4外来のみ再開）
	診療所	8	2	25.0%	もんま整形外科医院（H27.4再開）半谷医院（H28.4再開）
	歯科診療所	5	0	0.0%	
川俣町（山木屋地区）H29.3.31 避難指示解除	病院	0	0	—	
	診療所	1	1	100.0%	川俣町国民健康保険山木屋診療所（H28.10再開）
	歯科診療所	0	0	—	

第4章　災害時の福祉課題とその支援

富岡町 避難指示解除 H29.4.1（帰還困難 区域以外）	病院	1	0	0.0%	富岡町立とみおか診療所（H28.10開設） 富岡中央医院（H29.4再開）
	診療所	13	2	15.4%	
	歯科診療所	6	0	0.0%	
浪江町 避難指示解除 H29.3.31（帰還困難 区域以外）	病院	1	0	0.0%	浪江町国民健康保険浪江診療所（H29.3開設）
	診療所	13	1	7.7%	
	歯科診療所	8	0	0.0%	
葛尾村 避難指示解除 H28.6.12（帰還困難 区域以外）	病院	0	0	—	葛尾歯科診療所（H28.7再開）
	診療所	1	0	0.0%	
	歯科診療所	1	1	100.0%	
飯舘村 避難指示解除 H29.3.31（帰還困難 区域以外）	病院	0	0	—	いいたてホーム医務室（震災後継続診療） いいたてクリニック（H28.9再開）
	診療所	2	2	100.0%	
	歯科診療所	0	0	—	
小計	病院	4	1	25.0%	
	診療所	38	8	21.1%	
	歯科診療所	20	1	5.0%	

○帰還困難区域が大部分を占める市町村　　　　　　　　　　　　　　　施設再開率：9.0%

大熊町	病院	2	0	0.0%	東電第一原発診療所（震災後継続診療） 東電第一廃炉推進カンパニー診療所（H26.10開設）
	診療所	5	2	40.0%	
	歯科診療所	4	0	0.0%	
双葉町	病院	1	0	0.0%	
	診療所	5	0	0.0%	
	歯科診療所	5	0	0.0%	
小計	病院	3	0	0.0%	
	診療所	10	2	20.0%	
	歯科診療所	9	0	0.0%	
合計	病院	8	2	25.0%	施設再開率：26.0%
	診療所	60	20	33.3%	
	歯科診療所	32	4	12.5%	

出所：福島県「避難地域等医療復興計画」（2017年7月）より。

図4-4 医療人材の推移

① 医療施設従事医師数（人口10万対）

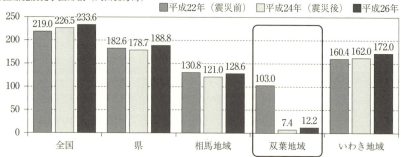

② 看護職員数（人口10万対）

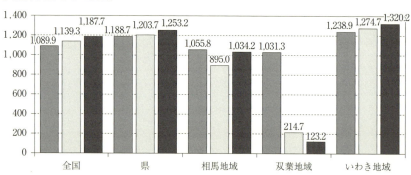

③ 介護保険認定率

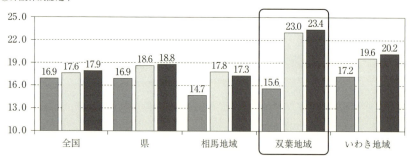

資料：①は医師・歯科医師・薬剤師調査（厚生労働省）。②は看護職員業務従事届（厚生労働省）。③は介護保険事業状況報告（厚生労働省）。
注：算出に用いた人口　県：総務省人口推計，地域別：県統計課人口推計（各年10月1日現在）。
出所：福島県「避難地域等医療復興計画」（2017年7月）より。

ある高齢者介護施設は，入居者を県外の施設約30か所に分散して避難させた。また原発事故により要介護高齢者も通常のバスで避難し，十分なケアがないために移動中に亡くなる方ということもあった。災害時には，災害派遣医療チーム（Disaster Medical Assistance Team: DMAT）が大きな役割を果たすが，今回の災害の場合，負傷者が少ない一方で福祉的なニーズをもつ災害時要配慮者が十分な福祉資源につながらなかったという課題がある。とりわけ避難所における福祉ニーズに対応する上で，社会福祉専門職の役割は大きいが，医療チームが大規模災害時には各自治体や国からの支援要請に基づいて活動を行うのに対し，社会福祉専門職の多くは，「ボランティア」で現地に赴いており継続的・組織的な対応に課題が残った。

個人情報の取扱い

　孤立化を一層深めることになる要因の一つとしてあげられるのが，過度に個人情報の取り扱いに慎重になる自治体の姿勢である。自治体は個人情報の保護を理由に民間の支援組織に十分な情報を提供しない場合が多く，それが被災者を孤立させる要因にもなっている。もともと個人情報の保護に関する法律（以下，個人情報保護法）では，災害時など必要な個人情報の提供を例外規定として認めている。これは地方自治体が個人情報の取扱いを定めた個人情報保護条例でも同様である。また，例外規定がなくとも，必要に応じて条例もしくは運用上の改善で個人情報を支援団体等へ提供することはできる。南相馬市では，災害直後在宅で生活する障がい者の安否の確認ができなかったため，市内事業所の協力の下，同市内における障害者手帳所持者のリストを民間の福祉団体と共有し，安否確認に努めた。個人情報の取り扱いに慎重を期すことは重要であるが，慎重になりすぎるあまり被災者にとって不利益となり，結果として被害を拡大させたり，自治体が仕事を増やすことになる。

　ちなみに日本弁護士連合会は，2011年6月17日に「災害時要援護者及び県外避難者の情報共有に関する意見書」を提出した。そこでは，「災害時における要援護者情報の外部提供については，本人の同意を不要とする典型的な場合である。したがって，積極的に外部提供を行わなければならず，個人情報保護を

理由に提供しないことは，かえって要援護住民の安全と保護という市町村の責務の懈怠につながりかねない」と指摘している。

この運用を災害直後の安否確認などに限定して運用するか，避難生活期においても「災害時」とみなし運用するかの是非はあるものの，「公益上特に必要があり，かつ，本人の権利利益を不当に侵害するおそれがないと認められるとき」には，本人の利益につながるという観点から適切な運用がなされることを期待したい。

ちなみに東日本大震災やその後の災害の教訓をふまえ，2013年6月に災害対策基本法の一部を改正した。同改正では，「高齢者，障害者，乳幼児等の防災施策において特に配慮を要する方（要配慮者）のうち，災害発生時の避難等に特に支援を要する方の名簿（避難行動要支援者名簿）の作成を義務付けること等が規定」し，避難支援時における関係者間の情報共有や避難行動等の個別計画の策定を自治体に求めている。

なお原子力災害における広域避難者への支援に関わって，2018年より全国各地に広域避難する避難者の個人情報を，本人の同意の上，各地で支援活動するNPO団体等へ情報提供し見守りなどを行うことになった。

3 避難生活期の福祉課題①住まい

避難所から応急仮設住宅等へ

災害時には多くの家族が人的な被害と共に，家屋などの住まいを喪失する場合が少なからず起こる。住まいは社会保障の土台であり，人びとの人権を守る上で最も基本的な要件の一つである。

災害救助法（2013年6月21日一部改正）では，第4条において，救助の種類を定めている。それは，同法によれば，①避難所及び応急仮設住宅の供与，②炊出しその他による食品の給与及び飲料水の供給，③被服，寝具その他生活必需品の給与又は貸与，④医療及び助産，⑤被災者の救出，⑥被災した住宅の応急修理，⑦生業に必要な資金，器具又は資料の給与又は貸与，⑧学用品の給与，⑨埋葬，⑩前各号に規定するもののほか，政令で定めるもの，としている。

災害時，被災者の多くは，住宅の滅失や二次被害の回避から，避難所などに避難する。同法一般基準では，「避難所を開設できる期間は，災害発生の日から7日以内とすること」とされており，一般的には7日間程度を想定している。しかし実際の大規模災害時には一般基準だけでは対応できず，その範囲を超えて避難所を設置しなければならない必要が出てくる。

また住宅が滅失しているために，すぐに再建ができない人びとが存在する場合，「応急仮設住宅」の提供が自治体によってなされる。これは，「住家が全壊，全焼又は流出し，居住する住家がない者であって，自らの資力では住家を得ることができないものに，建設し供与するもの（以下「建設型仮設住宅」という。），民間賃貸住宅を借上げて供与するもの（以下「借上型仮設住宅」という。）又はその他適切な方法により供与するもの」である。

なお建築基準法第85条では，「非常災害があつた場合において，その発生した区域又はこれに隣接する区域で特定行政庁が指定するものの内においては，災害により破損した建築物の応急の修繕又は次の各号のいずれかに該当する応急仮設建築物の建築でその災害が発生した日から一月以内にその工事に着手するものについては，建築基準法令の規定は，適用しない」としている。この各号では，「一　国，地方公共団体又は日本赤十字社が災害救助のために建築するもの」とし，これが応急仮設住宅にあたる。なお，同条第3項において，「前二項の応急仮設建築物を建築した者は，その建築工事を完了した後三月を超えて当該建築物を存続しようとする場合においては，その超えることとなる日前に，特定行政庁の許可を受けなければならない。ただし，当該許可の申請をした場合において，その超えることとなる日前に当該申請に対する処分がされないときは，当該処分がされるまでの間は，なお当該建築物を存続させることができる」とし，また同条第4項において，「特定行政庁は，前項の許可の申請があつた場合において，安全上，防火上及び衛生上支障がないと認めるときは，二年以内の期間を限つて，その許可をすることができる」とされている。そのため応急仮設住宅の供与期間は，原則2年以内となっている。ただし，「特定非常災害の被害者の権利利益の保全等を図るための特別措置に関する法律」において，「特定非常災害に指定された災害」と指定された場合，協議の

上，期間を延長することができる。今回の場合には，2年間の供与期間を1年ごとに延長してきた。しかし実際には8年を超えてもこの応急仮設住宅等の供与を提供しており，長期にわたる「仮の住まい」が果たして被災者の住まいの人権保障として適切であるかどうかは問われなければならない。

福島県内における応急仮設住宅の提供

福島県内では約1万7000戸の応急仮設住宅が建設された。福島県はそのうち6000戸を県内の地元建設業者に公募形式で仮設団地の提案を募り，プロポーザル形式で事業者の選定を行った。福島県では第一次募集として4000戸（その後第二次募集で2000戸追加）を応急仮設住宅建設事業候補者の公募を行った。第一次募集では，27事業者から1万6226戸の応募があり，選考の結果，12業者4000戸（木造3500戸，鉄骨造500戸）の選定となった。その後第二次募集を7月に行い，追加の2000戸（15事業者）についてはすべて木造仮設住宅とした。もともと大規模災害時の応急仮設住宅の建設は，プレハブ建築協会との協定により仮設住宅の建設を行うのが通例である。しかし今回は東日本全体が大きな被害をうけ，被災地全体に相当数の仮設住宅建設を迅速に行わなければならなかったことから，大手メーカーのみならず，地元の中小建設業者にも役割を発揮してもらうことにした。こうした「福島方式」を取った狙いには，①県内事業者を積極的に活用することにより県内の事業者の「仕事づくり」を行い地域経済の活性化に資すること，②それを通じて県内の被災者の雇用に結びつけ，雇用創出をはかること，③できるだけ福島県の県産材を活用することにより木造仮設住宅の建設を積極的に行っていくことであった。そのため結果として県内事業者発注の6000戸のうち，5500戸は木造仮設住宅となった。

プレハブ仮設住宅より多い「みなし仮設住宅」

ただし実際の被災者の入居は応急仮設住宅により，民間賃貸住宅の借上げ制度である，いわゆる「みなし仮設住宅」が予想以上に広がった。福島県においては，約2万4000戸のみなし仮設住宅が利用されるようになった。これは県が協定を締結した不動産関係諸団体を通じて物件を確保し，貸主と県が賃借契約

第4章　災害時の福祉課題とその支援

写真4-1　南相馬市の仮設住宅建設現場（筆者撮影）

写真4-2　いわき市の木造仮設住宅（筆者撮影）

写真 4-3　二本松市の木造仮設住宅（筆者撮影）

を締結したうえで被災者に貸与するという方式である。将来起こりうるとされる首都圏をはじめとする都市型大規模災害を想定した場合，用地確保が困難な応急仮設住宅の建設だけでなく，こうした民間賃貸住宅の借上げ制度を活用することは有効と言える。これは応急仮設住宅や公営住宅等に限らず，民間の不動産物件の活用にもつながっていく。

　浪江町は約 2 万人の双葉郡内で一番人口規模が大きな町である。同町は，応急仮設住宅だけで県内28か所に分散（二本松市・本宮市や相馬市など）して生活をしている。これに県内外の借上げ住宅を加えるとさらに住民が分散して避難生活を送らざるを得ない状態にあった。

　このように，避難指示区域に指定されていた住民の多くは，家族や地域も離散し，バラバラに生活をせざるを得ない状況にあった。こうした自治体の多くは，住民に対し広報誌を定期的に郵送するなどの措置をとっているが，住民のコミュニティを維持し，相互の交流を図ることは容易ではない。応急仮設住宅と借上げ住宅が混在し，かつ点在したために地域コミュニティの維持が困難になるという新たな問題が発生した。この点も被災者支援や地域としての住民組

織をどう維持していくかは今後の課題となった。

　ただし，こうした事態は福島県に限ったことではない。鳥居によれば，宮城県においても都市部を中心に「みなし仮設住宅」の割合が高いことを指摘している（鳥井 2012）。例えば，仙台市の場合，プレハブ仮設住宅の完成戸数（実際の入居戸数ではない）が1523戸に対し，「みなし仮設住宅」は8379戸で実に仙台市の応急仮設住宅全体の84.6%を「みなし仮設住宅」が占めている。また多賀城市も74.5%と多い。一方沿岸部で津波被害によって大きな被害を受けた地域については「みなし仮設住宅」の割合はそれほど多くはない。例えば最も宮城県内で少ないのは南三陸町であり，「みなし仮設住宅」の割合は全体の10.7%である。その他，女川町20.8%，気仙沼市が26.2%となっている。鳥居も指摘しているように，みなし仮設住宅は，住民票を避難元から異動させていないなどの理由から被災者情報の把握が困難であること，さらに情報や支援がプレハブ仮設住宅に比べ相対的に少ないのが現状である。

4　避難生活期の福祉課題②経済生活と貧困

被災者のしごと

　被災者の生活再建にとって大きな課題は仕事と生業である。岩手県，宮城県，福島県の被災3県の就業者数は約280万人である。このうち，沿岸部の就業者数は，岩手県で約13万人，宮城県が約45万人，福島県が約25万人と三県だけで約84万人となっていた。震災直後の東北3県の雇用状況を各労働局の資料をもとに安定所別有効求人倍率の推移を2011（平成23）年3月と4月の数値で比較してみると，福島県はいわきで0.63が0.55に相双で0.54が0.44に減っている。特に目立つのは，宮城県の石巻で0.43が0.28に，塩釜でも0.35が0.27に，気仙沼では0.52が0.19にまで下がっている。岩手県も釜石で0.38が0.23に，宮古で0.38が0.22に，大船渡で0.41が0.25にまで下がっている。もともと沿岸部は水産加工業をはじめ職住一致・近接である者が多く，住居と共に仕事も失う者が少なくない。また地域別内訳をみると，特に原発周辺の浜通り地域の影響が大きく，前年同期5970件が今期は2万6951件と4.5倍にまで増えている。原発事

故による避難を余儀なくされた多くの住民が仕事を失った状態にある。⁽⁸⁾

　その後徐々に震災関連の雇用は増え持ち直しているように見える。しかしこうした増加した求人の多くは，建設業・土木業が中心で，しかも短期など有期雇用が多い。正社員の有効求人倍率は3・4割程度にとどまっている。こうした復興需要に基づく仕事は短期的には有効に見えるが，中長期にわたる被災者の自律的な生活を支える上では課題が残る。例えば，被災によって仕事を失った人たちがこうした緊急雇用などで職についたとしても，その人の子どもを大学に送り出すまでの収入と安定性があるわけではない。さらに言えば，こうした仕事の多くが男性中心の仕事が多く，女性が働ける職種が限られているのが現状である。

　第1回双葉郡住民実態調査（2011）では，震災前後での仕事の変化について確認すると震災の被害の特徴をよく表し，被害の状況が一律ではないことがわかる。震災前後で失業状態になった者が2割ほど増えているが，それは雇用形態によっても大きく異なっている。震災後にいままでしていた仕事を失い無職となったものは，会社員の場合32.4％であるが，自営業の場合60.6％，パート・アルバイトに至っては76.4％にのぼる。会社員の場合，失業状態になっても雇用保険を受給できる場合が多いが，自営業者には雇用保険はなく，パート・アルバイトなども失業の際の求職者給付を受給できるケースはまれであろう。とりわけパート・アルバイトについては，女性の割合が高く，ここでも震災の被害が一律でないことがわかる。

　第二に，さらに時間の経過とともに拡大する「格差」が，「しごと」でもあらわれている。第2回双葉郡住民実態調査（2017）では，それを示す調査結果となった。震災前後の「しごと」の変化について問う設問では，震災後生産年齢人口（15歳から64歳）でも31.9％の者が「無職」の状態であった。これは震災前のそれ（10.3％）と比較すると，3倍になっている。65歳以上になるとさらに深刻で，震災前44.1％であったのが，震災後は76.0％にまで上昇している。ここからも生活再建がまだ十分進んでいない実態が浮かびあがる（図4-5）。

　他の調査でもその実態を示している。公益社団法人福島相双復興推進機構（福島相双復興官民合同チーム）は，被災12市町村にあった商工業者や農業者な

どの事業者に対し，事業再開支援を行う震災後創設された団体である。同機構は被災12市町村に存在していた約8000事業者に対し，ヒアリング調査を重ね，事業再開の意向などを調査している。避難指示区域の解除有無などにも左右され自治体ごとの相違が大きいものの，全体でみると，「地元で事業を再開済み／地元で継続中」は28%，「避難先で事業を再開済み」は25％であるのに対し，「休業中」が40％，「事業を再開しない（廃業）」が5％という状況でおよそ半数近くが事業を再開できていない（表4-3）。

　さらに同機構は，農業者の営農再開の意向について調査しているが，「再開済み」は22％にとどまり，「未再開」が8割近い（図4-6）。「未再開」のうち，「再開意向のない」もしくは「再開意向未定」の者に，その理由を尋ねると，「高齢化や地域の労働力不足」（43％），「帰還しない」（37％）が上位を占める（表4-4）。長引く避難生活の中で，これまで想定していた後継者の帰還が進まず，自らだけでは営農再開に見通しが立てられない状況がうかがい知れる。

貧困と義援金による生活保護の停廃止問題

　震災を契機に，義援金や東京電力の仮払い金の受領を理由に，2011年生活保護の停・廃止が相次いだ。相双保健福祉事務所管内で73件の停・廃止があるが，中でも目立つのが南相馬市である。南相馬市の生活保護世帯は震災時約400世帯であるが，その内半数以上にあたる219世帯が停・廃止された。中には義援金のみの受領を理由に停・廃止されるケースもある。また収入認定を行うにあたり必要とされる自立更生計画書の説明を被保護者に対し十分行っていないケースも見られた。2011年7月に行われた日本弁護士連合会貧困問題対策本部による南相馬市での相談会では，相談に来た生活保護受給者の多くが十分な説明をうけないまま一方的に生活保護の停・廃止を受けたと証言している。

　そもそも義援金等は，「社会事業団体その他（地方公共団体及びその長を除く。）から被保護者に対して臨時的に恵与された慈善的性質を有する金銭であって，社会通念上収入として認定することが適当でない」（厚生省発社第123号厚生事務次官通知「生活保護法による保護の実施要領について」1961年4月1日）と指摘していることからも，義援金等は全額収入認定すべきではない。さらに

図4-5　第2回双葉郡調査：震災前後の職業：生産年齢内外（2017年2月）

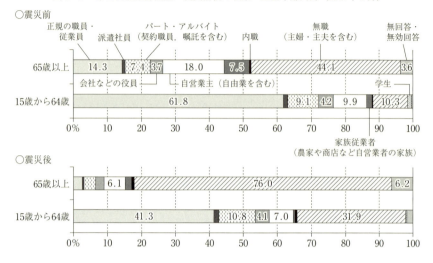

表4-3　福島県：被災地の市町村別の事業再開についての意向（2018年1月31日現在）

	南相馬市鹿島区	南相馬市原町区	南相馬市小高区	広野町	田村市	川内村	楢葉町	川俣町
地元で事業を再開済み／地元で継続中	96%	90%	23%	84%	92%	46%	26%	60%
避難先で事業を再開済み	0%	3%	27%	5%	6%	9%	22%	10%
休業中	2%	4%	43%	7%	3%	34%	43%	28%
事業を再開しない（廃業）	0%	1%	5%	2%	0%	7%	6%	2%
その他	2%	2%	1%	1%	0%	4%	3%	0%
合計	55	731	459	83	107	56	336	58
	葛尾村	飯舘村	富岡町	浪江町	大熊町	双葉町	総計	
地元で事業を再開済み／地元で継続中	22%	25%	6%	4%	1%	1%	28%	
避難先で事業を再開済み	40%	29%	31%	34%	35%	31%	25%	
休業中	24%	39%	52%	53%	54%	61%	40%	
事業を再開しない（廃業）	12%	4%	9%	7%	8%	4%	5%	
その他	3%	2%	2%	2%	3%	3%	2%	
合計	68	232	738	1,039	452	284	4,698	

出所：福島相双復興官民合同チームによる資料をもとに筆者作成。

図4-6 被災12市町村の農業者に対する営農再開状況及び意向

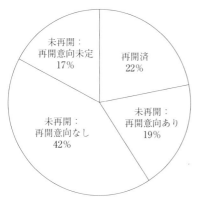

再開済 22%
未再開：再開意向あり 19%
未再開：再開意向なし 42%
未再開：再開意向未定 17%

出所：福島相双復興官民合同チーム「原子力被災12市町村における農業者戸別訪問活動結果概要」より（2018年1月19日）。

表4-4 再開意向のない・未定の理由

課題（理由）	者数	割合 ＊1
高齢化や地域の労働力不足	259	43%
帰還しない	219	37%
機械・施設等の未整備	116	19%
農地の確保が困難	69	12%
販売先確保が困難（価格低迷，風評等を含む）	38	6%
その他 ＊2	309	52%

注：＊1 割合は，再開意向なしまたは未定の農業者600者に対する値。1農業者につき最大3つまで回答。
＊2 その他の309者は，再開意向がない・未定の者で，その理由の記載がない者である。
出所：福島相双復興官民合同チーム「原子力被災12市町村における農業者戸別訪問活動結果概要」より（2018年1月19日）。

2011年5月2日の保護課長通知「東日本大震災による被災者の生活保護の取扱いについて（その3）」では，「第一次義援金のように，震災後，緊急的に配分（支給）される義援金等については，当座の生活基盤の回復に充てられる費目・金額を積み上げずに包括的に一定額を自立更生計画に充てられるものとして自立更生計画に計上して差しつかえないこと。この場合，使途について確認する必要はないこと」としている。また福島県社会福祉課も，「第一次義援金については，自立更生に充てられる費用として，包括的に自立更生計画書に計上すること。この場合，使途について確認する必要はないこと。計上費目は『その他生活基盤の整備に必要なもの』とする」とし，義援金について自立更生計画書に包括的に計上することとし，自立更生として認められたものは収入として取り扱いをする必要がないことを認めている。さらに同県課長通知では，「実施機関は，被保護者に義援金等の生活保護上の取扱いについて懇切丁寧に説明するとともに，自立更生計画の策定に当たっては，被災状況や避難している被保護者の状況等を考慮の上，十分な支援を行うこと」とさえしている。こ

の点からも南相馬市における生活保護の停・廃止は必要な説明と手続きをふまえない一方的な行政処分として問題であった。

　南相馬市は震災後市内が，警戒区域・緊急時避難準備区域・区域外と分断され，住民間の軋轢も一部生まれるような事態になった。政府の設定した区域設定の内と外で対応がはっきり違うため，区域外になったにも関わらず原発事故の影響から自主的に避難したようなケースが賠償の対象にならず，住民の不信感も生まれこともあった。こうした混乱した状況にあって，生活保護世帯に対して「保護費をもらいながら，義援金や仮払金まで受け取るのはおかしい」という「市民感情」が一部にあったのかもしれない。しかし，十分な説明もなく必要な手続きを経ないまま一方的に生活保護の停・廃止を行うような行為は，行政手続上も問題であり社会的公正に欠く。

5　災害後の二次被害

被災者の心身の健康

　災害は直後の人的被害だけでなく，その後の生活や健康などに二次被害をもたらす。

　災害後の被災者に対する二次的被害の一つに，長期避難による精神的な疲労がある。震災支援ネットワーク埼玉や早稲田大学が協力して，2012年から毎年継続的に東京都や埼玉県など首都圏に避難している広域避難者を対象に実態調査を行っている。「埼玉・東京震災避難アンケート調査集計結果報告書（第3報）」では，生活再建のメドがつけられない実態が浮かび上がっている[9]。例えば，現在の住居に落ち着くまでの転居回数に関する設問では，平均4.4回と複数の避難先を転々としている様子がうかがえる。震災を機に，74.0％の避難者が生活費の増加あり（「増加した」58.3％，「どちらかというと増加した」15.7％）と回答している一方で，震災をきっかけに54.3％の者が失業をしていた。そのために，6割以上の避難者が経済的に困っていると回答していた。同調査では，2014年度の調査において，特に住環境に関する詳細な調査を行っている。震災前多くの避難者が持ち家（78.6％）であったが，広域避難によってすぐに家族

で避難所から移って生活できる借上げ住宅などに入ったために，居住環境が十分とは言えず，狭い空間に一家が生活せざるを得ない世帯が少なくない。同調査の自由記述などをみると，6畳1間に一家3人が生活している様子（60歳男性）や，収納場所が少なく，ダンボールに衣類を入れて生活している様子（78歳男性）などがうかがえた。さらに，狭いなどの居住環境だけでなく，なれない土地での生活，畑仕事など震災前の生活スタイルを送れないことへの苦悩，借上げ住宅の入居期限が1年ごとに延長されるために，子どもの学校や仕事の再開など見通しを持った生活再建のメドがつけられない様子などが浮かび上がる。

介護需要の高まり

　もう一つは，家族離散による新たな介護需要の高まりである。福島県における震災前後の要介護認定者（要支援を含む）と介護保険サービスの受給者数をみると，2011年1月時点と2013年9月時点を比較した場合，南相馬市・双葉8町村・飯舘村の被災市町村においては，震災前後で要介護認定者数が36.8％，介護サービスの受給者数も31.5％増えていることがわかる（表4-5）。これは，福島県全体のそれをみると，要介護認定者数が15.1％，介護サービスの受給者数が14.2％の増加であるのと比較しても明らかに被災市町村の介護需要が高まっていることが見てとれる。長引く避難生活は，被災高齢者の健康に影響をもたらしている。その背景には，一つにはプレハブ仮設住宅などで狭い居住環境におかれたこと，二つには，慣れない土地での生活であること，三つには，畑仕事など日常の生活スタイルが崩れ，生活不活発になっていることが考えられる。しかし，原子力災害による介護需要の高まりには，それに加え，家族や地域の離散によるこれまであった「相互扶助機能」が脆弱になっていることが大きな要因となっているとも考えられる。

　筆者は2014年に，福島県内の自治体における介護保険データを用い，福島県内の被災自治体の介護需要増加の要因分析を行った[10]。その結果，被災自治体のいずれもが県全体に比べ要介護認定が増加しているとともに，原子力災害の被害をうけ避難を余儀なくされている自治体の介護保険のニーズ調査を再分析し

表 4-5　家族と地域の離散による介護需要の高まり

		2011年1月（震災前）		2013年9月（震災後）	
		人数	2011.1を100%とした場合	人数	増加率
要介護認定者数（要支援を含む）	被災市町村（南相馬市＋双葉8町村＋飯舘村）	6,036人	100%	8,259人	＋36.8%
	福島県全体	87,352人	100%	100,504人	＋15.1%
介護サービスの受給者数	被災市町村（南相馬市＋双葉8町村＋飯舘村）	4,872人	100%	6,406人	＋31.5%
	福島県全体	74,037人	100%	84,559人	＋14.2%

たところ，うつの項目に関する設問において該当者が大幅に増えていることが明らかになった。さらに，被災自治体の要介護認定審査会の事務局担当者を対象としたアンケート調査では，「生活環境の変化による生活不活発」，「家族離散や親族の死亡等による介護者の不在」，「デイサービスなどでの会話の機会の増加など，サービスの社会的交流の機能への期待」が，特に要介護認定者を増加させている要因であるという回答が得られた。また，生活不活発の詳細の中では，「利用できる場所の喪失による，自給用の畑作等，農作業機会の減少」が，特に要介護認定者を増加させている要因であるという回答であった。長期かつ先の見えない避難生活が生活不活発やうつ傾向を招き，ひいては高齢者の介護度を高める要因になることが明らかになった。

　ちなみに2018年度全国の介護保険料改定では，全国トップの保険料に葛尾村の9800円がなった。これは前回改定から30％以上も増加している。その他にも，双葉町が8976円，大熊町が8500円，浪江町が8400円と全国の介護保険料上位に福島県の被災自治体が入っている状況になった。現在，被災自治体の住民には医療・介護保険料の減免措置[11]が行われているが，この減免措置がなくなった場合には，住民の負担感は大きく今後の国民健康保険あるいは介護保険の財政運営にも影響を与えかねない。

福島県に突出する震災関連死

　三つ目には，福島県における震災関連死（災害関連死）の突出した多さであ

る。図4-7は，東日本大震災における被災三県の震災関連死の数である。三県を比べると，福島県の多さが際立つ。ちなみに福島県の直接死は1605人（2019年4月11日現在）であるので，直接死よりも震災関連死（2250人）が多いことが分かる。宮城県や岩手県が直接死に対し震災関連死がおよそ一割程度という状況を考えると，福島県の震災関連死の多さがさらに際立つ。それを時系列でみると，その特徴がさらにわかる。図4-8は，被災三県の震災関連死を時系列にしたものである。宮城県と岩手県は震災からおよそ半年の間に震災関連死が集中していることがわかるが，福島県の場合，震災から半年以上すぎても震災関連死が増え，1，2年という月日を経ても震災関連死が後を絶たないことが読み取れる。

　ちなみに震災関連死は災害弔慰金等の支給にも関わり，市町村が審査委員会を設けこれを認定している[12]。これまでの災害における震災関連死は，新潟県中越地震の際のいわゆる「長岡基準」が参考にされる場合が多い。それは，死亡までの経過期間を基準とするというものである[13]。東日本大震災においても，厚生労働省は各都道府県の災害弔慰金事務担当者向けに「事務連絡」として，この「長岡基準」を参考に情報提供している[14]。しかし，東日本大震災ではこの基準を見直さざるを得なかった。なお日弁連は，震災関連死を「長岡基準」のような死亡時期で判断することは，「極めて限定的」であるとしてその見直しを求め，国に認定基準の策定を提言している[15]。

　東日本大震災，特に福島県では原子力災害というこれまで経験したことのない大規模災害から，震災関連死について6か月を超えても認定する状況となっている。さらに言えば，2016年の熊本地震において熊本市では，この「長岡基準」の時期区分は用いられていない[16]。このように，東日本大震災と原子力災害では，被害の甚大さともに，それが進行形で拡大していることが震災関連死だけをみても読み取れる。

図 4-7　東日本大震災における震災関連死
（2018年9月30日現在）

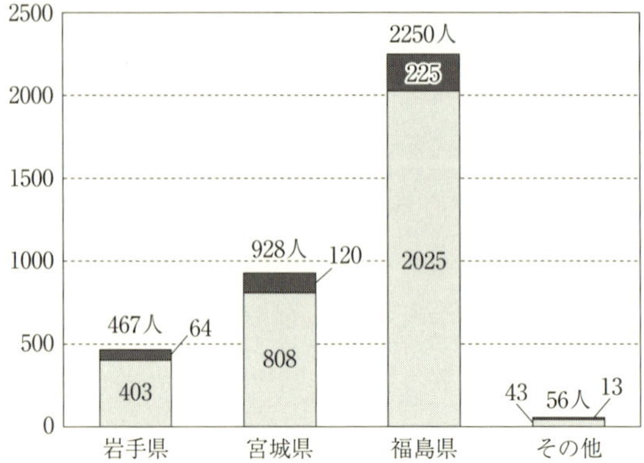

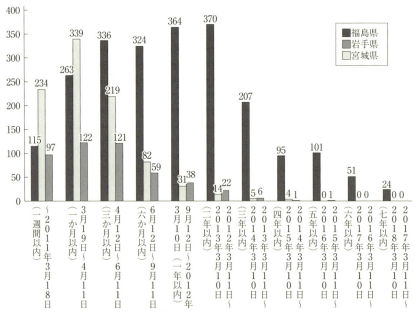

出所：復興庁「東日本大震災における震災関連死の死者数（2018年9月30日現在）」（2018年12月28日発表）。

図 4-8　震災関連死（時系列）

出所：復興庁「東日本大震災における震災関連死の死者数（2018年9月30日現在）」（2018年12月28日発表）。

6 被災者支援のネットワーク

分散居住した住民のネットワーク形成
　原子力災害によって避難生活を余儀なくされている人たちの多くは，避難先がバラバラであり地域のまとまりを維持することも困難な状況にあった。もともとふるさとを離れ別の自治体で生活しなければならない被災者にとって，避難先の公共施設などはその自治体の住民の活動のための施設を利用しにくい。そのため避難先で被災者が集ったり，交流する場所の確保すら難しい状況にある。通常大規模災害の場合には，応急仮設住宅が建設され，一定規模以上の仮設団地内には集会所や談話室が設けられるのが通例である。しかし今回は，前述のように被災者の大半は応急仮設住宅ではなく，通常のアパート等の「みなし仮設住宅」にいるために，そうした住民が気兼ねなく集まれる場が少ない。一部自治体において，被災者向けのサロン活動を展開しているところも現れ始めたが，十分とは言えない。ましてや県外に避難をしている人たちが集まれるような場の提供はさらに少ない。
　こうした場所の確保も大事であるが，県内外に分散して避難をしている現状においては，ハード面の整備よりもソフト面での事業を展開する方が有効であろう。例えば参考になる活動として，2000年に火山噴火によって全島避難を余儀なくされた三宅島の経験が教訓的である。東京都内に分散して避難をすることになった三宅村民は，三宅島災害・東京ボランティア支援センター（三宅島支援センター）により，村民をつなぐ様々な取り組みがおこなわれた。自治体が個人情報を出したがらない中で，島民の安否確認と島民同士のつながりを保つための「島民電話帳」を作成した。また生活情報誌「みやけの風」を発行・配信し，この事業がきっかけに島民自身による自主組織が生まれ，3世帯以上のグループを単位に，事務経費として「住民情報ネットワーク・島民連絡会補助金」をだし，島民の「きずな」を島民自身がつくるネットワークづくりに努めた。[17]
　福島県内でも富岡町民を中心に郡山市内の仮設住宅を拠点にし，県内の「み

なし仮設住宅」、さらには県外の住民も含めた支援のネットワークづくりをすすめる「おだがいさまセンター」の取り組みなどもある。また、富岡町は広域避難した住民の社会関係を維持するために、掲載に同意した町民の「富岡町町民電話帳」を2012年10月に配布している。この電話帳には町民のおよそ4分の1の世帯が掲載に同意した。さらに、大熊町などをはじめ被災自治体の一部には、三宅島の町民同士のネットワークを活かす「住民情報ネットワーク・島民連絡会補助金」を参考にし、住民の自主的活動に対する補助金を創設した。

内外の NPO・NGO の連携による支援スキーム

日本は、災害が頻繁に起こる国でありながら、災害支援については、緊急支援期や救援・復旧期の直後の対応に終始していると言える。そのため、被災者一人ひとりが自立的な生活再建をするための支援および地域コミュニティの再生といった避難生活期あるいは自立復興期における法制度や行政運用、さらには社会福祉協議会や NPO などの被災者支援団体、地域住民の行動原則などの指針などが十分確立されていないとも言える。大規模災害のたびに手探りで経験を積み、それが制度づくりに生かし切れないのが日本の災害対応の現状ではないだろうか。

一方で今回の東日本大震災では、海外での支援経験が豊富な国際 NGO が被災地での国内での活動を展開した点も注目される。ただこうした国際 NGO と被災地の自治体・NPO との連携が十分機能しなかった地域も若干見られた。途上国など海外での支援経験の長い国際 NGO にとって、国際的に指針となっている行動原則が国内では十分認知・実践されていないのではと言う声も聞かれた。ここには、国際的に広く認められる支援経験を生かし切れていないという背景がある。

未曾有の災害に見舞われた東日本大震災であったが、一方で様々なボランティア・NPO・NGO が被災地において活動をした。内閣府が三菱総合研究所に委託をして行った「東日本大震災に係る災害ボランティア活動の実態調査」[18]では、災害ボランティアセンターの設置については、発災から10日目までにおよそ60団体がセンターを設置し、開所から半年以上継続して活動しているセンタ

ーが半数以上を占めていた。またボランティアセンターの運営スタッフについては，各種の団体等から派遣よりも組織に属さない個人ボランティアによって多くが構成されていたことがわかった。ちなみにボランティアの登録人数の平均値をみると，5月に2303人と最もピークに達し，徐々に少なくなっていったことがわかった。一方で，災害ボランティアセンターの課題として，被災者のニーズを直接的に現地に出て把握する人材の不足が大きく，かつ専門的なアドバイスが可能なスタッフの確保が困難なことが調査によって明らかになった。

　一方，NPOおよびボランティア団体に対する調査では，震災発生当日に被災地支援の活動を開始した団体は約2割あり，震災発生後3日以内に活動を始めた団体が全体の約4割弱を占めていた。また災害支援活動を行っている団体の約8割が被災地外からの団体であった。また活動終了予定日を決めている団体でも5か月以上活動をしている団体が多く，活動予定日を決めている団体（全体の2割弱）のうち7割を占めていた。このように被災地以外からの地域から多くのNPOやボランティア団体が被災地に駆けつけ，比較的長期にわたって被災地での支援活動を続けていることがわかる。また今回の災害では，企業の従業員によるボランティア活動やCSRなどの活動も活発に行われた。

　さらに日本の海外NGOが被災地で活動する例が各地で見られた。通常途上国や国外の被災地等で活動してきたNGOが被災地に入り，組織的に支援活動を展開した。一方で，国際NGOのJANICの調べによると，国際NGOの活動地域については，宮城県40.4%，岩手県33.3%に対し，福島県は18.2%に留まった。プロジェクト数でも宮城県53%，岩手県32%に対し，福島県は11%であった。原子力災害によってこれまでの災害を越えた事態であったこと，支援者側の安全配慮の確保は当然であるが，支援の偏りがなかったかどうか，今後検証する必要はあるだろう。

　活動分野の広がりもあった。これまでのような避難所運営の支援や物資配布といった活動だけでなく，避難所等における学習支援活動も各地で展開された。さらに被災地における直後のボランタリーな活動から，持続的な活動の基盤をつくるために中間支援組織も作られた。宮城県・岩手県・福島県の三県では，県内で活動するNPO団体などを支援する「連携復興センター」が相次いで設

立され，被災地の自立復興と NPO などの被災地支援を行う団体が継続的に支援活動を展開できるような組織作りにもつながっている。

東日本大震災被災者支援全国ネットワーク（JCN）などの調べによると，こうした県外に避難した被災者の支援に取り組む団体は200団体以上存在していることが確認されている。また避難者自らが自助グループを組織する動きも各地に見られ，県人会や母子避難のお母さんたちによるサロン活動なども行われている。

7 国際的な人道支援の原則に基づく支援活動を

災害や紛争などにおいて社会的混乱は起きやすい。そうした中でリスクが多く被害を受けやすいのは，障がい者・高齢者・女性・子どもなどである。逆に，こうした危機的状況において，いかにすべての人々の尊厳をおかれた環境や特性に限らず守るかは重要なテーマである。国際的な人道支援の場面で議論されてきた「スフィア基準」では，「全ての被災者は，尊厳のある生活に必要な基本的な状況が確保されるよう保護と援助を受ける権利がある」とし，そのために，その被害を最大限軽減・除去するための「実行可能なあらゆる手段が尽くされるべき」としている。

「スフィア基準（『人道憲章と人道対応に関する最低基準』）」（資料4-1）とは，「1997年に人道援助を行う NGO のグループと国際赤十字・赤新月運動によって開始され」，災害援助時の行動の質向上と説明責任を果たせることを目的にし作成されたものである。公開された文書によれば，スフィア基準は，その基本的原理を「1)災害や紛争の被災者には尊厳ある生活を営む権利があり，従って，援助を受ける権利がある，2)災害や紛争による苦痛を軽減するために実行可能なあらゆる手段が尽くされるべきである」こととして示している。なお，災害や紛争時における人道援助の基準を示したものであり，これは「自主的な規範であり，活動の質と説明責任を自ら規制するためのツールである」としており，強制力をもつものではない。しかし，同基準を，「地元，国家もしくは国際的な人道機関」といった「政府および民間セクターを含む全ての人道行動

第4章　災害時の福祉課題とその支援

資料4-1　スフィア基準（一部）

1．人道憲章
「われわれの信念」として，「人道憲章は，全ての被災者は，尊厳のある生活に必要な基本的な状況が確保されるよう保護と援助を受ける権利があるという，人道機関に共通の信念を表明したもの」である。それは，「人間性の基礎的な道徳原則」（＝「全ての人々は尊厳や権利において自由かつ平等に生まれた」）から導きだし，「人道上の責務」（＝「災害や紛争によって引き起こされる人道的な被害の防止・軽減のための行動をとらなければならず，またいかなることもこの原則に優先してはならない」）が最優先されることを確認した。さらに，「共通の原則，権利および責務」において，国際人道法や人権法，難民法に規定する権利を含め，被災者全てが人間性の原則と人道上の責務に基づいて以下のような権利が保障される必要があるとしている。それは，①尊厳のある生活への権利，②人道援助を受ける権利，③保護と安全への権利，である。

2．権利保護の原則
　原則1　自らの行動の結果として，人々をさらなる危害に曝さないようにすること。
　原則2　必要性に比例し，差別のない，公平な援助への人々のアクセスを確保すること。
　原則3　暴力や抑圧による身体的および心理的な危害から人々を保護すること。
　原則4　自らの権利を主張し，可能な救済手段へアクセスし，虐待の影響から回復できるよう，人々を支援すること。

3．コア基準
　基準1　人々を中心とした人道対応
　基準2　調整と協働
　基準3　事前評価
　基準4　設計と対応
　基準5　成果，透明性と学習
　基準6　援助職員の成果

4．最低基準
①給水，衛生，衛生促進に関する最低基準
②食料の確保と栄養に関する最低基準
③シェルター，居留地，ノン・フードアイテムに関する最低基準
④保健活動に関する最低基準

に関わる機関」が支持するよう奨励しており，災害時の政府・自治体・民間団体の共通した指針とすべきとされている。なお日本でも「スフィア基準」についての理解と議論が進むようになり，政府が作成する「避難所運営マニュアル」においても，同基準が参考にされている。ただし，「スフィア基準」は，緊急避難期のシェルター（避難場所）だけを対象にしているわけではない。同基準では，人道対応の期間を，「数日から数週間のこともあれば，特に長期化する不安定や避難の状況においては数ヶ月，時には数年にわたることもある」とし，「幅広い行動をカバーしている」ととらえている。このように発災直後

の災害対応に始まり，災害の復旧・復興過程を通した基本的な原則として確認しておくべきであろう。

　幾多の災害を経験してきた日本であるが，災害時の経験を体系化できておらず制度的にも行動指針の上でも十分教訓化されてこなかった。今後さらに日本では，首都直下型地震や南海トラフ地震などの大規模災害が想定されている。これまでの災害の経験と教訓を生かし，次なる災害への備えができるかどうかが問われている。防災研究の分野では，「事前復興」という概念のもと，災害後の社会を見すえた防災のあり方が議論されている。災害からの復興を考える上では，復旧に関わるハード面での基盤整備は重要であるが，ソフト面を中心にした被災者の生活再建が災害復興に欠かせない視点であると言える。その場合，国際的な行動指針なども考慮に入れ，系統的・体系的な支援方策の議論がさらに必要である。

注
(1) 旧騎西高校に避難所を移転した時からすれば，約1000日を避難所生活したことになる。
(2) 東日本大震災や原子力災害における在宅障がい者の課題を取りあげたものとして，青田由幸・八幡隆司（2014），中村雅彦（2012），藤野好美・細田重憲編（2016）などがある。
(3) 詳細は，岡田（2015）を参照。
(4) この7施設にはそれぞれ入院患者が，小高赤坂病院（104人），南相馬市立小高病院（68人），西病院（約75人），双葉厚生病院（136人），福島県立大野病院（約35人），双葉病院（339人），今村病院（96人），となっていた。国会事故調査委員会最終報告書より。
(5) 詳細は，双葉町（2017）を参照。
(6) 宮城県・岩手県も県内事業者の公募を行った（宮城県523戸・岩手県2352戸）が，宮城県・岩手県の場合，公募条件に県内に本店または営業所がある事業者にした。一方，福島県は事業者選定にあたり県内に本店があることとした。
(7) 国は昨年3月12日に民間賃貸住宅の借上げも災害救助法の対象にすると通知。その後福島県は，3月23日に福島県借上げ住宅実施要綱をつくり，家賃限度額（駐車場料金を含む）を6万円とする民間賃貸住宅の借り上げによる応急仮設住宅の供給を行った。その後5月には5人以上の世帯規模の場合には9万円まで家賃限度額を

⑻　ただし同数値は，自発的離職や定年退職など震災以外の理由による離職，特例措置分を含む全数となっている。
⑼　震災支援ネットワーク埼玉／早稲田大学人間科学学術院（2014）を参照。
⑽　詳細は，「平成26年度老人保健事業推進費等補助金老人保健健康増進等事業福島県における要介護認定認定者増の要因分析による必要な支援のあり方に関する調査研究事業報告書」を参照されたい。
⑾　東日本大震災以降，厚生労働省老健局介護保険計画課事務連絡（2012年2月9日付）「東日本大震災により被災した被保険者の利用者負担等の減免措置に対する財政支援の延長等について」等の措置によって，介護保険料および医療費の減免措置が継続している。
⑿　市町村から委託を受け，都道府県に災害弔慰金支給審査委員会を設置する場合もある。
⒀　「長岡基準」では，死亡時期を一つの目安にし，①震災後1週間以内の死亡は震災関連死と推定，②1ヶ月以内の死亡は震災関連死の可能性が高い，③1ヶ月以上経過した場合は震災関連死の可能性が低い，④死亡まで6ヶ月以上経過した場合は震災関連死ではないと推定，と区分している。
⒁　厚生労働省社会・援護局災害救助・救援対策室による事務連絡「災害関連死に対する災害弔慰金等の対応（情報提供）」（2011年4月30日付）
⒂　日本弁護士連合会総会決議「東日本大震災・福島第一原子力発電所事故の被災者・被害者の基本的人権を回復し，脱原発の実現を目指す宣言」（2014年5月30日）を参照。
⒃　『毎日新聞』2016年6月14日付より。
⒄　詳細については，浅野幸子（2007）を参照。
⒅　調査は，災害ボランティアセンターと，NPOおよびボランティア団体の二つの調査が行われた。災害ボランティアセンターの調査については，2011（平成23）年11月23日～12月12日まで行われ，東日本大震災に関連して設置された災害ボランティアセンター等（106団体）に対して行われ，79団体（回収率74.5％）から回答を得た。NPOおよびボランティア団体の調査については，2011（平成23）年11月30日～12月22日まで行われ，794団体を対象にし229団体（回収率28.8％）から回答を得ている。

引用・参考文献

相川佑里奈，2013，『避難弱者』東洋経済新報社．
青田由幸・八幡隆司，2014，『原発震災，障害者は…消えた被災者』解放出版社．

浅野幸子，2007，「三宅島噴火災害（全島避難）」『復興コミュニティ論入門』弘文堂，166-175.

藤野好美・細田重憲編，2016，『3.11東日本大震災と「災害弱者」――避難とケアの経験を共有するために』生活書院.

福島県，2017，「避難地域等医療復興計画」.

福島県防災会議，2009，「福島県地域防災計画原子力災害対策編」(2009年度).

福島県社会福祉協議会，2011，「はあとふるふくしま」183：2.

福島県社会福祉協議会，2013，『東日本大震災――福島県社会福祉協議会活動の記録』.

双葉町，2017，「双葉町東日本大震災記録誌――後世に伝える震災・原発事故」.

国会事故調東京電力福島原子力発電所事故調査委員会，2012，「最終報告書」.

厚生労働省社会・援護局災害救助・救援対策室による事務連絡，2011，「災害関連死に対する災害弔慰金等の対応（情報提供）(2011年4月30日付)」.

草野良郎，2014，「福島第一原子力発電所による双葉厚生病院の全員避難の経過と問題点」日本内科学会雑誌，第103巻第5号.

中村雅彦，2012，『あと少しの支援があれば――東日本大震災障がい者の被災と避難の記録』ジアース教育新社.

日本弁護士連合会高齢社会対策本部，高齢者・障害者の権利に関する委員会編，2012，『災害時における高齢者・障がい者支援に関する課題』あけび書房.

日本弁護士連合会総会決議，2014，「東日本大震災・福島第一原子力発電所事故の被災者・被害者の基本的人権を回復し，脱原発の実現を目指す宣言（2014年5月30日)」.

岡田広行，2015，『被災弱者』岩波書店.

大熊町，2017，「大熊町震災記録誌――福島第一原発，立地町から」.

政府事故調査委員会，2012，「最終報告書」.

震災支援ネットワーク埼玉／早稲田大学人間科学学術院，2014，「埼玉・東京震災避難アンケート調査集計結果報告書（第3報)」.

鳥井静夫，2012，「東日本大震災による被災者生活再建における政策的課題について――仙台市における民間賃貸住宅借上げ仮設住宅がもたらす課題を事例として」『地域活性研究』3：269-278.

第5章
原子力災害時の農林漁業への対応

小山　良太

　原子力災害発災10年を機に復興庁の廃止や，福島県産米全量全袋検査からモニタリング検査への移行が検討されている。旧避難地域である双葉8町村も帰還・営農を再開している。原子力災害政策の転換に対し，放射能汚染におけるリスク管理工程を認証し，新たな産地形成に繋げるしくみの検討が必要である。風評被害を防ぐための放射能汚染リスクとその対策は，①農地の汚染実態とそれに基づく除染対策，②作物の移行係数の相違と吸収抑制対策，③作物ごとの放射性物質移行リスクに基づく検査体制，④検査漏れリスクの懸念に対応した検査情報（分散の大きい米は全量，移行係数に従う他作物はサンプル）の開示である。本章では，発災後8年間の「風評被害」状況及び流通構造の変化を検証し，それを踏まえ，福島県における新たな産地形成の在り方を提示する。震災前には戻れない福島の産地において新しい生産体制と流通システムを構築することが求められている。

1　震災8年目の福島

　東日本大震災，東京電力福島第一原子力発電所事故から8年が経過した。震災翌年の2012年から7年間実施してきた福島県産米の全量全袋検査結果では2015年から4年連続基準値超えがゼロとなった。現在，年間60億円近い費用がかかるこの検査方式をいつまで続けるのか検討が始まっている。食品中放射性物質検査はモニタリング法に基づくサンプル検査が基本であるが，福島県のみ独自の「全量」検査を実施してきた。米は水田を利用する作物であり，2011年の事故初年度は様々な要素の影響を受け作物中の放射性物質濃度の分散が大き

かったこととその要因が明らかになっていなかったため、全農地、全農家、全玄米を検査することとなった。水田の放射能汚染実態と収穫された米における放射性物質移行メカニズムが解明されていなかった米だけは特別の検査を実施してきたのである。

　しかし、事故当時の農業用水の影響や土壌中カリウムの欠乏がセシウムの吸収を促すことなど様々な試験研究の成果が蓄積され、作付制限、農地の除染、カリウム散布（標準施肥量）による吸収抑制策など、生産面での対策が強化された。その結果、栽培レベルで安全性を確保することが可能になった。つまり、福島県産米は「入口」の段階で安全性を担保し、流通経路にのる「出口」段階でさらに全量全袋検査を行い、安全と安心を担保するという2段階のしくみとなっているのである。

　本来、消費者、流通業者としては米に放射性物質が混入していないという安全性の担保を求めており、それは「入口」で確実に実施されるものである。その実効性をモニタリング検査（サンプル方式）で確認するのが安全性確保の考え方である。入口における生産段階での対策が確立していなかった当時、やむなく出口において全量全袋検査を実施し、検査漏れを防ぐ対策を施してきた。

　生産面における放射能汚染対策が実施されている現在、流通段階における全量全袋という検査方式を見直すことは理にかなっている。問題は、生産面での対策が実施されていることが多くの流通業者、消費者に周知されていないことである。周知のための期間の確保と啓発の取り組みが必要である。

　見直しという言葉だけが独り歩きをし、安全対策、検査体制が縮小されるかのような報道がなされないように注意する必要があり、消費者、生活者はこのような報道がなされた場合でも福島の努力と対策の結果、入口段階で安全性を担保している事実を知っておく必要がある。

　東京電力福島第一原子力発電所事故からの8年間、福島県産農産物に関して、米は毎年約35万トン、1000万袋を全量検査し、米以外の果樹、野菜、畜産物等は毎年2万検体を超えるモニタリング検査を実施してきた。その結果、山菜、きのこなど野生植物を除く作物では、放射性物質の基準値を超えるものはなくなり、検出限界を超えるものもほぼみられなくなった。これは農地の除染、カ

リウムの施肥などの吸収抑制対策，移行係数の高い作物から作付転換，過去に放射性物質の検出された農地などにおける作付自粛など，結果として総合的な対策が福島県において自主的に実施されてきた成果である。

　原発事故の直後から考えると，当時はどこにどれくらい放射性物質が存在するのかが不明なまま，既存の法律の下に作付制限や流通対策が施されたため対策漏れが生じ，基準値超えの農産物が出荷されてしまった。これが風評問題を拡大する結果となった。そこで2012年度より新しい放射能汚染対策として，農地の測定が行われ，空間線量については全地域，一部地域では農地内の放射性物質の含有量，さらには土壌成分の分析も行われるようになった。このような農地の測定事業をベースに，土壌中100g当たり25mgのカリウムが存在するとセシウムの吸収が抑制されるという研究成果を反映した吸収抑制対策が行われるようになったのである[1]。

　また，米の全量全袋検査は，自給的農家も含め全農家の生産した米を全量全袋という単位で検査する取り組みであり，2012年度から5年間継続実施してきた。検査制度として適正かどうかに関しては様々な意見があるが，一定の成果があったと考えられる。流通面において，既存のモニタリング検査では流通業者や消費者に短時間で説明することが困難であった放射性物質検査の基準やモニタリング方法，統計的意味，放射能自体のリスクなどについて，全量を検査しているという一言で説明できる検査システムに転換したことにより，説明力が飛躍的に増加した。農協の販売担当者や県の担当課，農業者は放射性物質の専門家ではないため，事故後に修得した知識をもとに，検査のリスクと安全性を説明しなければならない状況であった。この問題を全量全袋検査という大がかりな制度設計によって克服したのである。

　さらに生産面では圃場の管理や生産履歴，経営状況などデータベースが整備されるきっかけにもなり，現在福島県が推進しているGAP（Good Agricultural Practice：食品安全，環境保全，労働安全等の持続可能性を確保するための農業生産工程管理の認証制度）対策の基盤になっているのである。

2　原子力災害と福島県の農業・農村

　原子力災害の特徴は避難生活が長期化する点である。災害救助法における仮設住宅の入居期限は2年に設定されている。しかし，原発事故に伴う避難地域の住民の中には未だに帰還の見通しが立たない人々が存在する。勤労世代では，避難生活が長引く中で避難先での新たな仕事を見つけ就労するケースも増加している。こうなった場合，例え避難が解除されたとしても，新たな住居と新たな仕事を手放すことは難しい。避難生活の時限が明確であり短期間であれば，その間を賠償金で繋ぎ，帰還に向けての準備することも可能である。しかし，数十年に及ぶことが想定される避難生活の中で新たな人生を再出発するという選択肢を選ぶことを非難することはできない（本書第3章参照）。
　原子力災害における避難の問題は，単に空間線量率が下がったとか，除染が完了したから大丈夫ということではなく，避難生活自体が長期間におよぶ中でそれぞれの避難者が様々な人生の岐路に立たされるという点こそが，「損害」なのである。年間被曝の許容量を変更したから戻ってきなさいといっても，この8年間の避難状況はそれぞれ異なり，複雑な生活環境の中で判断せざるを得ない。帰還と復興を進める上ではこの点を深く留意する必要がある。

原子力災害からの復興過程
　原発事故，原子力災害，放射能汚染問題を受けて，福島県では，この8年，様々な取り組みを行ってきた。その過程を整理すると5つの段階に分けられる。
　第1段階は「原発事故と避難・防護」である。原発事故直後，放射能汚染から身を守るために初期段階の避難が必要であった（予防原則）。
　第2段階は「放射能測定と汚染対策」である。原発事故により，放射性物質が広範囲に拡散した場合，まずは放射能飛散状況を確認し，どの地域にどの程度放射性物質が降下したのかを把握する必要がある。
　第3段階は「損害調査と賠償」である。これは，原子力災害による損害状況を調査しそれに基づく賠償方式を構築することである。現在の賠償方式は政府

の示した賠償指針に基づき「原子力損害の賠償法に関する法律」のもと，事故当事者の東京電力が個別に賠償（補償）を行うという枠組みである。裁判以外にも ADR（裁判外紛争解決手続）という手段が用意されている。しかし，この考え方では，まず賠償の枠組みがあり，その枠組みのもとで損害を認定せざるを得ない。つまり，賠償範囲外の損害は無視されてしまう。この枠組みの下ではそもそも原発事故により何が毀損されたのか，原子力災害の現状を把握することができないのである。

第4段階は「食の安全性の確保と風評被害対策」である。風評対策は，検査体制の体系化に伴い食の安全性の確保ができてはじめて可能となる。汚染状況が不明のまま安全宣言を出した2011年の原発事故初年度とは，状況が大きく変わっている。

最後にこれらの段階を踏まえ，第5段階としてはじめて「営農再開・帰還と復興」が可能となる。段階的な避難区域再編に伴い，避難地域では汚染度低い地域から段階的に帰還が始まっている。しかし住宅の周りだけ除染し居住空間の線量率だけを下げても，それだけでは帰還後の生活は元に戻らない。周辺の山林や里山が利用可能か，農業を再開し自給することが可能かどうかという点が重要なのである。帰還の判断を保留している避難者は先行して帰還した方達の現状を詳しくみている。農村の生活のサイクルを考慮した復興政策が必要である。この意味において，地産地消における安全性の確保，地域での食と農の再生が復興の鍵となるといえる。

震災，原発事故から6年が経過した2017年には，避難地域の解除が進んだ。葛尾村は2016年の6月に避難指示解除を行い，2017年3月には川俣町，浪江町，飯舘村の一部，4月には富岡町が解除となった。しかし，避難区域における住民アンケート調査結果をみると，高齢層はある程度帰還するが，若年層，勤労世代はほとんど帰らない。解除地域全体の帰還率は8.6％に留まっていた。[2]

ここには二つの問題がある。一つは，原発事故による避難指示が長期間にわたるという問題である。避難が長期間となり，避難先で生活再建しているケースでは帰還の判断が複雑となる。原子力災害は，二次的な問題として，避難が長期化しているという事実を念頭におく必要がある。

6年をへて避難指示を解除したとき，長期間避難していることを念頭に避難解除後の設計をする必要がある。2011年避難当時70歳であり，2019年現在78歳の高齢者の場合，人生の最後にふるさとに戻りたいと希望することもある。70歳を過ぎ，6年間知らない土地で過ごしたが，終の棲家に帰りたいという思いである。一方で，子育て世代であれば，長期間の避難の中で子供の就学のサイクルの問題に突き当たる。2011年度の避難時に子供が小学校4年生だったとする。2017年度は高校1年生である。その場合，転校や進学の問題に直面する。子どもたちは多感な小中学校時代の6年間を新たな避難先で過ごし，新しい人間関係を構築している。ただ「故郷が大事だ」というだけでは，現実的ではないのである。

　もう一つは，生業（なりわい）の再生の問題である。8年間，まったく何も行われていなかったところに戻ったときに何をするのか。地域での生業という点では，その地に立脚した第一次産業は重要な産業である。しかし，農林水産業こそが原子力災害の最大の被害産業である。帰還した後，農林漁業がたとえ自給目的でもできないとなれば，村で生活するうえでは大きな障害になる。これからが真の復興の正念場であると言える。

損害の枠組みと調査研究の必要性

　福島県では，作付制限地域の問題，一部残る出荷制限品目に加え，「風評」被害も継続している。生産現場では営農意欲の減退から離農問題が顕在化している。

　原子力災害以前（2010年）の福島県の農業粗生産額は約2330億円であったが，農産物の損害賠償額が625億円にのぼることから，年間では1000億円程度の損失と推計された。2016年現在の損害賠償額は累計で2500億円（請求額3300億円）となっている。フローの産出額のみでこの被害実態の規模である。震災前の販売農家は約7万戸であったが，1年間で約2000戸の減少となっている。福島県人口は原発事故後1年で4.5万人が減少し，200万人を切る人口規模となっている。

　このような数字上の損害だけではなく，農村自体も問題を抱えている。農村

内部には，自然の恵みに加え，地域の営農を支える様々な資源，組織，人間関係が構築されてきた。このような農村内部の関係性（社会関係資本）により，日本の農業は維持・形成されてきたのである。今回の原子力災害の最大の問題は，放射能汚染により農産物が売れないといった経営面に限った事柄ではなく，生産基盤である農地，ひいてはそれを維持する農村という共同体それ自体も大きく毀損したことである。福島県では，地域の担い手や集落での営農方式などが受けた損害からどのように地域農業を再生させるのかが大きな課題となっている。

　放射能汚染による損害は3つの枠組みで捉えられる。①「フローの損害」とは，出荷制限品目となった農産物，作付制限を受けた農産物など，生産物が販売できなかった分の経済的実害と風評等による価格の下落分であり，現在損害賠償の対象となっているのがこれである。②「ストックの損害」とは，物的資本，生産インフラの損害であり，農地をはじめとした生産基盤の放射能汚染，避難による施設・機械の使用制限などが含まれる。現状では，これらの損害調査は行われていない。農地の損害などの計測には，正確な放射性物質分布マップの作成が必要であり，圃場ごとの土壌分析が必要となる。

　最も重要なのは，③社会関係資本の損害である。これまで地域で培ってきた産地形成投資，地域ブランド，農村における地域づくりの基盤となる人的資源，ネットワーク構造，コミュニティー，文化資本，農村景観など多種多様な有形無形の損害を被っている。しかも，避難地域では十数年におよびこれら資源・資本を利用することができなくなる。

　福島県農業の再生には，これらの損失分をどのように測定するか，対策としてどのように穴埋めするかがきわめて重要な課題となる。

原子力災害の総括の必要性

　福島県内の農家には「風評」問題が今も重くのしかかっている。事故から8年が過ぎてなお風評被害が続く原因の一つには，2011年初年度の対応の失策がある。原発事故による避難地域では，1 kg当たり5000 Bqを超える農地での米の作付け制限がおこなわれたが，それ以外の地域では作付けが認められた。

しかし，実際には避難地域以外でも高い放射能汚染を示した地域があった。その結果，基準値を超える米が検出され，福島県産の作物の安全性は大きく揺らいだ。

　2年目以降，作付制限の対象地域を拡大し，全量全袋検査を実施するなどの安全対策を講じたが，原発事故の報道を繰り返し視聴し，一度であっても基準値を超える米が出た印象は非常に強く，2年目以降の安全対策の情報が消費者には伝わりにくくなっている。

　県域を超えた対策がなされていないことも風評被害の原因の一つとなっている。吸収抑制対策を施し，全量全袋検査を実施しているのは，現在でも福島県のみである。その結果，福島県産からは基準値を超える米は検出されなくなった。しかし，福島県以外の地域では，過去に基準値を超えるものが確認されているにもかかわらず体系立てた対策がとられていない。もちろん福島県以外でも自主検査を徹底的に実施している市町村や直売所なども存在するが，問題は検査の体系性の担保なのである。営農環境における汚染状況の確認や吸収抑制対策等が体系的に実施されていない状況では汚染地域全体の安全性に繋がらない。このような事実に基づき，他県で基準値を超えるのだから福島県産はより汚染されているのではないかと疑念を抱く消費者も存在する。放射能汚染による風評被害には，県域を超えて放射能汚染地域全体を網羅する吸収抑制対策，検査体制が必要なのである。

　原発事故の原因と責任に関しては，問題点も指摘されているが，国会，政府，民間による事故調査委員会の報告書が出されている。しかし，原子力災害，放射能汚染問題に関しては，福島県，復興庁，福島県立医科大学など各主体がそれぞれの地域の課題・テーマで報告を行っている状況である。一方，旧ソ連，ベラルーシ，ウクライナにおけるチェルノブイリ事故の報告では，国の機関である緊急事態省による年次報告書，5年ごとの報告資料など，健康，避難，食品検査などに関する総合的な報告書が提出され，原子力災害に関する国際的な総括資料となっている。日本では8年が経過した現在，国による総合的な原子力災害の総括が正式な報告資料として発表されていないのである。国際的にも日本のどの報告書を基に放射能汚染問題，原子力災害の8年間の結果を判断し

たらいいのかわかりづらく，それが様々な不安を増長させる一因となっているといえる。避難計画，食の安全検査，被曝の抑制など放射能汚染対策を体系的に整理した原子力災害基本法の制定のためには，8年が経過した現状を詳細に整理した原子力災害に関する報告書を国の責任で作成する必要がある。津波・地震とは別に，独立した報告資料が必要である。

福島県産農産物の現状

　総括すべきデータは揃ってきている。事故後2年目以降，福島の農作物からは，放射性物質がほとんど検出されていない。国の基準値を超える放射性物質（100 Bq超／kg）が検出されたのは，山菜など山で採る作物や乾燥食品など，特定の品目に限られている。

　検出されない要因は大きく3つある。1つ目は，放射性セシウムは土壌に吸着し，土壌から農作物にほとんど吸収されないという事実である。原発事故当初は，空気中に放出された放射性物質が葉に付着し植物体に吸収（葉面吸収）されたため，基準値を超える農産物が検出された。土壌から植物体に吸収される放射性セシウム濃度の比率を「移行係数」と呼ぶが，園芸作物・野菜類の「移行係数」は，0.0001—0.005と，とても小さい値であることも解明されている。

　2つ目は，吸収抑制対策や除染の効果である。福島県では2012年度から，土にカリウム肥料を施肥する取り組みを推進している。土壌中のカリウムはセシウムと似た性質を有するため，植物体への吸収過程で競合が起こり，セシウム吸収を抑える効果がある。また果樹では，高圧洗浄機の使用や，樹皮をはぎ取る「除染」対策を施している。

　3つ目は，原発事故から8年が経過し，放射性物質が自然に減少してきている点である。今回の原発事故で放出されたセシウム総量の半分を占めるセシウム134は半減期が2年である。放射線量は，理論的にも，実際の測定値としても，2011年の2分の1程度まで減少している。

　このように基準値超えの農産物がなくなったことには理由がある。しかし結果は報道されるが，その理由についてほとんどの国民が知らないのではないか。

地域研究の体系化が必要

　この8年間，東日本大震災に関連して様々な研究が行われてきた。避難計画・政策，生活調査，防災・減災，まちづくり・むらづくり，都市計画，交通政策，歴史資料保存など多岐に渡る。原子力災害に関しても，廃炉研究，作物実証試験，除染技術，検査体制，放射能測定などである。現地において震災前から調査研究活動を行ってきた実感から，これらの研究に共通してみられる点はフィールドを共有する意識の高まりではないかと思われる。研究対象としての地域における課題設定（研究フィールドとしての地域）から，例えば「東北学」「福島学」，あるいは「水俣学」のように対象学問としての地域を捉える視点を，自然科学，人文社会科学を問わずに各分野が共有することが求められてきたのではないか。特に地域研究は応用科学，政策科学，設計科学としての役割を大いに期待されている状況ではないか。つまり，総合科学としての地域研究という一つの体系性を構築できるか，またその必要性があるのかを検証することが求められている。

　地域経済学の枠組みでは，まず詳細な現状分析とその総合的評価を通した損害（規模，構成，構造）を把握し，その上で賠償，補償，補助，支援のあり方を示すことが求められていたのではないか。今回の原子力災害では，まず賠償の枠組みが示されたことによる混乱が大きな問題となっている。原子力損害賠償法では，価格下落分の賠償（風評），避難に伴う経済的損失などを個人ベースに賠償するしくみであったが，産地，農村，地域ブランド価値の下落といった面的な損害に対する補助，支援の枠組みが不明確なまま現在に至っていることが地域内の様々な軋轢や分断を生んでいる。この根本的な原因はそもそも震災，原発事故により何が毀損されたのかを明確に区分できていないことに起因する。地域調査や地域構造の分析には，これまで培ってきた地域研究，地域経済分析が必要である。

3 農業復興と風評問題

風評問題の現在

　原発事故とそれに伴う放射能汚染問題によって，現実に福島県産農産物のブランド価値が低下している。現在の福島県産農産物の状況は放射能汚染による風評被害というよりは市場構造の転換であり，福島ブランド・イメージの下落である。放射能リスク情報によるリスク・コミュニケーションや福島応援といった風評対策だけでは対応できない段階に突入しているのではないか。

　「市場における評価」は，取引総量や取引価格にとどまらず，取引順位にもあらわれている。ある市場では他県産の農産物が豊富にあるときはそちらを優先し，他県産の出荷が減少したときにやむなく福島県産の取引が行われており，取引順位が下落している。これはまさしく福島ブランド（産地評価）が毀損されたことを示しており，流通過程における実害である。この市場における産地評価を回復するためには，震災前以上の厳しい安全性を担保するしくみを提示することが求められる。

　福島県産農産物のイメージ向上を図るためには，流通段階だけでなく生産段階での取り組みが必要不可欠であり，適正取引の推進の決定打としても「農地の復興」は重要な意味を持っている。今後，旧避難指示区域において住民の帰還が本格化するが，そうなればより汚染度の高かった地域において，どのように農業を再開していくのかが問題となる。農産物生産におけるトラブルやリスクを避けるためにも，放射能汚染度に応じた土地利用計画を策定すると同時に，栽培時の農産物への放射性物質移行の低減対策を普及・定着することにより，生産段階から放射性物質の移行を抑止することが決定的に重要となる。

　現行のリスク・コミュニケーションの必要性自体は否定しない。しかしながら，現状のままで問題はないとの認識から風評被害の問題を消費者の理解の低さだけに求めるような考え方には，疑問を持たざるを得ない。確かに食の安心は心理的な要素があり，安心の基準については多様な考え方もある。しかし消費者の間では，福島産の農産物が安全であるという確信が持てず，安心できな

い状況の中で，結論ありきで，安心を押し付けるようなリスク・コミュニケーションのあり方が受け入れられないといった状況もあり，十全に機能していないあるいは誤って実施されている懸念もある。

　福島県産農産物のイメージ向上を図るためにも出口検査だけではなく生産段階，農地を含めた安全性の確保が重要な意味を持つ。入口から出口まで体系性を持つ放射能検査体制の確立は各県が独自に行うのではなく，国の法令において定めるべき内容である。これは，林業，漁業においても共通の課題である。

　福島県では2014年度から，「避難指示区域」（避難指示解除準備区域，居住制限区域の一部）での米の作付け再開を目指す実証栽培が始まった。原発事故後，これまで手を入れることのできなかった農地で作付けを再開するにともなうリスクの確認が目的である。一度は放射能汚染にさらされた農地も除染後，セシウムの吸収抑制剤が散布され，試験栽培がおこなわれるなど，さまざまな取り組みが続けられてきた。

　2012年から「ふくしまの恵み安全・安心推進事業」として，福島県内各産地に全袋検査機器を導入した。「全量全袋検査」によって，福島県内のすべての米（約1000万袋・35万トン）を検査しているが，2013年産米で基準値を超えた米は全体の0.0003％に過ぎない（表5-1）。しかもすべて隔離され，市場には流通しない体制である。また全体の99.93％は測定下限値（25Bq/kg）未満であり，基準値を大幅に下回っているという現状がある。2018年産米では基準値超えはゼロである。

　これは2011・12年に基準値を超え高い数値を示した地域を作付制限地域にし，全地域に吸収抑制対策を施した結果である。

　2013年産米で基準値を超えた玄米28袋のうち27袋が，事故後初めて作付けした一部地域（南相馬市太田地区）[3]で生産されたもので，市場には流通していない。現在，流通している福島県産の米の安全性は，原発事故当初に比べ，あるいは汚染が広がった他地域に比べても，格段に高まったと言ってよい。

　検査主体は各地域（主に農協）で，全袋検査機器の費用は一台当たり2000万円程度であり，同事業予算約50億円のうち，30億円を購入費に充て，2012年10月時点で193台のスクリーニング検査器が各地域に導入されている。福島県産

表5-1 福島県産米全量全袋結果の総括

		2012年	2013年	2014年	2015年
25Bq/kg 未満	袋	10,323,674	10,999,222	11,012,641	10,497,920
	%	99.7826	99.9334	99.9825	99.9937
25～50Bq/kg	袋	20,357	6,484	1,910	645
	%	0.1968	0.0589	0.0173	0.0061
51～75Bq/kg	袋	1,678	493	12	13
	%	0.0162	0.0045	0.0001	0.0001
76～100Bq/kg	袋	389	323	2	1
	%	0.0038	0.0029	0.0000	0.0000
100Bq/kg 超	袋	71	28	2	0
	%	0.0007	0.0003	0.0000	0.0000
検査点数（スクリーニング検査）		10,346,169	11,006,550	11,014,567	10,498,579
		2016年	2017年	2018年	
25Bq/kg 未満	袋	10,265,535	9,976,066	8,877,760	
	%	99.9959	99.9997	99.9996	
25～50Bq/kg	袋	417	32	38	
	%	0.0041	0.0003	0.0004	
51～75Bq/kg	袋	5	0	0	
	%	0.0000	0.0000	0.0000	
76～100Bq/kg	袋	0	0	0	
	%	0.0000	0.0000	0.0000	
100Bq/kg 超	袋	0	0	0	
	%	0.0000	0.0000	0.0000	
検査点数（スクリーニング検査）		10,265,957	9,976,098	8,877,798	

出所：ふくしまの恵み安全対策協議会「ふくしまの恵み安全対策協議会放射性物質検査情報」（2018年12月）より作成。

米35万トン・約1200万袋を，34袋／分で処理し，全袋の検査が終了し基準値以下であればその地域の出荷が可能となる。これにより，少なくとも基準値を超える米が流通することは避けられる。

問題は検査を待ちきれない農家が全袋検査前に出荷してしまったり，自給用米・縁故米を検査せずに消費してしまったりするようなケースで，流通・消費地段階の検査で基準値を超えてしまう場合である。とはいえ，原発事故初年度の2011年度のように産地全体の米価が大幅に下落したり，全県的に取引停止が

相次いだりすることは避けられる。このように，流通段階における検査体制には原子力災害初年度と異なり一定の前進を見せている。

しかし，風評問題は原発事故から8年が経過した現在でも市場構造の変化という新たな局面を迎えている。

「汚染マップ」の作成から作付け認証制度へ

日本学術会議では，「風評」問題への対策として，農地一枚ごとの放射性物質や土壌成分などの計測と検査体制の体系化を提言している(4)。風評被害を防ぐためには，まず消費者が安全を確認できる体制と安心の根拠を担保することが必要である。

現在の風評被害を解決するためには，現行の出口対策（全量全袋検査など）にのみ頼るのではなく，生産段階（入口）における対策が必要である。放射性物質の分布の詳細マップを作成し，さらに土壌からの放射性物質の農産物への移行に関する研究成果を普及し，有効な吸収抑制対策を実施することが求められている。

震災後，チェルノブイリ原発事故で被害を受けたベラルーシ・ウクライナを視察した際(5)，多くの放射線関係の専門家が語る放射能汚染対策は，農地一枚ずつの汚染マップの作成であった。汚染の実態を明らかにし，生産段階（入口）で放射能汚染を限りなくゼロに近づける対策を講じることが消費者に安心してもらえる方法である。福島県では，生産段階の吸収抑制対策を2012年から推進している。

さらに，農地一枚ごとの汚染度・土壌成分マップ，放射性物質の移行データから，農地レベルでの農作物の栽培に関する認証制度を設けることも消費者の安心につながる(6)。この認証制度を，福島だけでなく汚染が拡大した全地域に適用し，消費者の安心を確保することが重要である。

例えば，GAP制度は，農業生産活動を行う上で必要な関係法令等の内容に則して定められる点検項目に沿って，農業生産活動の各工程の正確な実施，記録，点検および評価を行うことによる持続的な改善活動である（農林水産省）。

HACCPは，食品の原料の受け入れから製造・出荷までのすべての工程にお

いて，危害の発生を防止するための重要ポイントを継続的に監視・記録する衛生管理手法（厚生労働省食品安全部監視安全課）のことである。放射性物質検査においても，生産段階から，加工，集出荷，販売の各段階でリスク管理を行う体制に適用可能か検討する必要がある。牛海綿状脳症（BSE）対策として制定された牛の個体識別のための情報の管理及び伝達に関する特別措置法（以下，牛肉トレーサビリティ法）のように国が法律に基づいて認証する制度をつくることが求められている。

福島県における検査体制とその結果

　福島県における緊急時環境放射線モニタリング実施状況をみると，全体傾向として，基準値超過の農産物は減少傾向にある（前掲，表5-1）。営農時点で吸収抑制対策などコントロール可能な農産物に関しては，沈静化傾向にあることがわかる。2013年段階では，水産物，山菜・きのこといった採取性の産物から基準値超過の検体があったが，自然界から採取する品目には吸収抑制対策を施すことができないためである。

　福島県は全国で2番目に面積の大きな県である。このような地域条件のなか，放射能汚染対策に関して，生産段階の「入口」対策に加えて，県内全域で出荷時の「出口」対策を行っている。具体的な「出口」対策は，米に対する全量全袋検査である。特産物の「あんぽ柿」も主要産地から出荷するものはすべて検査をしている。野菜は，1部を抽出するサンプル調査であるが，1農家1品目というサンプル抽出を基本に膨大な量を検査している。

　この窓口は地域の農協と自治体，あるいは両者の協議会である。自治体農政の必要性が指摘されるなかで，放射能汚染問題という新たな課題に対して福島県では自治体における農業政策推進の新しい体制が動き出そうとしている。

　ここで強調したいのは，生産者や産地が自主的に検査や汚染対策などの対策をとり続けているという事実である。農家も漁師も自ら生産するもの以外は商品を購入している「消費者」である。またその子供や孫などの家族も消費財を購入して生活している。この意味でも「一番安全なものを届けたい」という強い想いは他の消費者と変わらない。その思いから自ら動いて対策をとり続け

いるのである。

　伊達市霊山町小国地区では，住民組織をつくって自分たちで放射線量分布マップを作成し，暮らしと営農の再開にむけての基礎データとしている（小松・小山 2012：223-230）。二本松市の旧東和町では，農家やNPO法人が土や作物を検査することで，地域の有機農業や直売所の継続に努めている（小松 2013a：37-42）。「ふくしま土壌クラブ」（小松 2013b：163-190）では，若手果樹生産者を中心に土壌の測定を実施し，除染，安全検査，情報共有と消費者への提供を進めることで，新たな販路の拡大を目指している。生産現場は，放射性セシウムを含まない安全な農産物の生産を目指している。

　元来，福島県は生産力の高い豊かな農業地帯であり，生産量全国10位以内の農作物が複数ある総合産地であるという強みを有していた。福島県は，実直に放射能汚染対策を進めるなかで，多品目の農水産物を生産しているトータルブランド性と安全性・高品質性を武器に新たな市場を開拓していくための基礎作りの段階にあるといえる。

　福島の対策は，生産から流通・消費まで，放射能検査リスクをトータルで管理するための取り組みである。それはたんなる放射能汚染問題だけでなく，農薬などのリスクを含めた管理体制につながる。さらに農産物の食味を向上させる取り組みにまで広がる可能性がある。「おいしくて安全なものを統一的につくろう」という機運が高まりつつある。

　これまで，福島県の農家の誰が，どんな汚染対策を施したかを把握することは困難であったが，米では，全量全袋検査という全販売農家が参加したデータベースが整備されている。これを活用すれば，将来的には，放射能汚染対策を超えて，世界一の管理体制のもと安全でおいしいものを生産している県であることを打ち出していくことも可能となる。

　原発事故直後から，福島では地域住民や農業者を主体とする地域再生に向けた先進的な取り組みが実施されてきた。汚染や土壌成分のマップが整備されれば，将来的に，その農地にあった農作物をつくる希望も生まれる。こうした地域の取り組みを後押しするための法律制定などインフラ整備に国は取り組むべきである。

なぜ「風評」問題が続くのか

　福島県は津波・地震による被害に加えて，原子力災害とその延長上にある「風評」問題にさらされ続けてきた。「風評」問題は収束するどころか，ある面では拡大すらしている。

　農産物に関する「風評」問題とは，当該農産物が実際には安全であるにもかかわらず，消費者が安全ではないという噂を信じて不買行動をとることによって，被災地の生産者（農家）に不利益をもたらすことを意味している。特に原発事故にともなう原子力災害において，「風評」問題という用語を安易に用いることは，放射能汚染を「生産者」対「消費者」の問題に矮小化することにつながるので，不適切である。必ずしも客観的根拠に基づいたわけではない「安全ではない」という噂によって農産物購入の選択肢を狭められる消費者も，「風評」問題の被害者であるからである。原子力災害においては，生産者や消費者など放射能汚染対策の不備に翻弄される関係者すべてが，「風評」問題の被害者なのである。

　突然の放射能汚染によって営農計画を例年どおり遂行することを許されない生産者は，原子力災害の完全な被害者である。また「風評」問題対策の不作為により，農産物出荷を断念せざるをえなかった生産者のみならず，農産物購入の選択肢を狭められた消費者も被害者である。

　「風評」問題がなお続く主たる要因は，影響評価を行う前提になる基準値が明確でないと一部の消費者に受け取られていることと，この基準値に拠り個別の評価や判断を行うための調査精度の水準が県（地域）によって異なる点にある。世界一の検査体制といってよい福島県と周辺自治体の検査精度の差は「国」による体系立てた検査が成立していないような印象を与えてしまう。特に諸外国においてその傾向が存在するのではないか。

　実際に安全であることが担保されていて，食品中放射性物質の基準値を超える農産物が流通しないことが前提であり，その前提の上でも「噂」を信じて不安になり，不買行動をとる場合に，はじめて風評被害となるのである。しかし，現段階の消費者行動は上記の定義に当てはまるかというとそうとは言えないのではないか。判断のための適切な情報が届いているのか，原発事故の初動の不

信感が情報提供側の信頼を損ねたまま8年という歳月が経過しているという状況を総括すべきではないか。このままでは生産者や福島県の努力が結実しない。放射能汚染対策と事故対応に関して政府関係者の総括が必要であり，検査体制に不備があった2011年度と現在では何がどのように変わったのかをあらためて提示することが求められている。

メディアでは，汚染水問題など放射能汚染「問題」は報道されるが，放射能汚染「対策」については，ほとんど報道されない状況となっている。また，放射線に関するリスクコミュニケーションにおいても放射線のリスクと安全性については詳細に説明されるが，検査体制やそれを担保する法令についての説明が十分でないことも問題である。

4 福島県農業の復興の課題——流通対策から生産認証制度へ

放射能汚染対策から GAP 推進へ

この8年に及ぶ福島県における放射能汚染対策は，農家段階における生産管理の意識を高める結果となったといえる。兼業農家が8割を超え，高齢農家，自給的な農家が大宗を占める福島県農業において，生産管理を含む新しい農業のあり方を推進することは，通常時では困難であったと思われる。放射能汚染対策は結果として，圃場，生産，加工，流通，消費という一連のフードシステムのなかで，生産物を管理，記録することを恒常化させる契機となっているのである。

問題は，米の全量全袋検査を含む放射能汚染対策がいつまで続くのかということ，対策費がなくなった後どのように検査体制を維持・転換するのかという点である。米の全量全袋検査は毎年約60億円の費用がかかり，うち賠償金が約50億円支払われている。福島県のコメの生産額は約750億円であり，1割弱にあたる経費がかかっていることになる。2018年度は検査開始から7年目を迎えるが，2014年度以降事実上基準値超えの米は検出されていない。安全性は確保されたのではないか，これ以上費用をかけることは経済性にかけるのではないかという意見が出されるようになっている。原子力災害に関わる損害賠償や各

種補助事業に関して，これを管轄する復興庁は震災から10年目の2020年には解散することが決まっている。そのため，おそらく放射性物質検査，放射能汚染対策の制度は大きく転換するのはないかと想定できる。

安全性の確保，時間の経過，財政的な問題から放射能汚染対策が転換・縮小した場合，これまで培ってきた全県的・全品目的な生産管理，安全性への意識などが後退してしまうのではないかという点が懸念される。

そこで福島県では放射能汚染対策を実施する上で培ってきた体制をGAP推進上に位置付けようとする取り組みが始まっている。

福島県におけるGAP推進は，生産者自らが，より良い農業の実践のため放射性物質対策や環境保全等の点検項目を定め，実践，点検，見直し改善を繰り返すことと定義し，認証に当っては，それぞれの経営理念に合わせてグローバルGAP，JGAPなど各機関の認証を受けるとしている。

特徴的なのは，FGAP（ふくしま県GAP）という，福島県が認証する新たな制度を設けたことである（図5-1）。これは，放射性物質対策も含めた農水省ガイドラインに準拠したGAPであり，認証機関は福島県となる。FGAPと他の認証GAPで求められる点検項目は異なるが，取り組むべき基本項目（食品安全，環境保全，労働安全，工程全般の基本的な部分）は同様であり，GAP推進という視点ではベースとなる取り組みである。JGAPやグローバルGAPには，生態系や人権，国際取引に関係する管理点（点検項目）が含まれるがFGAPの認証基準には含まれない。FGAP認証取得後，これらに追加的に取り組むことにより，他のGAP認証取得にスムーズにステップアップしていくことを想定している。

2020年の東京オリンピックでは，野球・ソフトボールの一部試合を福島県で開催することが決まっている。FGAPは農水省ガイドラインに準拠した公的認証GAPであり，オリンピックの調達基準を満たしている。夏場の開催時に旬のももなど県産の農産物を供給したいという思惑から，FGAPという導入的な認証制度を新設し，広く普及を図ろうという意図がある。FGAPの特長は，審査手数料を無料とし，認証までの期間を約3か月と定め，県内農業に詳しい審査員を配置することで適切かつ円滑な審査を担保する点である。農家が

図 5-1 福島県における GAP 推進の考え方

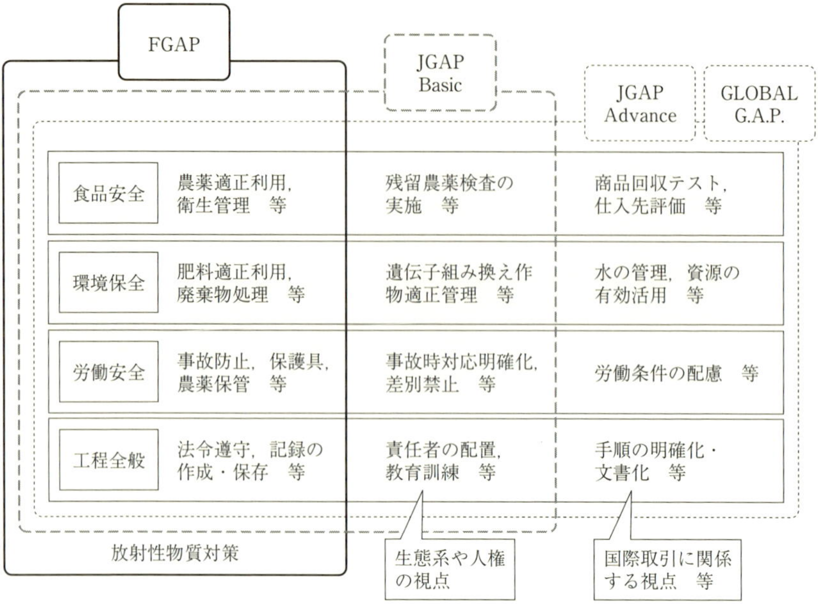

FGAP		JGAP Basic	JGAP Advance	GLOBAL G.A.P.
食品安全	農薬適正利用, 衛生管理　等	残留農薬検査の実施　等	商品回収テスト, 仕入先評価　等	
環境保全	肥料適正利用, 廃棄物処理　等	遺伝子組み換え作物適正管理　等	水の管理, 資源の有効活用　等	
労働安全	事故防止, 保護具, 農薬保管　等	事故時対応明確化, 差別禁止　等	労働条件の配慮　等	
工程全般	法令遵守, 記録の作成・保存　等	責任者の配置, 教育訓練　等	手順の明確化・文書化　等	
放射性物質対策		生態系や人権の視点	国際取引に関係する視点　等	

出所：福島県農林水産部環境保全農業課資料。

GAP 認証上の課題と捉えている，費用，時間，説明に関する部分をサポートする形で設計した結果である。

JA ふくしま未来における GAP 推進

避難区域を除くと相対的に放射性物質の影響が大きかったのが，福島県中通り北部である。福島県県北の JA ふくしま未来福島本部（前 JA 新ふくしま管内）では田畑一つひとつを調べて，詳細な汚染マップをつくる「どじょうスクリーニング事業」を実施してきた。福島市内のすべての果樹園と水田を一枚一枚調査した。生産者にとって目の前の田畑の現状を知るには，測定して放射能汚染の実態を把握するしかない。測ったうえで，放射性物質の特徴や吸収抑制対策の効果を理解すれば，「なぜ自分の田畑から数値が出ないのか，なぜこの農産物からは放射性物質が検出されないのか」を実感できる。自らが「実感」

できなければ消費者や流通業者に「説明」できない。この考え方は営農指導の基本である。

　この事業には福島県生協連（日本生協連会員生協に応援要請）の職員・組合員も参加し、産消提携で全農地を対象に放射性物質含有量を測定して汚染状況をより細かな単位で明らかにする取り組みであった。延べ361人の生協陣営のボランティアが参加した。福島市内の水田・樹園地を対象に約10万地点の測定を行った。この取り組みが現在のGAP推進につながっているのである。

　福島県は個別農家を中心にFGAPを含め各種認証を推進し、農協は生産部会など団体認証を中心にJGAPの認証に取り組んでいる。福島市、伊達市、相馬市、二本松市などを管内とするJAふくしま未来は2017年5月に水稲、もも、なし、果樹、きゅうり、蔬菜の6分野のGAP協議会を立ち上げた。果樹GAP協議会には、りんご、ぶどう、おうとう、プラムが、蔬菜GAP協議会にいちご、ミニトマト、にらなど9品目が含まれているが、2020年オリンピックまでは、それぞれの品目ごとにJGAP認証を受けることを目指している。これは、一品目でも問題があった場合、部会内の全品目が認証取り消しとなってしまうというリスクを避けるためである。現在700人余りがJGAP取得の希望を出しており、250人規模での認証取得が想定されている。GAP取得に関しては、GAP取得のコンサルタントによる研修、営農指導員141名による認証希望農家への担当制の配置（1指導員1～2戸）が検討されている。

　GAPの取得は有利販売（付加価値による価格上昇）のためだけに行うことではなく、これまで培ってきた放射能汚染対策などネガティブチェックから食品安全、環境保全、労働安全等の持続可能性を確保するための生産工程管理の取り組みというポジティブチェックへと産地としての戦略を転換することであり、その工程の中に放射能対策も含むことで、損害賠償制度等に左右されず安全対策を継続してくという考え方である。

　今回のJAふくしま未来のGAP対策に関して、コンサルタント契約料や審査手数料などは、福島県内の農林水産業再生総合事業としての復興特別会計47億円のうち、福島県が実施するGAP対策費3億円からの補助対象となっている。

　JAふくしま未来は、2016年3月にJA新ふくしま、JA伊達みらい、JAみ

ちのく安達，避難地域を含むJAそうまの4農協が合併して誕生したばかりの農協である。生産部会等の統一などは長期的な視野で進めることとなっていた。今回のGAP協議会は合併農協として新しい産地全体での取り組みでもあり，原発事故後の新たな産地形成という福島県農業に課せられた課題への取り組みの一環ともなっている。

持続的な放射能汚染対策の必要性

原子力災害にともなう放射能汚染対策に関して，県普及員や農協営農指導員は，放射性物質検査や作付・出荷制限，営農再開事業など緊急時の対応に追われてきた。流通面では風評問題から市場における地位低下の常態化という構造的な問題にも直面している。このような中で，放射性物質は入ってません，なので安全ですというネガティブチェックにもとづく認知の段階から，適切な生産工程管理の上で安全な農産物を供給していくというポジティブな政策への転換が福島県におけるGAP推進といえるだろう。この中で，放射能汚染対策に取り組んでいくという考え方に立っている。問題はGAP対策へ移行できる農家がどの程度いるのか，普及する体制を整えられるか，そして2020年東京オリンピック以降に原発事故から始まった検査と認証のしくみを継承できるかという点である。

現在，見直しが検討されている福島県独自の米の全量全袋検査に関して，その実施主体は地域の協議会であり，その中心は農協組織である。これを全県的に標準化し，情報共有していく機能は行政機関である福島県と福島県農協中央会である。3300億円に迫ろうとしている農産物の損害賠償の窓口は福島県農協中央会である。被災自治体や立地協同組合組織がこれだけの取り組みを進めるなかで，国・政府の本格的な役割発揮が求められる。立法府では，これまで想定されてこなかった規模の原子力災害に対して総合的・包括的な法令を整備する必要がある。また，この間の原子力災害対策に関しても総括的な報告書の作成が急務である。特に，日本の放射能汚染に対して懸念を持つ諸外国に対しては，公的な報告書を基に安全対策の実態を粘り強く説明していくことが必要である。再稼働に伴う避難計画の策定など既存の法制度の中では対応が困難であ

り，福島における原発事故の教訓を組み込んだ法制度の整備が求められる。

今回の原発事故では，事故被害地域での放射能汚染対策を進めるうえで大きな障壁となったのが，大規模な原発事故対策に特化した法律がないことであった。「原子力災害対策特別措置法」は1999年東海村JCO臨界事故を受けて制定された法律であるが，今回の福島原発事故のような規模と範囲は想定されていなかった。「災害救助法」も地震，火山の噴火など自然災害に対応した法律であり，長期間の避難を余儀なくされる原子力災害を想定していなかった。2020年には震災10年を迎える。復興庁も組織再編の予定である。これを機に，大規模・長期間の影響を考慮した「原子力災害基本法」のような原発事故対応への基本理念を示した上位法の制定が求められる。

　＊本章は引用・参考文献をもとに最新のデータを加え加筆修正したものである。

注
(1) 詳細は，福島県・農林水産省「放射性セシウム濃度の高い米が発生する要因とその対策について～要因解析調査と試験栽培等の結果の取りまとめ～」2013年1月23日を参照。
(2) 復興庁，福島県公表データを元に筆者が算出。2007年3月時点。
(3) 南相馬市で基準値超えの米が多数検出された問題に関しては，2013年8月12日・19日の東京電力福島第一原子力発電所3号機の汚染ダストの飛散による影響も指摘されており，原因が特定されていない状況にある。
(4) 詳細は，日本学術会議東日本大震災復興支援委員会福島復興支援分科会「原子力災害に伴う食と農の『風評』問題対策としての検査体制の体系化に関する緊急提言」2013年9月6日を参照。
(5) 筆者が参加したチェルノブイリ事故後の農業対策について調査は，2011年11月，2012年2月，2017年8月の福島大学主催の調査，2013年6月の福島県内農協組織による調査と計4回行った。
(6) 例えば，農業生産工程管理（GAP: Good Agricultural Practice）やHACCP（ハセップ，Hazard Analysis Critical Control Point：危害分析重要管理点）などの制度がある。GAP制度は，農業生産活動を行う上で必要な関係法令等の内容に則して定められる点検項目に沿って，農業生産活動の各工程の正確な実施，記録，点検及び評価を行うことによる持続的な改善活動のことである（農林水産省）。HACCPは，食品の原料の受け入れから製造・出荷までのすべての工程において，

危害の発生を防止するための重要ポイントを継続的に監視・記録する衛生管理手法（厚生労働省食品安全部監視安全課）のことであり，放射性物質検査においても，生産段階から，加工，集出荷，販売の各段階でリスク管理を行う体制に適用可能か検討する必要がある。

引用・参考文献

濱田武士・小山良太・早尻正宏，2015，『福島に農林漁業をとり戻す』みすず書房．

小松知未，2013a，「農産物直売所における放射性物質の自主検査の意義と支援体制の構築──福島県2本松市旧東和町を事例として」『農業経営研究』日本農業経営学会，37-42．

小松知未，2013b，「果樹経営の再建と産地再生──福島県の自主検査と消費者意識」『農の再生と食の安全──原発事故と福島の2年』新日本出版社，163-190．

小松知未・小山良太，2012，「住民による放射性物質汚染の実態把握と組織活動の意義──特定避難勧奨地点・福島県伊達市霊山小国地区を事例として」『2012年度日本農業経済学会論文集』日本農業経済学会，223-230．

小松知未・小山良太・小池晴伴・伊藤亮司，2015，「米全量全袋検査の運用実態と課題──放射性物質検査に関する制度的問題に着目して」『農村経済研究』東北農業経済学会，33(1)：116-124．

小山良太，2015a，「原子力災害の復興過程と食農再生」『計画行政』日本計画行政学会，38(2)：9-14．

小山良太，2015b，「風評被害から食品と農業の再生に向けて」『財界ふくしま』44(8)：163-169．

小山良太，2016a，「農業復興と情報」『災害情報』日本災害情報学会，14：63-71．

小山良太，2016b，「福島食と農の安全対策と農村再生の道」『経済』新日本出版社，247：37-46．

小山良太，2017a，「東日本大震災からの復興と地域研究──福島県における原子力災害研究に注目して」『地域経済学研究』日本地域経済学会，33：40-44．

小山良太，2017b，「原子力災害と福島県農業の再生課題」『学術の動向』日本学術協力財団，34-39．

小山良太・小松知未・石井秀樹，2012a，『放射能汚染から食と農の再生を』家の光協会．

小山良太・小松知未，2012b，「放射線量分布マップと食品検査体制の体系化に関する研究──ベラルーシ共和国と日本の原子力発電所事故対応の比較分析」『2012年度日本農業経済学会論文集』日本農業経済学会，215-222．

第6章
原子力発電所事故後の福島県産品に対する
評価基準と地域メディア

安本　真也

　本章は，福島第一原子力発電所事故（以下，原発事故）後の福島県産品をめぐる諸問題が収束しない要因の一端を明らかにするものである。具体的には，新聞（地方紙）報道の地域差と福島県産品を避ける人の地域差の関係性を分析した。その結果，福島県からの避難者に関する報道が多い地域ほど福島県産品を避ける行動に結びついていることが明らかになった。北海道新聞や京都新聞，神戸新聞はそれぞれの地域に避難している福島県民に寄り添う報道を行っていたが，そのことが逆に，放射線の影響があり，福島県が復興していないということを人々に印象づけ，意図せざる結果として福島県産品に対する不安を高め，福島県産品を避ける行動に結びついていたと考えられる。福島県からの避難者がまだ多く存在すること，その一方で原子力災害からの復興を強調すること。この2つの論点を整理し，多くの人々が福島県のかかえる課題を正当に認識，理解する土壌を構築することが，今後の復興における課題である。

1　福島県産品に対する忌避の問題

　原発事故から8年が経過しているが，廃炉の問題，汚染水処理の問題，農産物や海産物に対する風評被害の問題，福島県から県外避難した生徒が，転入先でいじめられる「原発いじめ」，東京電力による賠償の打ち切りなど福島県をめぐる課題は山積している。特に福島県に対する不安感はいまだ根強い。なかでも，放射能への不安から様々な福島県産品に対する忌避が今でもみられている。例えば，消費者庁は毎年，消費者の食品中の放射性物質に関する理解を増進することを目的として，「風評被害に関する消費者意識の実態調査」を行っ

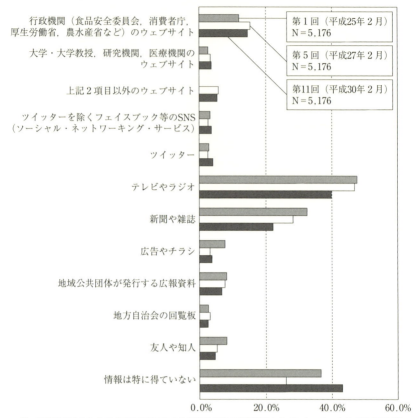

図6-1　出荷制限されている食品の品目と地域についての情報をどこから得ているか

注：消費者庁はこれまで「風評被害に関する消費者意識の実態調査」をインターネット上で毎年1、2回行っている（2019年5月時点）。ここでは、スペースの都合上、第1回、第5回、第11回をグラフに示した。
出所：消費者庁、2018、「風評被害に関する消費者意識の実態調査（第11回）について～食品中の放射性物質等に関する意識調査（第11回）結果～」12。

ており、その調査では、食品中の放射性物質を理由に購入をためらう産地として、毎年、福島県が最も多くあげられている（消費者庁 2018：12）。

では、人々はこれらの福島県、および放射能に関する情報をどのように得ているのであろうか。前出の消費者庁の調査では「出荷制限されている食品の品目と地域についての情報をどこから得ているか」との設問があり、最も多く情報源としてあげられているのは一貫して「テレビやラジオ」、続いて「新聞や

雑誌」というマスメディアである（図6-1）。

　つまり，多くの人が福島県産品を避けるようになった理由は，原発事故後の放射性物質に関するさまざまな情報をマスメディアから得てきたから，と考えるのが妥当であろう。少なくともマスメディアが何らかの形で影響を与えていると考えるのが当然の帰結であろう。

　さらに，福島県産品の風評被害についてアンケート調査を継続して行っている関谷（2017）によれば，北海道や近畿地方においては福島県産品の農産物を拒否する割合が他地域と比較して高いとされる。ただし，北海道と近畿地方ということから鑑みても，福島県から近い，もしくは遠いといった物理的距離だけが要因であるとは考えにくい。

北海道と近畿地方における特殊な傾向

　詳細にみていくとこの二つの地域は特殊な傾向があることは確かである。給食に出される食材に対し，放射性物質検査を行い，検出限界値を超える放射性セシウムが検出された場合は，その食材を使わないことを決めている地域は多いが，北海道札幌市や函館市ではそれがやや過剰に行われていることは否めない（『北海道新聞』2011年11月29日朝刊，27面；『北海道新聞』2013年2月2日朝刊，5面）。また，近畿地方では2016年に京都地裁において初めて，区域外避難者に対する賠償命令が下され（『北海道新聞』2016年2月19日朝刊，32面），関西学院大学の講師が福島県出身の学生に「放射能を浴びているから電気を消すと光る」という発言がなされ物議をかもした（『神戸新聞』2017年2月21日夕刊，9面）。このように北海道や近畿地方では，原発事故をめぐるトピックが存在し，福島県産の農産物を拒否する土壌は存在していると考えられる。だが，これらは北海道や近畿地方においては福島県産品の農産物を拒否する割合が他地域と比較して高いことの理由というより，これらも放射能への不安感の結果の一つに過ぎない。

　先に述べたように，出荷制限されている食品や品目と地域についての情報源としてマスメディアが用いられることが多い。素直に考えれば，マスメディアが福島県産品の農産物を避けている人の多寡が生じる要因となっているのでは

ないだろうか。

そこで，本章では北海道や近畿地方において福島県産品を避ける人の割合が他の地域と比較して高い，という差が生じる要因に，マスメディアによる報道の地域差があると考え，これを実証する。

2 「議題設定機能」仮説の検討

新聞やラジオ，テレビといったマスメディアからの情報が人々に影響を及ぼす，という考え方はマスメディアの効果研究として，20世紀初頭より数多くの蓄積があった（Cantril 1940=1987；Lazarsfeld et al. 1948=1987；Katz and Lazarsfeld 1955=1965など）。当初はマスメディアが受け手の態度や行動の変化に影響力を及ぼすか否かという，研究が中心であった。だがその後，1970年代には，認知や知識獲得という次元での影響力に着目した研究が主流となっていった。

そして，これらの研究の一つに「議題設定機能」仮説がある。本章では，この研究に着目する。

「議題設定機能」仮説の概要

この「議題設定機能」仮説はマコームズとショー（McCombs and Shaw 1972）によって提案された研究である。彼らは，1968年のアメリカ大統領選挙の時に調査を実施し，ノースカロライナ州チャルペルヒルの人々を対象に研究を行った。まず，全国レベルの新聞やテレビ番組といったマスメディアの内容分析を行い，争点の出現頻度について，高い順に順位化した。その上で，人々が最も重要と考える争点について，回答比率の高い順に順位化した。その結果，この両者は非常に高い相関（順位相関）を示すことが明らかとなった。つまり，ある争点に関してマスメディアが強調し，報道量が増加すれば（メディア議題），それに伴って，その争点がより人々にとって重要なものと知覚される（受け手議題），というものである。このことから，マスメディアは認知レベルで，「何について考えるか（what to think about）」という議題の設定に大きな影響を与えるということが明らかにされた。このように，受け手はメディアから認知的

第**6**章　原子力発電所事故後の福島県産品に対する評価基準と地域メディア

影響を受けるということが先行研究においては確認されている。

「議題設定機能」仮説の発展

この「議題設定機能」仮説に関する研究はさらに発展し，精緻化されてきている。メディア議題に関しては，メディアの種類によって効果が異なるのか，通常のニュースと特別なニュース（特集記事や特別番組）といった内容によって効果が異なるのか，表現方法によって効果が異なるのかといった研究がある（竹下 1998）。また，受け手議題に関しても，受け手個人内の認識としての議題なのか（個人内議題），他者とのコミュニケーションにおける認識としての議題なのか（対人議題），世間で関心があると知覚された議題なのか（世間議題），という研究も進められている（竹下 1998）。

さらに，この「議題設定機能」仮説の中には，その重要なファクターである時間に着目し，これを一つの変数とした単一争点長期モデル（または長期的議題設定効果）と呼ばれる研究がある。

単一争点長期モデルの概要

先に述べた，マコームズとショー（McCombs and Shaw 1972）の「議題設定機能」仮説は，選挙キャンペーンなどにおいて，複数の争点に対して数週間〜数カ月の期間，メディアの内容分析と受け手の意識調査を行い，両者の関係をみるというところからはじまった研究であった。この単一争点長期モデルは，ある一つの争点が報道量の変化に伴って，いかに重要と認知される度合いが変化するか，その過程を，数年という長期間にわたって分析する，という研究である。

このモデルは，一つの社会問題に対して，「ニュースの報道量」をメディア議題とし，一方で「世論調査の結果」を受け手議題として，分析する。また，それ以外にも比較対象として，なんらかの客観的なデータを実世界の指標として用いることもある。これらの一つ，もしくは少数の争点に関するメディア議題，受け手議題や実世界の指標などを数年にわたる時系列データとして，これらがどのように影響しあっているのかを分析するというのが，単一争点長期モ

図6-2 単一争点長期アプローチの概念

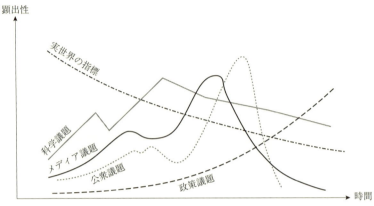

出所：小室広佐子，2002a,「議題設定もうひとつの潮流——単一争点長期アプローチ」『マス・コミュニケーション研究』60：95。

デルと呼ばれる研究の基本型である（小室 2002a）（図6-2）。それにより，時系列の中で，いずれの議題がどの議題にどの程度の影響を及ぼしているのかを明らかにしようとする。

このモデルは「社会問題の議題設定過程の検証に有用」とされる（小室2002b）。そのため，エイズや地球温暖化といった，マスメディアの報道を通してでしか知ることが難しい，あまり身近とは言えない社会問題の分析に用いられる（たとえばRogers et al. 1991やTrumbo 1995）。そのため，こうした原発事故後の福島県産品をめぐる問題を分析するのに適していると言える。

単一争点長期モデルの原発事故報道への応用

実際，この単一争点長期モデルを1979年に発生したスリーマイル島原子力発電所事故の際に用いた研究も存在する。メーサー（Mazur 1981）は，1960年代からの原子力発電に関するメディア議題と世論についての分析を行った。その結果，1970年代後半から報道量が増加し，それと前後して原子力反対の世論が増加していった。さらに事故後に反対意見がピークを迎え，その後は賛成，反対派ともに50％前後で大きな変化はしていないことが明らかとなった。

このように単一争点長期モデルは，一つもしくは少数の争点に対する，受け

手議題やメディア議題、現実世界の指標などを数値化し、それらの相互関係を時系列で数年にわたって分析するものである。これらの研究では、「時間」に焦点があてられた研究が行われてきた。だが、この研究を原発事故も含めた東日本大震災に関して用いる場合、そこには課題がある。

東日本大震災後の被災した「地域」の報道に関する研究

2011年3月に発生した東日本大震災は、「広域災害」であり、影響が長期におよぶ「長期的な災害」であった。日本国内のそれぞれの地域で課題とされることが異なり、受け手の意識も「地域に対して」「地域によって」異なるという災害である。

東日本大震災の後、その空間的な拡がりを踏まえて、「議題設定機能」仮説に関連する研究が日本でもみられるようになる。沼田ほか（2013）は東日本大震災で被害を受けた12の地点についての報道回数と義援金などの関係性を分析した。その結果、義援金やボランティア数に偏りがあることを指摘し、そこには報道が特定の市町村に集中していることが原因であると分析している。同様の分析は高野ほか（2012）によっても行われ、テレビ報道に登場する市町村の回数とボランティア数や義援金との間に相関関係があることを明らかにしている。このように、複数の地点に対するマスメディアの報道量と、受け手議題としての、地点に対する義援金やボランティアの順位相関を分析する研究は「議題設定機能」仮説の一種と考えられる。

特にここで注目するのは、東日本大震災をめぐる争点の一つとして、市町村名という空間的な拡がりを持つ変数が分析対象となった点である。これまでの研究は、選挙キャンペーンにおける社会問題や地球環境問題など、多くの人にとって共通した争点が中心であった。そのため、「地域」というものが、変数として取り上げられることはあまりみられなかった。だが、東日本大震災は災害としては非常に広範囲にわたって、多大な被害をもたらした。そのため、「地域」によって災害に関する問題や争点は異なる。一方、日本全体としてみれば、東北地方の太平洋側の「地域」の出来事に過ぎない。それ以外の「地域」からは、東日本大震災は距離の離れた、ある「地域」の出来事である。そ

のため，日本全体で考えた場合，実際に被災地がどのような状況か，東日本大震災という災害に関する問題や争点は何か，などについて，マスメディアを通して知ることがほとんどである。こうしたことから，東日本大震災におけるマスメディアの「議題設定機能」仮説を考える上で，空間的な拡がりは重要であると考えられる。

これらの研究は，従来の「議題設定機能」仮説の研究になぞらえるならば，「争点」が「地域」である。つまり，どの「地域」がメディアによって強調されるかによって，どの「地域」を重要な地域だと考えるかということが決まるということが明らかにされたといえる。

だが，この「議題設定機能」仮説において「地域」を考える視点はもう一つの方向性があるはずである。

もう一つの東日本大震災後の「地域」の報道に関する研究

その視点とは，東日本大震災に関するニュースがそれぞれの地域でどれだけ，また，どのようにニュースとして取り上げられており，それがどのように受け手に影響を与えているかという観点である。この点の着目する理由は二点ある。

第一に，そもそも，過去の「議題設定機能」仮説が，受け手を均一な集団とみなしており，受け手の中の「差」ということに着目してこなかったことである。先に述べた単一争点長期モデルの先行研究では，時間に焦点をあてて，既存の世論調査の結果を利用した。一般的な世論調査では，選挙人名簿や住民基本台帳，電話の加入者などが用いられる。そこから，ある程度の代表制をもつような特定の地域から一定数，大都市圏から一定数，または層化二段無作為抽出法のように全国を一定の行政単位で区切り，その行政区の人口比率に応じて調査対象者を抽出する，などのように調査の目的に合わせて様々な標本を抽出する。そして，それらをまとめて一つの世論調査の結果として用いる。つまり，全国の受け手議題を一律のものとみなして研究がなされている。そして，それに対応させるため，メディア議題も全国ネットのマスメディアが分析対象とされる。ある争点に対して，受け手議題が全国を対象とすれば，メディア議題も全国ネットのマスメディアが分析対象となるのは当然であろう。そのため，そ

こには受け手の多様性，受け手の中の「差」，地域差という空間的な拡がりは考慮されることがなかった。すなわち，受け手に「差」があることを前提とした分析も重要な観点であろう。

　第二に，「地域」についてもう少し掘り下げる。沼田ほか（2013）や高野ほか（2012）のような先行研究では，争点として，どの（被災した）地域に着目するかというところがポイントであった。東日本大震災の報道の研究では，マスメディアがどの地域「について」取り上げるかということに偏りが生じた，という分析がおこなわれてきた。

　だが，地域のニュースという特徴から考えれば，東日本大震災の報道に関してどの地域「で」取り上げられるかということももう一つのポイントとなる。東日本大震災の報道は，全国ニュース以外でも多く取り上げられるが，地域のニュースとしても取り上げられる。それぞれの地域のメディアでは，ある程度時間が経過すれば，他の地域のことは，その地域と関わり合いのある限りにおいてはニュースとなるが，その地域と関わり合いがないニュースは取り上げなくなる。

　すなわち，東日本大震災に関するニュースがそれぞれの地域でどれだけ，また，どのようにニュースとして取り上げられており，それがどのように受け手に影響を与えているかという観点は重要である。

本章の視座

　そこで，本章では単一争点長期モデルでの時系列別の分析を，地域別の分析に応用することとする。単一争点長期モデルは，同じ争点に関して「時間による違い」を分析することが目的であった。そのために，同じ方法で取得した，ある範囲の報道量と人々の意識に関するデータを時系列で集めて分析した。ならば，同じ争点に関して「地域による違い」を分析することを目的として，同じ方法で取得した，ある範囲の報道量と人々の意識に関するデータを地域別に集めて分析することも可能であろう。つまり，一つの争点に対して，その「時間による違い」として受け手議題やメディア議題などの相互関係を時系列で分析することが先行研究で実証されているため，「地域による違い」として地域

ごとに受け手議題やメディア議題などの相互関係を分析する,とすることも,論理的には可能であろう。

このような研究上の論理に基づき,原発事故に伴い,北海道や近畿地方において福島県産品を避ける人の割合が他の地域と比較して高い,という差が生じる要因として,マスメディアによる報道の地域差がある,ということを実証することが本章の取り組みである。特定の地域ごとのメディア報道の違い,つまり空間的な拡がりを加味して福島県産品に関するメディア議題,受け手議題などに関して分析を行う。

3 福島県からの避難者と福島県産品の関係についての仮説

では,マスメディアは福島県産品を避けている人に対して影響力を持ち,地域差を生じさせるのか。これらの分析に必要なメディア議題と受け手議題について論じ,仮説をたてることとする。

メディア議題

まずはメディア議題である。原発事故とその後の影響に関するマスメディアの報道には地域差が考えられる。それは原発事故そのものの報道は政治的な問題も絡むため,日本全体の問題であるが,地域においてはそれ以外の,異なった視点が存在するからである。福島県に拠点を構える福島民報,福島民友や河北新報は事故の当事者である。購読者も,スポンサーも,報道機関に勤務する人,報道機関そのものも,当事者である。逆に他県においては当事者ではない。そのため,それぞれからの異なった視点から報道がなされる。それぞれの地域で他県(他地域)のニュースが積極的に扱われることは少ない。

だが,それぞれの地域に関わることは取り上げられやすい。では,それぞれの地域に関わる争点としては何が考えられるであろうか。

開沼(2015)は福島県に関する話題が「避難」,「賠償」,「除染」,「原発」,「放射線」,「子どもたち」と結びつけられることが多い,としている。中でも「除染」,「放射線」は福島県の問題であり,それぞれの地域に関わる争点とは

言いにくい。よって，今回の分析からは除外する。「原発」は，原子力発電所が立地する北海道，青森県，宮城県，茨城県，新潟県，静岡県，福井県，島根県，愛媛県，佐賀県，鹿児島県では，福島県の「原発」事故を教訓とした，それぞれの地域における「原発」再稼働や安全性を争点とした報道が多くなる。だが，それぞれの地域においては，「原発」賛成派・反対派に二分しているため，マスメディアの影響という集合的なモデルに，単純にあてはめることは難しい。これを分析するためには，個人の心理を分析対象とする必要が生じる。よって，「原発」立地地域独自の報道は，今回の分析からは除外する。

　そのため，原発事故に係るそれぞれの地域に関わる争点は，必然的にそれぞれの地域における「避難」，つまり「福島県からの避難者」と考えられる。同様に関谷（2016）も，それぞれの地域に福島県から避難した人（特に区域外避難者）が福島県以外のマスメディアにおいて取り上げられやすいことを指摘している。福島県外のマスメディアにおいては，「福島県からの避難者」の「賠償」について，「福島県からの避難者」の「子どもたち」について，記事となることが多いというのは指摘されていることでもある（開沼 2015）。そのため，本章では，マスメディアにおける「福島県からの避難者」の報道に主眼を置き，分析を行う。

　なお，福島県産品の意識について分析を行うので，「福島県産品」の報道についても分析する必要はある。だが，福島県産品は，それぞれの地域のマスメディアにおいてそもそも報道されにくく，地域ごとの差が出にくいと考えられる。福島県産品をめぐるニュースは，福島県以外にとっては他地域の出来事であり，日本全体の問題として捉えられにくい。もしくは，福島県産品に関する報道を福島県以外の地域が行う場合，その地域に関連させる必要がある。それはせいぜい，その地域内で福島県産品の販売会が行われた様子を記事にする程度であると考えられる。とはいえ，当然，分析対象として含める。

受け手議題

　次に受け手議題である。本章では，「福島県産品」に対する意識として「福島県産品を積極的に避ける人」を受け手議題の指標とする。また，メディア議

図6-3 4つの仮説の模式図（矢印の先が従属変数）

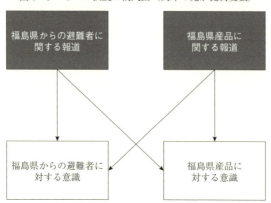

題の設定に伴い，「福島県からの避難者」に対する意識として，「福島県から皆を県外避難させるべき」と考える人も同様に受け手議題とし，関係性の分析を行う。

4つの仮説

以上より，本章では「福島県からの避難者」と「福島県産品」，それぞれのメディア議題，受け手議題と4つの変数を分析の主眼とする。これら4つの相互関係を明らかにすることとする。よって，下記の4つの仮説をたて，検証することが可能である。なお，その模式図を図6-3に示す。

仮説1：「福島県からの避難者」に関する報道量の地域差が，「福島県産品を積極的に避ける人」についての地域差に結びついている。

仮説2：「福島県産品」に関する報道量の地域差が，「福島県産品を積極的に避ける人」についての地域差に結びついている。

仮説3：「福島県からの避難者」に関する報道量の地域差が，「福島県から皆を県外避難させるべき」と考える人の地域差に結びついている。

仮説4：「福島県産品」に関する報道量の地域差が，「福島県から皆を県外避難させるべき」と考える人の地域差に結びついている。

4 メディア議題の抽出手法

では，まずメディア議題として分析対象とするマスメディアについて述べる。

分析対象としての新聞

本章ではメディア議題の分析に，新聞を用いる。その理由としては第一に資料収集可能性である。新聞は全国紙や一部の地方紙がデータベース化されており，キーワードから記事を検索することで，その争点を網羅することが可能である。一方でテレビを分析対象とした場合，地方の放送については，網羅的な分析が難しい。

第二にメディア間の共振性である。これはどの争点が報道されるかというメディア議題のレベルでは，新聞やテレビなどのメディアでは傾向が似通ってくるというものである（Noelle-Neumann 1987）。地域においても独自のテレビニュース番組の存在もあるが，新聞とテレビでは傾向が似通ってくると考えられる。

以上の理由から，本章では，新聞を分析対象とし，福島県産品を拒否する地域差との関係を分析する。

分析対象としての地方紙

さらに，本章の仮説を鑑みて，地方紙を分析対象とする。それはなぜか。

読売新聞・朝日新聞・毎日新聞・産経新聞・日本経済新聞などの全国紙ほどの規模がないものの，複数の都道県にまたがる販路を持つような規模の大きい新聞である北海道新聞・東京新聞・中日新聞・西日本新聞をブロック紙，各府県の県庁所在地を発行地とする県の代表紙を県紙と称するのが一般的である（田村 1988）。さらに，地域によってはこうしたブロック紙や県紙といった地方紙が7割以上のシェアであることもある。つまり，地方紙は東京や大阪といった大都市においてはあまり見られないが，それぞれの地域においては全国紙より発行部数が多く，大きな影響力をもつ。

その背景には，地方紙が地域と密着を掲げていることがある。全国紙は日本全国に関する報道を行うのに対し，地方紙はその地域の発展を主眼として，その地域の立場から新聞を発行し，影響力を保持している。例えば，神戸新聞社は2015年3月に「地域パートナー宣言」を行い「唯一の地元紙として培ってきたネットワークを地域課題の解決に生かします」としている（神戸新聞社 2015）。実際，東日本大震災後の調査では首都圏では全国紙の重要性が高いとされる一方で，被災地では争点形成などにおいて地方紙の重要性が高いということが明らかになっている（遠藤 2012）。こうした地方紙が地元の人々に届けた情報，果たした役割は非常に大きい（神戸新聞社 1995；河北新報社 2011；石巻日日新聞 2011など）。
　よって，地方紙は全国紙とは紙面構成が大きく異なる。全国紙では取り上げられないような記事でも，地方紙ではニュースバリューをもつ。こうしたことは原発事故に関する報道においてもあてはまる。原発事故そのものの報道は政治的な問題も絡むため，日本全体の問題であるが，それぞれの地域においてはそれぞれの，異なった視点が存在する。
　また，道県レベルでみれば地方紙は，購読者数という意味でも影響力を持っているメディアというだけではなく，それぞれの地域において最も記者数が多く，他のメディアに与える影響も大きく，それぞれの地域での議題構築や争点形成において非常に重要な意味を持つメディアである。分析対象としてまず優先順位がもっとも高いメディアであるといって差し支えないであろう。ゆえに，「福島県からの避難者」に関する報道量の地域差を考える上で，本章では，地方紙を分析対象とする。

分析対象とする地方紙

　最後に，実際の分析対象は，各都道府県において発行部数が一位の地方紙とする。ここでの発行部数は日本ABC協会（2012）の発行する「都道府県別部数表（2012年3月）」を用いた。部数は変動があるが，各都道府県における発行部数1位の新聞に関しては現在まで変わらない[2]。
　さらに，次のように条件を設定した。

第❻章　原子力発電所事故後の福島県産品に対する評価基準と地域メディア

　第一に，ブロック紙も地方紙の一つであることから，県紙を上回り，ブロック紙がその都道府県において発行部数1位である場合，そのブロック紙を分析対象とした。その結果，岐阜県と三重県，ならびに愛知県において，中日新聞を分析対象とした。第二に，全国紙が発行部数一位の地域は本章においては対象外とした。全国紙の地方面だけでは記事件数が少なく，他と比較することが困難だからである。そのため，茨城県，埼玉県，千葉県，東京都，神奈川県，滋賀県，大阪府，奈良県，和歌山県，山口県を分析の対象外とした。第三に，「福島県からの避難者」に関する報道を分析するため，福島県内に総局もしくは支局のある新聞社は対象外とした。そのため，宮城県（河北新報）と福島県（福島民報）が対象外となった。

　これらの結果，35道府県，33紙が分析対象となった。本章において分析で用いる地域分けを示したものが表6-1である。上記の理由から対象外とする都府県はグレー色でアミかけした。なお，以下の分析ではこれらの対象外とした都府県は除いて論ずることとする。

分析対象とする「福島県からの避難者」に関する新聞記事

　まずは「福島県からの避難者」に関する新聞記事の抽出方法について論じる。先に分析対象とした地方紙を対象として，「福島県からの避難者」に関する記事を検索し，地域ごとにその平均件数の順位を出すこととする。記事件数の検索にあたり，ここでは株式会社エレクトロニック・ライブラリーの提供するELDBアカデミックを用いた。これは朝日新聞が提供する「聞蔵Ⅱ」などと同様に，過去の紙面に掲載された切抜きを閲覧することや，本文のテキスト検索が可能である。

　検索ワードは本章の仮説に基づき，下記のように設定した。第一に，「原発避難」「震災避難」「自主避難」「県外避難」などの福島県からの避難に関するワードを設定した。第二に，本章の第3節で述べたように，福島県以外の県において，原発事故というものは当事者ではない。よってその地域からの視点に基づいた報道となり，「福島県からの県外避難者」は「（その地域への）県内避難者」となる。そのため，「県内避難」に関するキーワードを設定した。第三

表6-1　地域分類と対象とする県ならびに対象紙

地区分類	都道府県	発行部数1位	地区分類	都道府県	発行部数1位
北海道	北海道	北海道新聞	近畿地方	滋賀県	読売新聞
東北地方	青森県	東奥日報		京都府	京都新聞
	岩手県	岩手日報		大阪府	読売新聞
	宮城県	河北新報		兵庫県	神戸新聞
	秋田県	秋田魁新報		奈良県	朝日新聞
	山形県	山形新聞		和歌山県	読売新聞
	福島県	福島民報	中国地方	鳥取県	日本海新聞
関東地方	茨城県	読売新聞		島根県	山陰中央新報
	栃木県	下野新聞		岡山県	山陽新聞
	群馬県	上毛新聞		広島県	中国新聞
	埼玉県	読売新聞		山口県	読売新聞
	千葉県	読売新聞	四国地方	徳島県	徳島新聞
	東京都	読売新聞		香川県	四国新聞
	神奈川県	読売新聞		愛媛県	愛媛新聞
北陸地方	新潟県	新潟日報		高知県	高知新聞
	富山県	北日本新聞	九州・沖縄地方	福岡県	西日本新聞
	石川県	北國新聞		佐賀県	佐賀新聞
	福井県	福井新聞		長崎県	長崎新聞
東海・甲信地方	山梨県	山梨日日新聞		熊本県	熊本日日新聞
	長野県	信濃毎日新聞		大分県	大分合同新聞
	岐阜県	中日新聞		宮崎県	宮崎日日新聞
	静岡県	静岡新聞		鹿児島県	南日本新聞
	愛知県	中日新聞		沖縄県	沖縄タイムス
	三重県	中日新聞			

注：地区分類は筆者による。
出所：日本 ABC 協会，2012，『特別資料　都道府県別部数表（2012年3月）』日本 ABC 協会，を元に筆者作成。

に「防災計画」，「避難計画」，「シミュレーション」，「訓練」といったキーワードを除外した。これは，原発事故以降，原子力発電所から半径30 km の区域の自治体に対して，原子力発電所事故時の広域避難計画の策定が義務付けられ，それに伴い，避難シミュレーションが行われることによる。この関係で，その

第❻章　原子力発電所事故後の福島県産品に対する評価基準と地域メディア

表6-2　「福島県からの避難者」に関する記事件数の検索条件

検索ワード	（福島 AND 原発避難）OR （福島 AND 震災避難）OR （福島 AND 自主避難）OR （福島 AND 県外避難）OR （福島 AND 県外に避難）OR （福島 AND 県外への避難）OR （福島 AND 県外へ避難）OR （福島 AND 県外の避難）OR （福島 AND 県内に避難）OR （福島 AND 県内への避難）OR （福島 AND 県内へ避難）OR （福島 AND 県内の避難）OR （福島 AND 県内避難）OR ((福島からOR福島県から) AND 避難) NOT (防災計画OR避難計画ORシミュレーションOR訓練)
検索範囲	記事見出しならびに本文テキスト
対象紙	33紙（表6-1）

　地域における原子力発電所事故時の広域避難計画の一部として「原発避難」，「県外避難」といった言葉が用いられ，多くの記事となっている。だがこれは，本章の主眼である「福島県からの避難者」に関する記事とは関係がない。そのため，これらのワードを含む記事は関係がないと判断し，除外することとした。検索ワードや対象範囲，対象紙をまとめた結果が表6-2である。期間は，後述するアンケート調査との関係から，東日本大震災の発生した翌日である2011年3月12日から2013年5月31日までとし，これを期間1とした。その結果，1904件が分析対象となった。これらを期間1の「福島県からの避難者」に関する記事件数とし，地域ごとの平均記事件数を算出した，その値を地域ごとに順位化した。

　また，2011年3月12日から2017年2月28日までを期間2とした。その結果，4479件が分析対象となった。これらを期間2の「福島県からの避難者に関する記事件数」とし，地域ごとの平均記事件数を算出し，順位化した。

「福島県からの避難者」に関する実際の報道

　こうして，抽出された「福島県からの避難者」に関する記事がどのようなものかを簡単に紹介しておく。

　「福島県からの避難者」を最初に取り上げた地方紙は山形新聞であった。福島県から物理的な距離が近く，続々と避難者が押し寄せていたこともあろう。2011年3月14日の夕刊において，福島県から米沢市に13日以降で約40人が避難したことが確認された，とする記事が掲載された（『山形新聞』2011年3月14日夕刊，3面）。この記事を嚆矢として，各県の受入れ状況についての報道が多くの地方紙でなされた。

　その後，4月頃より福島県からそれぞれの地域への避難者に対するインタビュー記事が増加していった。例えば，山梨日日新聞では3月29日から1か月ほど，不定期で「伝えたい　東日本大震災避難者が語る」という特集を組み，山梨県に避難してきた人の心境を記事にしていた（『山梨日日新聞』2011年3月29日朝刊，1面）。このように，それぞれの地方紙は，それぞれの地方に避難してきた人の思いや生活などといった人々の心情や現状を記事としていた。こうして記事は地方紙によって数の差はあるが，対象期間の間，継続して記事がみられた。「福島県からの避難者」がそれぞれの地域に存在する限り，こうした記事は継続されると考えられる。

　また，それ以外にも「福島県からの避難者」に対する地元の人からの支援の様子なども報道されていた。例えば，長野県では避難者の要望を聞くための懇親会を開催し，その様子が地元紙である信濃毎日新聞で取り上げられ（『信濃毎日新聞』2011年11月21日朝刊，9面），岡山県の山陽新聞では避難者同士のネットワークグループが開催する，避難者同士の交流会の様子を取り上げるなど（『山陽新聞』2011年12月2日朝刊，27面），避難の長期化に伴い，多くの避難者同士の交流，避難者に対する支援の様子などが報道されるようになっていった。こうした話は特に2011年の年末にかけて増加した。このような記事は，「福島県からの避難者」とそれぞれの地域に関わるニュースとして，その地方紙のみでしか報じられない独自の記事の典型例である。

第6章　原子力発電所事故後の福島県産品に対する評価基準と地域メディア

記事数の多かった北海道と近畿地方の新聞報道の特徴

　また，記事数の多かった北海道ならびに近畿地方における新聞報道の特徴も概観しておく。

　まずは北海道，つまり北海道新聞においては，北海道への避難者に対するインタビュー記事だけではなく，避難者と結びつけられることの多い，賠償に関しても多かった。例えば，札幌市内で行われた原子力損害賠償紛争審査会が議論を行った場で，福島県からの区域外避難者が意見を述べた，という記事や（『北海道新聞』2011年10月21日朝刊，5面），北海道に避難した人による原子力損害賠償紛争解決センターへの裁判外紛争解決手続き（ADR）の申し立てに関する記事など（『北海道新聞』2012年8月3日夕刊，14面），北海道に避難をしている福島県民の賠償に関する報道が非常に多くみられた。

　震災から3年ほど経つと，徐々に報道量は低下する。そうしたなかで，避難生活の長期化に伴い，徐々に「故郷に帰れ（ら）ない避難者」という報道が目立つようになる。つまり，放射線に対する不安だけではなく，経済的理由や生活などの多様な理由から福島県に帰れず，または帰らないという選択をして北海道に残っている避難者が記事として取り上げられているのである。こうした記事は放射線に対する不安を強調するものではなく，「つながり求める思い切実」（『北海道新聞』2014年3月12日朝刊，28面）や移住から4年半が経過して，今では北海道が故郷だと話す人の記事など（『北海道新聞』2015年10月19日朝刊，30面），福島県から北海道への避難者の視点にたった報道が行われた。

　次に，神戸新聞は阪神・淡路大震災で被災した兵庫県神戸市に拠点を構える地方紙である。阪神・淡路大震災のとき，兵庫県外で避難生活を送った数が12万人前後いたことから，福島県からの避難者が「しばらく戻れない事態を想定して，長期の受け入れ態勢を整えるべき」とする識者のコメントを震災直後の3月17日の段階で紹介するなど（『神戸新聞』2011年3月17日朝刊，3面），阪神・淡路大震災の経験を元にした記事が特徴としてあった。

　また，同様に，近畿地方における地方紙である京都新聞は社会部報道部社会担当部長であった大西（2012）が，震災から1年を振り返ったときに，「被災地から相次いで避難してきた被災者の姿を丹念に記録する」という視点を重視

199

した報道を行い，また，避難者に寄り添った，生活を支える在り方を提言することを目標として掲げている。そして，「京都府に避難している福島県民」に着目している。実際，「新たな住民となった県外避難者の姿は，地域に根ざした地方紙が詳細に記録しなければ，後世に残らない」(『京都新聞』2013年4月1日朝刊，26面) として，2013年4月から「故郷はるか」という連載を行っている。

このように北海道新聞や京都新聞では，「一般的な」全国の視点ではなく「それぞれの地域に避難している福島県民」に着目しており，神戸新聞は阪神・淡路大震災の経験を踏まえた上での報道がなされるなど，それぞれの地方紙ならではの視点を示そうという姿勢がみられる。

「福島県産品」に関する新聞記事の分析手法

また，仮説に基づき，「福島県産品」に関する記事も検索し，地域ごとに平均量の順位を出すこととした。検索ワードは「福島県産」もしくは「福島産」と設定した。検索ワードは「福島産 OR 福島県産」，や対象範囲は「記事見出しならびに本文テキスト」，対象紙は33紙 (表6-1) である。

その結果，期間1は355件が分析対象となった。これらを期間1の「福島県産品」に関する記事件数とし，地域ごとの平均記事件数を算出し，順位化した。

期間2は789件が分析対象となった。これらを期間2の「福島県産品」に関する記事件数とし，地域ごとの平均記事件数を算出し，順位化した。

「福島県産品」に関する実際の報道

先と同様に，抽出された「福島県産品」に関する記事についても簡単に紹介しておく。

直後は福島県産の野菜を食べないことを求める摂取制限が，国から指示されたこと (『北国新聞』2011年3月23日夕刊，1面) を受け，各地域における福島県産品の取り扱いについて報道されていた (『山陰中央新報』2011年3月24日朝刊，23面)。こうした傾向はその後も続き，2011年7月には福島県南相馬市から出荷された牛肉から，放射性セシウムが検出された時にも各地方紙それぞれの地

域において，どれほど流通していたか，影響があったか，という点に主眼がおかれて報道がなされていた（『徳島新聞』2011年7月16日朝刊，1面）。

その後，放射線がほとんど検出限界値を下回っていたこともあり，各地方紙それぞれの地域における，福島県産品の販売会に関する報道がなされていたもの（『西日本新聞』2012年2月8日朝刊，29面）または福島県産品の輸入が緩和されたことが報道されていた（『南日本新聞』2015年11月27日朝刊，9面）。ただし，これらの記事件数は，多い地域でも1カ月に1件程度と全体的な数が少なく，地域差を見出すことが難しいものであった。

5 分析対象とする受け手議題と実社会の指標

次に，受け手議題として用いる調査とそのデータ化の手法ならびに，実社会の指標のデータ化について述べる。

福島県産を積極的に避けている人

「福島県産品を積極的に避けている人」の指標として，関谷（2017）のアンケート調査結果を用いた。その概要は以下の通りである。
① 2013年の風評被害に関する全国調査
・調査地域：各都道府県300票（合計1万4100票）
・調査対象：20～60代の男女個人
・調査方法：WEB調査
・調査時期：2013年5月
・有効回答数：1万4091票〔分析対象としたのは表6-1でグレー色の12都府県を除いた35道府県である〕
② 2017年の風評被害に関する全国調査
・調査地域：福島県300票，それ以外の各都道府県200票（合計9500票）
・調査対象：20～60代の男女個人
・調査方法：WEB調査
・調査時期：2017年2月

・有効回答数：9489票〔分析対象としたのは表6-1でグレー色の12都府県を除いた35道府県である〕

　これらの調査は福島県に対する風評被害のイメージや状況を全国的に把握する目的で行われたものである。なお，2013年と2017年に全都道府県を対象として実施されているが，パネル調査ではない。本章第4節で述べた通り，この調査の実施時期に合わせて，2011年3月12日から2013年5月31日までを期間1，2011年3月12日から2017年2月28日までを期間2として期間を定めた。この調査では，福島県産品に関するものとして「普段たべる食品，福島県産についてお伺いします」という設問がある。この回答項目として「積極的に福島県産を選んで購入している」，「特に産地を気にして購入することはない」，「積極的に福島県産は避けている」がある。ここで「積極的に福島県産は避けている」を選んだ人を「福島県産品を積極的に避けている人」とした。

　この2013年と2017年の結果を元に，「福島県産品を積極的に避けている人」の割合の変化を求めると，北海道，近畿地方では他地域と比較して下がっておらず，かつ他地域と比較して，高い割合であったことが確認された（図6-4）。

　この2013年5月の調査結果を期間1の「福島県産品を積極的に避けている人」とし，地域ごとの平均値を算出し，順位化した。2017年2月の調査結果を期間2の「福島県産品を積極的に避けている人」とし，地域ごとの平均値を算出し，順位化した。

福島県からの避難者に対する意識

　次に福島県からの避難者に対する意識指標として，同様に関谷（2017）のアンケート調査結果を用いた。この調査では「みんな県外避難させるべきだと思う」という設問がある。ここで「あてはまる」「ややあてはまる」を選んだ人を「福島県から皆を県外避難させるべきと考える人」とした。上記より，2013年5月の調査結果を期間1の「福島県から皆を県外避難させるべきと考える人」とし，地域ごとの平均値を算出し，順位化した。2017年2月の調査結果を期間2の「福島県から皆を県外避難させるべきと考える人」とし，地域ごとの平均値を算出し，順位化した。

第❻章　原子力発電所事故後の福島県産品に対する評価基準と地域メディア

図6-4　2013年と2017年の福島県産品を積極的に避けている人の割合の変化

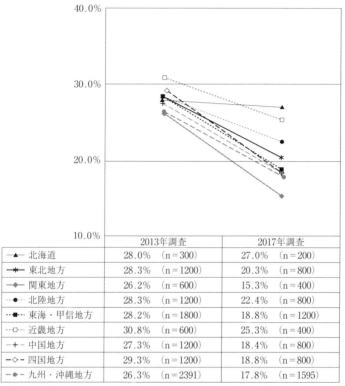

	2013年調査	2017年調査
北海道	28.0%　(n=300)	27.0%　(n=200)
東北地方	28.3%　(n=1200)	20.3%　(n=800)
関東地方	26.2%　(n=600)	15.3%　(n=400)
北陸地方	28.3%　(n=1200)	22.4%　(n=800)
東海・甲信地方	28.2%　(n=1800)	18.8%　(n=1200)
近畿地方	30.8%　(n=600)	25.3%　(n=400)
中国地方	27.3%　(n=1200)	18.4%　(n=800)
四国地方	29.3%　(n=1200)	18.8%　(n=800)
九州・沖縄地方	26.3%　(n=2391)	17.8%　(n=1595)

注：都道府県の地方区分は表6-1の通りであり，グレー色の12都府県は除外している。
　　図中のカッコ内はそれぞれの地域の有効回答数である。

　また，「福島県からの避難者」を扱うことから，福島県からの避難者の数を実世界の指標として算出する。ここでは福島県が公表している，「県外への避難状況の推移」を用いた。このデータは復興庁からの情報提供を元に，月に一回更新されるものである。
　上記の手続きを踏まえて，2013年6月6日時点の福島県から県外への避難者数のデータを期間1の「福島県からの避難者数」とし，地域ごとの平均値を算出し，順位化した。また2017年3月13日時点の福島県から県外への避難者数のデータを期間2の「福島県からの避難者数」とし，地域ごとの平均値を算出し，

順位化した。

6　福島県からの避難者と福島県産品の関係についての分析結果

ここまで述べた通り，対象とするデータは，以下の5つである。
① 「福島県からの避難者に関する記事件数」
② 「福島県産品に関する記事件数」
③ 「福島県産品を積極的に避けている人」
④ 「福島県から皆を県外避難させるべきと考える人」
⑤ 「福島県からの避難者数」
　これら5つのデータを，アンケート調査が実施された2013年5月まで（期間1）と2017年2月まで（期間2）の2回の段階に分けて収集した。これらの結果ならびに順位化を集約したものが表6-3ならびに表6-4である。

結　果

　2013年5月まで（期間1）の結果は，「福島県産品を積極的に避けている人の割合の平均」は近畿地方が1位で，「福島県からの避難者に関する記事件数の平均」ならびに「福島県産品に関する記事件数の平均」は北海道が1位であったことが明らかとなった。「福島県からの避難者数の平均」は東北地方が最も高く，福島県からの物理的距離が近いほどに順位が高いという結果になっている（表6-3）。

　2017年2月まで（期間2）の結果は，「福島県産品を積極的に避けている人の割合の平均」と「福島県からの避難者に関する記事件数の平均」はいずれも北海道，近畿地方の順に高かった。一方で，中国・四国・九州地方といった西日本はいずれの順位も低かった（表6-4）。

　次に2013年5月まで（期間1）の順位相関をみると「福島県からの避難者に関する記事件数の平均」と「福島県産品に関する記事件数の平均」ならびに「福島県からの避難者に関する記事件数の平均」と「福島県からの避難者数の平均」の間は，スピアマンの順位相関係数がそれぞれ0.833と0.700と強い相関

第6章　原子力発電所事故後の福島県産品に対する評価基準と地域メディア

表6-3　2013年5月（期間1）までの地域別の順位

地域分類	福島県からの避難者に関する記事件数の平均（件）	福島県産品に関する記事件数の平均（件）	福島県産品を積極的に避けている人の割合の平均(%)	福島県から皆を県外避難させるべきと考える人の割合の平均（%）	福島県からの避難者数の平均（人）
北海道	141.0（1位）	29.0（1位）	28.0（6位） n=300	75.0（1位） n=300	1756.0（3位）
東北地方	85.5（3位）	16.0（3位）	28.3（3位） n=1200	61.8（7位） n=1200	2612.0（1位）
関東地方	65.0（6位）	8.0（7位）	26.2（9位） n=600	64.1（6位） n=600	2258.0（2位）
北陸地方	80.0（4位）	11.0（4位）	28.3（3位） n=1200	61.5（9位） n=1200	1451.3（4位）
東海・甲信地方	74.7（5位）	20.7（2位）	28.2（5位） n=1800	73.2（2位） n=1800	600.5（6位）
近畿地方	97.5（2位）	10.5（5位）	30.8（1位） n=600	69.8（3位） n=600	621.5（5位）
中国地方	52.0（7位）	9.5（4位）	27.3（7位） n=1200	61.6（8位） n=1200	212.5（8位）
四国地方	18.8（9位）	5.5（9位）	29.3（2位） n=1200	66.8（4位） n=1200	60.3（9位）
九州・沖縄地方	30.6（8位）	6.6（8位）	26.3（8位） n=2391	65.8（5位） n=2391	219.8（7位）

注：カッコ内は順位。

表6-4　2017年2月（期間2）までの地域別の順位

地域分類	福島県からの避難者に関する記事件数の平均（件）	福島県産品に関する記事件数の平均（件）	福島県産品を積極的に避けている人の割合の平均(%)	福島県から皆を県外避難させるべきと考える人の割合の平均（%）	福島県からの避難者数の平均（人）
北海道	303.0（1位）	53.0（1位）	27.0（1位） n=200	75.0（1位） n=200	1177.0（2位）
東北地方	161.5（5位）	31.3（3位）	20.3（4位） n=800	61.5（7位） n=800	942.3（3位）
関東地方	129.5（6位）	19.0（7位）	15.3（9位） n=400	61.5（7位） n=400	1849.5（1位）
北陸地方	183.0（4位）	21.8（5位）	22.4（3位） n=800	61.5（7位） n=800	883.8（4位）
東海・甲信地方	197.8（3位）	44.8（2位）	18.8（5位） n=1196	73.2（2位） n=1196	458.7（5位）
近畿地方	215.0（2位）	20.5（6位）	25.3（2位） n=400	70.5（3位） n=400	423.0（6位）
中国地方	125.0（7位）	23.8（4位）	18.4（7位） n=800	62.0（6位） n=800	150.0（8位）
四国地方	81.5（9位）	17.0（8位）	18.8（6位） n=798	66.8（4位） n=798	47.0（9位）
九州・沖縄地方	84.5（8位）	16.8（9位）	17.8（8位） n=1595	65.8（5位） n=1595	162.6（7位）

注：カッコ内は順位。

がみられ，いずれも5％以下の水準で有意であった。また，「福島県産品を積極的に避けている人の割合の平均」と有意に相関がみられる項目はなかった（図6-5）。

続いて，「福島県からの避難者に関する記事件数の平均」と「福島県産品に関する記事件数の平均」ならびに「福島県からの避難者に関する記事件数の平均」と「福島県産品を積極的に避けている人の割合の平均」の間は，スピアマンの順位相関係数がそれぞれ0.717と0.800と強い相関がみられ，いずれも5％以下の水準で有意であった（図6-6）。

また，「福島県からの避難者に関する記事件数」と「福島県から皆を県外避難させるべきと考える人の平均」ならびに「福島県産品に関する記事件数の平均」と「福島県から皆を県外避難させるべきと考える人の平均」の間には，有意な相関がみられなかった（スピアマンの順位相関係数はそれぞれ0.441ならびに0.322）。

分析結果のまとめ

これの分析結果を再度，以下にまとめる。

① 2013年5月までは「福島県からの避難者に関する記事件数の平均」と「福島県からの避難者数の平均」の間には5％以下の水準で有意な相関がみられたが，2017年2月になると，両者の間に有意な相関はみられなくなった。

② 2013年5月までは有意な相関はみられなかったが，2017年2月までの「福島県からの避難者に関する記事件数の平均」と「福島県産品を積極的に避けている人の割合の平均」の間には5％以下の水準で有意な相関がみられた。

③ 「福島県からの避難者に関する記事件数の平均」ならびに「福島県産品に関する記事件数の平均」と「福島県から皆を県外避難させるべきと考える人の平均」の間には，有意な相関がみられなかった。

これらから，本章第3節で設定した仮説1は支持され，「福島県からの避難者」に関する報道が，福島県産品を積極的に避ける行動に結びついていることが明らかになった。

ただし，それ以外の仮説2～4は，支持されなかった。「福島県産品」に関

第❻章　原子力発電所事故後の福島県産品に対する評価基準と地域メディア

図6-5　2013年5月まで（期間1）の順位相関の関係

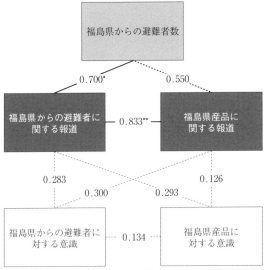

注：数値はスピアマンの順位相関係数．＊＊：p＜0.01，＊：p＜0.05。

図6-6　2017年2月まで（期間2）の順位相関の関係

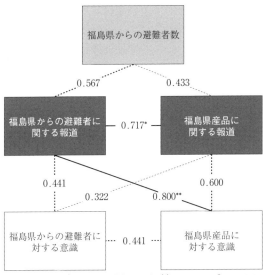

注：数値はスピアマンの順位相関係数．＊＊：p＜0.01，＊：p＜0.05。

する報道はそもそも，それぞれの地域においてほとんどみられなかった。多い地域でも1か月に1回記事があるかないか，であった。そのため，こうした「福島県産品」に関する報道が直接，福島県産品を積極的に避ける行動に影響を及ぼしているとは考えにくい（仮説2）。2017年2月までの順位相関（図6-6）をみると，相関がみられるが，むしろ，これは見せかけの相関と考えられる。つまり，「福島県からの避難者」に関する報道が多い地域では，本章第4節で述べたようにそれぞれの地域に避難している福島県民に寄り添った報道を意図した結果，他の地域より「福島県産品に関する記事」が増加した。一方で，先に述べた通り，「福島県からの避難者に関する記事件数の平均」と「福島県産品を積極的に避けている人の割合の平均」の間に有意な相関が生じたことで，この「福島県からの避難者に関する記事件数の平均」と「福島県産品に関する記事件数の平均」と「福島県産品を積極的に避けている人の割合の平均」の3者の関係が強くなった。その結果，「福島県産品」に関する報道と福島県産品を積極的に避ける行動の間に関係があるように見えたのであろう。

　また，「福島県からの避難者」に関する報道と「福島県から皆を県外避難させるべき」と考える人，ならびに「福島県産品」に関する報道と「福島県から皆を県外避難させるべき」と考える人の間には強い相関がみられず，仮説3ならびに仮説4は支持されなかった。

なぜ「福島県からの避難者」に関する報道が，福島県産品を積極的に避ける行動に結びついたのか

　これらの結果を元に，分析結果から明らかになったことは，2013年5月までは「福島県からの避難者」が多い地域において「福島県からの避難者」に関する記事が多かった。だが，時間の経過とともに両者の関係が弱くなり，今度は「福島県からの避難者」に関する記事が「福島県産品を積極的に避ける」行動に結びつくことが示された。最終的に，実世界の指標である，その地域への「福島県からの避難者数」よりも，その地域での「福島県からの避難者に関する記事件数」の方が「議題設定」において大きな意味を持っており，それが福島県に対する意識のあらわれとして福島県産への忌避と結びついていたといえ

る。ではなぜ，地方紙における「福島県からの避難者」に関する記事が「福島県産品」をめぐる問題に対する影響を及ぼすのか。

そこには時間的に先行する情報が，後続のある問題に対して影響を与えるとするプライミング効果が働いている可能性がある（Iyengar and Kinder 1987）。このプライミング効果とは「議題設定機能」仮説と関連する研究として，政治コミュニケーションの研治の研究において用いられることが多い。ニュースで強調された争点は人々の認知をあげるため，その政権を評価する基準として用いられる，というものである（竹下 1998）。

この知見を本研究にあてはめるならば，「福島県産品」を評価する基準として「福島県からの避難者」が用いられたということである。新聞報道などを通して，「福島県から避難している人」がまだいるということを認知することで，放射線の影響があり，福島がまだ復興していない，と認識し「福島県産品」への不安と結びつく。この知識の活性化・評価のメカニズムにまでは踏み込んでいないが，可能性としては考えられるであろう。実際に，そうした人が存在するかが問題ではない。社会的に，また無意識のうちに「なんとなく」評価の基準として用いられる可能性がある，という点が重要である。

福島県をめぐる報道に対する考察

さらに，今後の福島県をめぐる，地域メディアにおける報道の在り方について考察を加える。

全国紙の記事においては，「福島県からの避難者」は「福島県からどこかの地域への避難者」と表現される。だが，本章第4節にある通り，北海道や近畿地方の地方紙においては，「一般的な」全国の視点ではなく「それぞれの地域に避難している福島県民」に着目している。避難者に対する取材や賠償などの問題を通して，福島県からそれぞれの地域への避難者に能動的に寄り添おう，避難者の目線に立とうとする報道がなされていた。その結果，北海道と近畿地方では「福島県からの避難者」に関する報道量が増加したと考えられる。

他の地域の地方紙においても福島県を「我が事」としていないわけではないと考えられるが，福島県からの避難者に対する報道量からは，明確に北海道

（北海道新聞）と近畿の新聞（神戸新聞，京都新聞）は他の地域と異なっていた。これが，「福島県産品」を積極的に避ける人が減らないという，新聞社の意図せざる結果を生み出したのではないだろうか。放射線に対する不安を高めようと報道をしているわけではないが，結果として「福島県産品」に対する不安を高める（維持する）ことにつながってしまっていた。

　本章で明らかになったことは，「福島県から避難している人」の存在と「福島県産品」に対する不安は根底でつながっていた，という点である。「福島県産品」に対する不安を払しょくするような報道は，「福島県産品」に対する不安（安全かどうかは問題ではない）があるから避難しているなどの，帰りたくても帰れない避難者，または福島県に帰らないという選択をした避難者に対して，「現在，福島県に住むことに不安はないのになぜ福島県に帰らないのか」というメッセージを与えることになりかねない。それは福島県に対して不安を持つ避難者の目線を切り捨てることになりかねないため，「避難者に能動的に寄り添う」メディアがそうした報道をすることは難しかったであろう。一方で，先に述べたように「福島県から避難している人」の存在を取り上げる報道は，福島県がいまだに復興していないということを人々に印象づけ，結果的に「福島県産品」に対する不安に結びついてしまっていた。

　以上のように，本章では「福島県からの避難者」の存在と「福島県産品に対する不安」に焦点をあてた。福島県から避難している人々，帰還できない（しない）人々はまだ多く存在し，また福島県に対するいわゆる「風評被害」もなくならない。このことは原子力災害がまだ続いているということを明確に表している。そして，こうしたことは「福島」にはまだ不安が残っているという認知と結びつきやすい。原子力災害は終わっていない，「福島」は不安だという「福島県からの避難者」に対する報道姿勢と，原子力災害からの復興を強調し，「福島」が不安な状態ではなくなったにもかかわらず産業が回復しない，という課題は両者とも原子力災害が抱える大きな課題である。だが，両者は認知的に真逆の考え方であるため，相容れず，これらの課題があることを伝えることが極めて難しい。

　この2つの論点の関係性を整理し，両立する報道の在り方を模索すべきであ

る。そして，多くの人々が福島県のかかえる課題を正当に認識，理解する土壌を構築すること。それこそが，今後の福島県の復興における重要な課題であると考える。

　　＊本章は，『地域安全学会論文集』（No. 33：127-136）に掲載された「なぜ北海道と近畿地方において福島県産品に対する不安感が高いのか──地方紙による議題設定に着目して」に大幅に加筆修正を加えたものである。

注

⑴　風評被害に関する調査は，消費者庁などによって行われているが，都道府県ごとなどのような地域の比較を行った調査は他にはない。
⑵　この資料は，各新聞発行社会員が提出する，新聞社が販売した部数の報告に基づいて作成されたものである。発行部数とは異なるため，正確な総数を把握することが可能である。なお，沖縄県は主要 2 紙である沖縄タイムスならびに琉球新報が日本 ABC 協会の公査を受けていないため，新聞広告の折り込み部数表の数値を元に（日経西部ピーアール 2017），沖縄タイムスを一位とした。

引用・参考文献

Cantril, H., 1940, *The Invasion from Mars : A Study in the Psychology of Panic*, Princeton, NJ: Princeton University Press.（齋藤耕二・菊池章夫訳，1971，『火星からの侵入──パニックの社会心理学』川島書店.）
遠藤薫，2012，『メディアは大震災・原発事故をどう語ったか──報道・ネット・ドキュメンタリーを検証する』東京電機大学出版局.
復興庁，2017，「全国の避難者等の数」，（2018年11月24日取得，http://www.reconstruction.go.jp/topics/main-cat2/sub-cat2-1/20170328_hinansha.pdf）.
石巻日日新聞社，2011，『6 枚の壁新聞 石巻日日新聞・東日本大震災後 7 日間の記録』角川マガジンズ.
Iyengar, S. and M. R. Kinder, 1987, *News that matters : Television and American opinion*, Chicago, IL: The University of Chicago Press.
河北新報社，2011，『河北新報のいちばん長い日──震災下の地元紙』文藝春秋.
開沼博，2015，『はじめての福島学』イースト・プレス.
Katz, E. and F. Lazarsfeld, 1955, *Personal Influence : The Part Played by People in the Flow of Mass Communications*, New York, NY: The Free Press.（竹内郁郎訳，1965，『パーソナル・インフルエンス』培風館.）

神戸新聞社，1995，『神戸新聞の100日――阪神大震災，地域ジャーナリズムの戦い』プレジデント社．

神戸新聞社，2015，「地域パートナー宣言」，（2018年4月24日取得，https://www.kobe-np.co.jp/rentoku/partner/motto.shtml）．

小室広佐子，2002a，「議題設定もうひとつの潮流――単一争点長期アプローチ」『マス・コミュニケーション研究』60：92-107．

小室広佐子，2002b，「ダイオキシン報道の展開―議題設定理論：単一争点長期モデルによる事例研究」『東京大学社会情報研究所紀要』62：161-189．

Lazarsfeld, P. F., B. Berelson, and H. Gaudet, 1948, *The People's Choice : How the Voter Makes Up His Mind in a Presidential Campaign,* New York, NY: Columbia University Press.（時野谷浩他訳，1987，『ピープルズ・チョイス――アメリカ人と大統領選挙』芦書房．）

Mazur, A. C., 1981, *The dynamics of technical controversy,* Washington, D. C: Communications Press.

McCombs, M. and D. Shaw, 1972, "The Agenda-Setting Function of Mass Media," *Public Opinion Quarterly,* 36: 176-187.

日本ABC協会，2012，『特別資料 都道府県別部数表（2012年3月）』日本ABC協会．

日経西部ピーアール，2017，「沖縄県折込部数表」，（2018年4月25日取得，http://www.nikkei-spr.co.jp/advertising/price.html）．

Noelle-Neumann, E. and R. Mathes, 1987, "The 'Event as Event' and the 'Event as News': The Significance of 'Consonance' for Media Effects Research," *European Journal of Communication,* 2: 391-414.

沼田宗純・原綾香・目黒公郎，2013，「災害報道のunbalanceによる義援金とボランティアへの影響」『生産研究』65(2)：359-363．

大西祐資，2012，「命題の答え 探し続ける――被災地から離れた地にある地方紙として，」『新聞研究 2012年4月号』929：33-36．

Rogers, E. M., J. W. Dearing, and S. Chang, 1991, "Aids in the 1980s, The Agenda-Setting Process for a Public Issue," *Journalism Monographs,* 126: 1-45.

関谷直也，2016，「東京電力福島第一原子力発電所事故と『複層的復興』」『災害情報』14：17-26．

関谷直也，2017，東京電力福島第一原子力発電所における風評被害，消費者行動に関する経年比較研究／国際比較研究，第一回 福島大学・東京大学 原子力災害復興連携フォーラム，2017年12月5日，東京大学．

消費者庁，2018，「風評被害に関する消費者意識の実態調査（第11回）について～食品中の放射性物質等に関する意識調査（第11回）結果～」，（2018年8月21日取得，

https://www.caa.go.jp/disaster/earthquake/understanding_food_and_radiation/pdf/understanding_food_and_radiation_180307_0003.pdf).

高野明彦・吉見俊哉・三浦伸也，2012，『311情報学　メディアは何をどう伝えたか』岩波書店．

竹下俊郎，1998，『メディアの議題設定機能——マスコミ効果研究における理論と実証』学文社．

田村紀雄，1988，「全国紙・ブロック紙・県紙・コミュニティペーパー」稲葉三千男・新井直之編『新版 新聞学』日本評論社：222-231．

Trumbo, C., 1995, "Longitudinal Modeling of Public Issues: An Application of the Agenda-setting Process to the Issue of Global Warming," *Journalism & mass communication monographs*, 152: 1-57.

第7章
原子力災害法制の現状と課題

清水　晶紀

　本章では，前章までで明らかにしたふくしま原子力災害の経緯・現状を踏まえ，原子力災害に対する法制度上の対応について，その現状と課題を検討する。具体的には，まず，東京電力福島第一原子力発電所事故（以下，福島原発事故）があぶりだした原子力災害法制の問題点を分析する前提として，同事故以前の法制度について，その歴史的展開を含め概要を整理する。続いて，福島原発事故が浮き彫りにした原子力災害の実態をまとめた上で，事故当時の法制度の不備と事故後の立法・行政対応を明らかにする。その上で，最後に，現行法制度の問題点を指摘し，あるべき法制度に向けた制度設計を試みることとしたい。なお，原子力災害法制に広義には含まれる損害賠償法制については，次章で別途検討が予定されており，本章では検討を割愛する。

1　福島原発事故以前の原子力災害法制の概要

災害対策基本法と原子力災害対策

　福島原発事故以前の原子力災害法制は，1961年制定の災害対策基本法をその萌芽としている。同法は，1959年9月に発生した伊勢湾台風の災害を契機として整備されたものであり（防災行政研究会 2016：59），「国土並びに国民の生命，身体及び財産を災害から保護するため，…災害対策の基本を定めることにより，総合的かつ計画的な防災行政の整備及び推進を図り，もつて社会の秩序の維持と公共の福祉の確保に資すること」を目的として（第1条），原子力災害にも他の災害にも共通する災害対策の基本ルールを整備している。

　なお，同法は，その対象となる災害の定義について，「暴風，竜巻，豪雨，

豪雪，洪水，崖崩れ，土石流，高潮，地震，津波，噴火，地滑りその他の異常な自然現象又は大規模な火事若しくは爆発その他その及ぼす被害の程度においてこれらに類する政令で定める原因により生ずる被害」と規定しており（第2条第1号），そこに原子力災害の文言はみあたらない。とはいえ，1962年に制定された同法施行令第1条は，「放射性物質の大量放出，多数の者の遭難を伴う船舶の沈没その他の大規模な事故」を「政令で定める原因」として規定しており，原子力災害が同法の対象たる災害に該当することは明らかである。

災害対策基本法の原子力災害法制としての機能と限界

以下，災害対策基本法に基づく災害対策のうち，原子力災害対策としても機能する主要規定を整理しておこう。まず，同法は，災害発生前の段階で，地域防災計画の策定を都道府県や市町村に義務付けている（第40条，第42条）。地域防災計画は災害時の情報伝達や避難方法等のあり方についての計画であり，原子力発電所立地県及び立地地域の市町村は，原子力災害に関する地域防災計画を実際に策定している。

次に，同法は，災害発生時の応急対策として，「人の生命又は身体を災害から保護し，その他災害の拡大を防止するため特に必要があると認めるとき」に，住民や滞在者に対する避難勧告・指示権限を市町村長（市町村が壊滅状態のときには都道府県知事）に与えている（第60条第1項，第60条第6項）。また，「人の生命又は身体に対する危険を防止するため特に必要があると認めるとき」に，市町村長に，警戒区域の設定権限，災害応急対策従事者以外の当該区域への立入り制限・禁止権限，当該区域からの退去命令権限を与えている（第63条第1項）。この退去命令等に従わなかった者は，10万円以下の罰金刑に処せられるため（第116条第2項），市町村長は，警戒区域の設定という形をとれば，住民に対して強制力を働かせる形で避難を命令することができることになる。その他，同法は，災害発生に備えた予防対策や災害発生後の復旧対策についても規定を置いているが，これらの対策に関する条文数はそれほど多くない。

では，同法は，原子力災害の特殊性を踏まえた規定を整備しているのだろうか。この点，同法はあくまで災害対策の基本法であり，原子力災害対策につい

ても，自然災害対策と同列に扱ってきた。もちろん，1979年のアメリカ・スリーマイル島原発事故や，1986年の旧ソ連・チェルノブイリ原発事故等，原子力災害対策が強化される契機はあった。しかしながら，スリーマイル島原発事故後の対策強化は，後述の通り事実上の措置として実施されたものであったし，チェルノブイリ原発事故に至っては，日本とは異なる原子炉安全設計が原因であったとの総括の下，対策強化は実施されなかった（小澤 2018a：104）。その意味では，1999年に原子力災害対策特別措置法が制定されるまで，原子力災害の特殊性を踏まえた法制度は存在しなかったといえよう。

原子力災害対策特別措置法の制定とその特徴

　原子力災害対策特別措置法が制定された契機は，1999年に発生した東海村JCO臨界事故にある。同事故においてサイト外への放射能漏れが現実となったことで，日本においても原子力災害の特殊性を踏まえた災害対策の必要性が具体的に認識され，災害対策基本法の特別法として原子力災害対策特別措置法が整備されるに至ったわけである（JCO臨界事故総合評価会議 2000：160）。

　同法は，「原子力災害の特殊性にかんがみ…原子力災害に対する対策の強化を図り，もって原子力災害から国民の生命，身体及び財産を保護すること」を目的としており（第1条），原子力災害の特殊性に鑑みて災害対策基本法を補強するべく，各種の規定を整備している。具体的には，原子力緊急事態が発生したと認めるときは，経済産業大臣が直ちに内閣総理大臣に必要な情報を報告し，国民に対する原子力緊急事態宣言の公示案と，緊急事態応急対策を実施すべき市町村・都道府県に対する指示案を提出しなければならない（第15条第1項）[1]。その後，内閣総理大臣は，直ちに，緊急事態応急対策を実施すべき区域，緊急事態の概要，区域内滞在者への周知事項を公示する（原子力緊急事態宣言）（第15条第2項）。その上で，内閣総理大臣は，直ちに，緊急事態応急対策を実施すべき区域の市町村長・都道府県知事に対し，災害対策基本法第60条第1項に基づく避難勧告・指示を行うべきこと等の指示を行う（第15条第3項）。最後に，内閣総理大臣は，原子力緊急事態宣言後，閣議決定により原子力災害対策本部を内閣府に設置し（第16条第1項），本部長の職務につく（第17条第1項）

とともに,「緊急事態応急対策等を的確かつ迅速に実施するため特に必要があるとき」には,原子力災害対策本部長として,関係行政機関や原子力事業者に必要な指示をする（第20条第3項）。[2]

　結局,原子力災害対策特別措置法は,原子力災害の特殊性を踏まえて内閣総理大臣に権限を集中させ,そのイニシアチブの下で災害対策を実施するしくみを整備しているということができよう（高橋 2000：34）。ただし,住民に対する指示は,内閣総理大臣の指示を受けた市町村長・都道府県知事が災害対策基本法に基づいて行うこととなっており,住民に対する直接の指示権限が内閣総理大臣に与えられているわけではない。あくまで,内閣総理大臣の各種指示権限が市町村長・都道府県知事・原子力事業者に向けられたものであるということには,注意する必要があろう（清水 2014：58）。

福島原発事故以前の原子力災害法制の限界

　以上の整理からも明らかな通り,福島原発事故以前の原子力災害法制は,災害発生前段階での地域防災計画の策定と,災害発生時の緊急事態応急対策としての避難を中心に組み立てられてきた。ただし,原子力災害に関する地域防災計画を策定すべき地方自治体の範囲について,災害対策基本法にも原子力災害対策特別措置法にも規定がなかったという点には注目しておく必要がある。この点,スリーマイル島原発事故を受けて,原子力安全委員会が「原子力発電所周辺の防災対策について」と題する防災指針を1980年に策定しており（原子力安全委員会 1980）,同指針は,原子炉から半径8〜10 km 圏の地域を「防災対策を重点的に充実すべき地域の範囲（EPZ）」と指定して地域防災計画の策定を求めていたが,法令上同指針の策定義務は存在していなかった（小澤 2018a：103）。そのため,同指針の法的位置付けは明確ではなく,指針に基づく原子力災害対策は,あくまで事実上の措置でしかなかったというわけである。結局,災害対策基本法と原子力災害対策特別措置法は,避難指示に関する一連の規定を整備していたものの,その前提となる計画策定については,原子力災害の特殊性を踏まえた法整備を怠っていたといわざるを得ない。

　加えて,上記防災指針では,EPZ 圏外について地域防災計画の策定が不要

とされ,緊急事態応急対策の拠点となるオフサイトセンターの設置場所が原子炉から20km圏内とされている(原子力安全委員会 1980)。このように,福島原発事故以前の原子力災害対策は,事実上の措置を含めても,放射性物質の広範かつ長期にわたる拡散という意味での原子力災害の特殊性を想定してこなかったといってよい。その結果,避難指示以降の原子力災害対策については,そもそもその必要性すら認識されておらず,実際にも,法制度での対応は全く想定されていなかった。例えば,避難に伴う喫緊の対応として不可欠な被災者に対する住宅供給については,自然災害を想定した法制度としての災害救助法が整備されていたが,応急仮設住宅の供与期間は原則2年間とされており,原子力災害に伴う長期避難を前提とした規定が別途整備されているわけではなかった(二宮 2018:248-250)。また,原子力災害に特有な除染等の放射能汚染対策や,避難の長期化に伴って必要となるその他の被災者支援施策については,そもそも全く法制度が存在していなかった。結局,福島原発事故以前の原子力災害対策においては,原子力安全神話の影響もあって放射性物質の広範かつ長期にわたる拡散という事態は想定されておらず,緊急事態応急対策としての避難指示以降の対策については,自然災害を念頭に置いた法制度のマイナーチェンジで十分に対応可能と考えられていたと整理することができよう(小澤 2018b:100-101)。

2 福島原発事故に伴う原子力災害の実態と事故後の立法・行政対応

事故が浮き彫りにした「想定外」の原子力災害の実態

2011年の福島原発事故では,放射性物質の広範かつ長期にわたる拡散が現実のものとなり,それまでの原子力災害法制が想定していなかった事態が次々と発生した。福島原発事故に伴う原子力災害の特徴は,目に見えない放射性物質による広域の環境汚染とそれに伴う広域・長期避難にあるが,自然災害とは異なるそのような特徴が,原子力災害法制の不十分性を浮き彫りにしたわけである。

福島原発事故自体の事象は,3月11日に発生した東北地方太平洋沖地震とそ

れに端を発する津波に伴い引き起こされた全電源喪失事故であり，注水不可能という状況の中で，最終的に12日に原子炉が水蒸気爆発を起こし，大気中に大量の放射性物質が飛散するとともに，当時の風向きの影響で西方向に広範囲かつ長期に拡散することになったというものである（東京電力福島原子力発電所事故調査委員会 2012：24-25）。その後の経緯の詳細については本書の各章を参照いただきたいが，ここでは，本章の検討に必要な限りで，主要な点を列挙しておくことにしたい。

まず，広域の放射能汚染は，都道府県をもまたぐ広域的な避難を生み出した。具体的には，原子力災害法制の下で避難指示が出された区域の市町村においては，市町村単位で避難先市町村を確保しているが，その場合にも，埼玉県加須市へと避難した双葉町のように，県外への集団的避難が発生している。加えて，個人単位では，各自の判断で全国各地へと避難している。さらには，避難指示が出されていない地域の市町村からも，放射能汚染への不安や避難指示基準への不信から，全国各地へ避難を決断する住民が続出した。

次に，避難に際しての情報が錯綜し，計画的避難が画餅に帰す事態が発生した。すなわち，原子力災害法制の下では，本来，国・地方自治体・原子力事業者間で事故情報の伝達・共有が図られ，それに基づいて国から地方自治体，地方自治体から住民へと避難指示が出されるはずであったが，停電，電話回線の不調，道路陥没，オフサイトセンターの機能不全といった物理的要因や，原子力事業者による事故情報の矮小化，FAX確認不備をはじめとする国・地方自治体間の連絡ミスといったヒューマンエラーが重なり，避難に必要な情報が正確性を欠いてしまっていた。その結果，無秩序な避難が発生し，特定道路への避難車両の集中，放射線量が高い地域への避難者誘導，災害時要援護者の放置といった混乱の中で，無用な被害増幅が引き起こされることになった。

さらには，放射能汚染の長期化に伴い，様々な問題が顕在化した。第一に，長期避難の現実化による住宅や就業の問題，さらには，個人・家庭・地域の生活環境破壊の問題である。避難生活の終期を見通せない避難者にとっては，避難期間中の住宅や就業先の確保は喫緊の課題となるし，避難の長期化に伴い，個人の精神状態の悪化，家庭内の不和，地域コミュニティの消滅といった問題

が発生している。第二に，放射能汚染に伴う健康や福祉の問題である。避難者の場合には，初期被曝や避難生活に伴う心身不調の問題，避難指示が出されていない地域の居住者・帰還者の場合には，初期被曝やその後の低線量被曝，汚染地域での生活に伴う心身不調の問題が発生している。第三に，放射能汚染に伴う第一次産業の実害や風評被害の問題である。福島県ないし隣接県産品から放射性物質が検出され，その一部が出荷制限となったこともあり，市場に流通している福島県ないし隣接県産品に対しても，消費者の買い控え，価格下落が発生し，現在に至るまでその傾向は続いている。

事故後の立法・行政対応①　放射能汚染対策

以上のような事態に対して，福島原発事故当時の原子力災害法制はあまりにも脆弱であった。そこで，ここからは，事故当時の法制度の不備を踏まえ，事故後の立法・行政対応によって原子力災害法制にどのような変化がもたらされたのかを確認し，現在の原子力災害法制の到達点を整理していこう。

まず，放射能汚染そのものへの対策からみていくと，福島原発事故当時の法制度は，サイト外において汚染土壌が大量発生するという事態を想定していなかった。すなわち，事故当時の環境基本法第13条は，放射能汚染対策について「原子力基本法と関係法律による」と明記し，土壌汚染対策法や「廃棄物の処理及び清掃に関する法律（以下，廃棄物処理法）」といった環境法令の適用対象外としていたし，原子力法制で唯一放射能汚染対策について言及する原子力災害対策特別措置法も，第26条第1項第7号において緊急事態応急対策としての「放射性物質による汚染の除去」を関係行政機関が実施しなければならないと規定しているのみであり，サイト近辺の緊急除染を超えた一般的な除染を想定しているわけではなかった（大塚 2014：116-117）。そのため，福島原発事故後の放射能汚染対策は遅々として進まず，住民が自らの被曝と引き換えに自主的に除染作業をする光景があちらこちらでみられた（礒野 2018：279）。

この点に対する立法的手当てとしては，2011年8月に「平成23年3月11日に発生した東北地方太平洋沖地震に伴う原子力発電所の事故により放出された放射性物質による環境の汚染への対処に関する特別措置法（以下，放射性物質汚

染対処特別措置法）」が制定され，汚染土壌の除染や汚染廃棄物処理に関する規定が整備されるとともに，2012年6月に環境基本法第13条が廃止され，放射性物質汚染対処特別措置法を環境法制に位置付ける立法的整理がなされた。その結果，現行法制度の下では，行政主導の除染が放射性物質汚染対処特別措置法に基づき実施されることとなり，現在では，帰還困難区域を除き，同法に基づく面的除染は終了している（環境省 2019a；金子 2018：178-179）。

事故後の立法・行政対応②　事故直後の避難施策

次に，事故直後の避難をめぐる施策についてみていくと，福島原発事故当時の法制度の下で，3月11日中に内閣総理大臣が原子力緊急事態宣言を発しているが，EPZの圏域を超える放射能汚染の拡大，オフサイトセンターの機能不全，情報の錯綜等が重なり，内閣総理大臣も，都道府県知事も，市町村長も，被害の実情を的確に反映した避難指示を発出することができず，住民は適切な情報を共有することすらできなかった（清水 2014：69）。すなわち，原子力災害対策特別措置法に基づき内閣総理大臣が都道府県知事や市町村長に対し避難に係る指示を発し，災害対策基本法に基づき市町村長が住民に対して避難指示を発してはいるものの，その機能を担保するような情報共有・伝達体制や合理的避難計画の策定体制が法制度上整備されていなかったため，結果的に，避難指示区域外からの避難を含む無秩序な避難と，それに伴う不要な被曝が引き起こされてしまったわけである。

　この点に対する立法的手当てとしては，2012年に災害対策基本法が改正され，関係機関の情報共有に関する規定（第40条第3項，第42条第2項）が整備されるとともに，原子力災害対策特別措置法が改正され，原子力規制委員会による原子力災害対策指針の策定義務（第6条の2）や，地方自治体による同指針に基づく地域防災計画策定義務（第28条）が新たに規定された。その結果，それまで事実上の措置として運用されていた防災指針が，原子力災害対策指針という名称で法的に位置付けられることになり，福島原発事故を踏まえて，情報共有・伝達体制や避難方法に関わる指針が再整備されたわけである（原子力規制委員会 2018）。とりわけ，事故発生時の対応の円滑な実施を確保するために同

指針が原子力災害対策の重点区域を再編したこと，すなわち，原子炉から半径5km圏の地域を「予防的防護措置を準備する区域（PAZ）」，半径30km圏の地域を「緊急防護措置を準備する区域（UPZ）」とした上で，後者の地域の地方自治体についても避難計画を含む地域防災計画の策定を義務付けたことは，福島原発事故を踏まえた行政的手当てとして重要といえよう（小澤 2018b：102）。その結果，現在では，原子炉から30km圏の21道府県135市町村で，避難計画の策定が急ピッチで進められている（安倍 2017：171）。

事故後の立法・行政対応③　避難指示以降の被災者支援施策

　最後に，避難指示以降の被災者支援をめぐる施策をみていくと，福島原発事故当時の法制度は，放射能汚染の長期化やそれに伴う避難の長期化という事態を全く想定していなかった。すなわち，避難者については，避難元が避難指示区域の中であれ外であれ，避難の長期化に伴い住宅・就業・教育・健康・福祉等の問題に直面することになるが，これらの問題に対処するための法制度が，全く存在していなかった。また，避難指示区域外の放射能汚染地域で生活を継続することを選択した被災者についても，同地域での生活に伴う健康不安等の問題に対処するための法制度は存在していなかった。これらの問題については，事故直後から各種の予算措置に基づく被災者支援施策が実施されてきたが（藤原・除本 2018：266-272），各被災者にとって公平かつ十分な施策実施が法制度上担保されているわけではなかったというわけである。その結果，例えば，避難者については，その避難元が避難指示区域の中か外かによって支援内容に差異が生じる危険性が，事故当初から指摘されていた（河﨑 2012：8）。

　この点に対する立法的手当てとしては，なによりも，基本法として，2012年6月に「東京電力原子力事故により被災した子どもをはじめとする住民等の生活を守り支えるための被災者の生活支援等に関する施策の推進に関する法律（以下，原発事故子ども・被災者支援法）」が制定されたことが重要である。[4] 同法は，避難指示区域からの避難者に加え，一定基準以上の放射線量が測定される地域の居住者，同地域からの避難者，同地域への帰還者を等しく支援対象とするとともに，居住・避難・帰還の選択権の保障や，具体的施策としての除染，

居住者への健康管理支援，避難者や帰還者への住宅確保・就業支援等を国に義務付けている。同法によって，はじめて，公平かつ十分な被災者支援施策を法制度上担保するための根拠規定が整備されたといえよう。その結果，現在では，同法の下で政府が策定した「基本方針」に基づいて，被災者支援施策が展開されている（復興庁 2019）。

その他，個別法レベルでは，避難の長期化に伴う行政サービスの低下対策につき，2011年8月に「東日本大震災における原子力発電所の事故による災害に対処するための避難住民に係る事務処理の特例及び住所移転者に係る措置に関する法律（以下，原発避難者特例法）」が制定され，避難先地方自治体での行政サービス提供措置が取られることとなった。また，行政的手当てとしては，避難の長期化に伴う住宅確保対策として，災害救助法に基づく応急仮設住宅供与制度が柔軟に運用され，民間借り上げ住宅のみなし仮設住宅としての活用や，原則2年間とされる入居期間の延長が実施されている（森川・山川 2015：209-11）。さらには，第一次産業被害対策や長期避難に伴う生活環境破壊対策という点では，2012年3月に制定された福島復興再生特別措置法に基づく施策が，被災者支援施策の側面を有している。すなわち，同法に基づいて策定された産業復興再生計画，重点推進計画，避難解除等区域復興再生計画，特定復興再生拠点区域復興再生計画，企業立地促進計画により，帰還促進の方向で実施されている除染やインフラ整備，企業誘致は，帰還を望む被災者に対する支援施策と整理することも可能であろう（藤原・除本 2018：264-266）。

3 現行法制度の問題点と課題

以上，福島原発事故後に実施された立法的・行政的手当てを概観し，現在の原子力災害法制が，福島原発事故以前には想定外だった様々な問題に対応するべく整備されてきたことを確認してきた。しかし，現行法制度やその下での行政実務に対しても，現在，各種の問題点が指摘されている。そこで，ここからは，各法制度の趣旨やその上位法たる日本国憲法（以下，憲法ということがある）の趣旨を踏まえ，原子力災害対策行政の法的指針を導き出した上で，現行

法制度やその下での行政実務の問題点を整理分析し，現行法制度の課題と制度設計に向けた示唆を探ることにしよう。

原子力災害対策行政の法的指針
① 原子力災害対策の特徴とその法的基盤

原子力災害対策は，放射能汚染による健康リスクを低減することを究極目的として実施されるものであり，健康リスクを低減するには，放射能汚染地域の放射性物質を除去するか，放射能汚染地域から住民が避難するしかない。そのため，現行法制度は，人の生命・健康を保護するという観点から，「除染」と「避難」を原子力災害対策の車の両輪と位置付けた上で，放射能汚染の長期化やそれに伴う避難の長期化により発生する諸問題につき，被災者支援施策を逐次整備してきた。いうまでもなく，これらの原子力災害対策は，憲法上の生存権保障（第25条）や（生活に関わる）自己決定権保障（第13条）の一断面として国家の役割に観念されうるものであり（清水 2012：48），現行法制度は，行政主導で施策を実施することを想定している。

② 現行法制度の趣旨と憲法規定の趣旨への合致

以上の整理を踏まえ，現行法制度やその下での行政実務の問題点を検討する前提として，原子力災害対策行政の法的指針を概観していくと，まず，直接的には，各行政実務の根拠となる現行法制度の授権規定が法的指針となる。各授権規定が一定の原子力災害対策を義務付けていれば，それと異なる行政実務は違法となるというわけである。

とはいえ，実際には，後述する通り，現行法制度は各権限について広範な行政裁量の余地を認めており，行政実務の法的妥当性を検討するには，裁量判断を統制する法的指針を把握しておくことが重要になる。このときにクローズアップされるのが，現行法制度の趣旨目的規定と，その上位法たる憲法の規定である。各行政実務は，たとえそれが裁量判断に基づくものであるとしても，現行法制度の趣旨に合致している必要があるし，その上位法たる憲法の趣旨にも合致している必要があるということである。

この点，現行法制度は，いずれも「人の生命・健康保護」をその趣旨に含ん

であり，個人の自律的な生を保障している憲法第13条や健康で文化的な最低限度の生活を保障している憲法第25条からも同様の趣旨を汲み取ることができよう（清水 2014：67）。また，憲法第13条から導かれる比例原則や，憲法第14条から導かれる平等原則も，現行法制度は当然の前提としていると解される。すなわち，比例原則からは，被災者の権利自由の制限を必要最小限とすることが要請され，平等原則からは，合理的な理由のない限り各被災者を公平に取り扱うことが要請されよう。

③ 予防原則への合致

加えて，現行法制度には，予防原則（被害発生が科学的に不確実でもその恐れがある以上リスク低減策をとるという考え方）の採用趣旨を見出すことが可能である。というのも，原発事故子ども・被災者支援法が，「東京電力原子力事故により放出された放射性物質が広く拡散していること，当該放射性物質による放射線が人の健康に及ぼす危険について科学的に十分に解明されていないこと」を認めた上で，「被災者の不安の解消及び安定した生活の実現に寄与すること」を目的としているからである（第1条）。同法は，除染についての規定や避難指示についての規定をも含んでおり，このことを重視すれば，同法の採用する予防原則は，すべての原子力災害法制に共通する法原則と整理できることになろう。現在では，原子力災害法制における予防原則の採用が憲法第13条から当然に義務付けられるとする見解も有力であり（桑原 2013：56；清水 2013：272-3），同見解を前提とすれば，原発事故子ども・被災者支援法の目的規定の存在を前提としなくても，予防原則を原子力災害対策行政の法的指針と整理することができよう。

以上の検討を踏まえると，憲法や原子力災害法制の要請する原子力災害対策とは，具体的には，「各被災者の権利自由が最大限かつ公平に保障されることを前提に，最新の科学的知見に照らして日常生活に支障ないとされるレベルの放射線量の下で被災者の住民生活を実現すること」ということになろう。そこで，ここからは，このような原子力災害対策が行政実務に対して法的に要請されていることを前提に，現行法制度やその下での行政実務の問題点を検討することにしたい。

現行法制度の問題点①放射能汚染対策

① 除染プロセスの特徴

　放射能汚染対策についての問題点を把握する前提として，最初に，放射性物質汚染対処特別措置法に基づく除染のプロセスを確認しておこう。同法の下では，まず，内閣が，最新の科学的知見に基づき，福島原発事故由来の放射性物質に関する汚染対処の「基本方針」を決定することとなっている（第7条）。続いて，「基本方針」に基づき，環境大臣が除染特別地域（第25条）と汚染状況重点調査地域（第32条）を指定することとされている。両地域の指定基準については，同法に明文の規定が存在するわけではないが，同法を受けた環境省令に規定が置かれており，前者については避難指示のあった区域が，後者については追加被曝線量1 mSv／年以上の地域が指定要件となっている（汚染廃棄物対策地域の指定の要件等を定める省令第3条，第4条）。その上で，最終的に，除染特別地域については国が，汚染状況重点調査地域については地方自治体が，それぞれ除染実施計画を定め（第28条，第36条），同計画に基づいて除染を実施しなければならないとされている（第30条，第38条）。

　以上のような除染プロセスの特徴としては，福島原発事故由来の放射性物質に対象が限定されているという点，全段階で広範な行政裁量の余地が認められているという点を指摘することができる。このうち，前者の点は，放射性物質汚染対処特別措置法では今後の原子力災害に対処できないということを意味する。原子力災害法制の整備という観点からすれば，現行法制度が放射能汚染対策の一般法を欠いている状態を肯定的に評価することは難しい。今後の原子力災害において，先に抽出した原子力災害対策行政の法的指針に合致する放射能汚染対策を担保するためには，最低限，放射性物質汚染対処特別措置法を改正し，「福島原発事故由来」という対象の限定を外す必要があろう。これに対し，後者の点は，先に抽出した原子力災害対策行政の法的指針に合致した除染措置が法制度的に担保され，同指針に合致した行政実務が実際に展開されていれば，現行法制度を肯定的に評価することができる。放射能汚染対策は，低線量被曝による健康リスクが不確実な中で手探りで実施せざるを得ない施策であり，行政リソース（人員・予算）が有限な中で効果的に施策を実施するには，行政裁

量の余地をある程度許容せざるを得ないであろう（清水 2013：266)。そこで，以下では，現行法制度に基づく実際の行政実務の妥当性を，先に抽出した原子力災害対策行政の法的指針に照らして検討しよう。

② 「基本方針」をめぐる問題点

まず，放射性物質汚染対処特別措置法は，「基本方針」の策定時期について特に規律していない。この点，内閣は，法制定から3か月後の2011年11月に「基本方針」を策定しており（環境省 2011)，比較的迅速な対応をとったと評価できよう。とはいえ，住民の生命・健康保護や予防原則の観点からは，可能な限り速やかな「基本方針」の策定を法制度上担保することが望ましい。その意味では，立法論としては，日本法ではあまり見かけないが，「基本方針」の策定期限を法規定として整備しておくということも考えられよう。[5]

次に，放射性物質汚染対処特別措置法は，「基本方針」の具体的内容についても特に規律していない。この点，内閣は，「基本方針」において，除染対象地域を画する汚染状況重点調査地域の指定方針につき，追加被曝線量が1 mSv／年以上となる地域という基準を採用している（環境省 2011)。この基準は，「核原料物質，核燃料物質及び原子炉の規制に関する法律（以下，原子炉等規制法)」の下での平常時の一般公衆の線量限度と同一の数値であり[6]，住民の生命・健康保護や平等原則の観点からは，法的に妥当であろう。地域指定は，除染対象「候補」となる地域を確定する作業であり，1 mSv／年までの除染義務がこの段階で地方自治体に発生するわけではないことからすれば，1 mSv／年基準は決して過剰な放射能汚染対策というわけでもなく，予防原則の観点からも，「基本方針」の結論は当然の帰結であると解される（清水 2014：77)。ただし，実際の行政実務においては，当初，飲食等の日常生活が禁じられる放射線管理区域の設定基準を参考に5 mSv／年を基準とする案と[7]，平常時の一般公衆の線量限度を参考に1 mSv／年を基準とする案が対立していた（大塚 2014：122-123)。その意味では，先に抽出した原子力災害対策行政の法的指針に合致する放射能汚染対策を担保するために，立法論としては，除染対象地域の指定にあたり平常時の一般公衆の線量限度を参考にするという旨の法規定を定めておくことが望ましいといえよう。

③　除染の具体的内容をめぐる問題点

　また，放射性物質汚染対処特別措置法は，除染実施計画の具体的内容についても特に規律していない。その結果，国や地方自治体は，除染実施計画において自らの裁量判断で具体的な除染範囲や除染時期を決定している。例えば，多くの地方自治体は，字や街区といった区域単位の線量平均値を踏まえて除染実施区域を確定しており，いわゆるホットスポットと呼ばれる高線量地点や，一度除染が完了した区域における高線量地点の再除染を除染対象から外している（清水 2014：77）。しかしながら，高線量地点に居住している住民がいる以上，住民の生命・健康保護の観点からは，「地点」と「区域」を区別する合理性はない。飲食等の日常生活が禁じられる放射線管理区域との公平取り扱いという観点からは，少なくとも，放射線管理区域を上回る追加被曝線量を計測する地点を除染対象から外すことは，平等原則に反するともいえよう。この点に関する立法論としては，放射線管理区域を上回る追加被曝線量を計測する地点を除染の対象とする旨の法規定を定めておくことが望ましい。

　最後に，放射性物質汚染対処特別措置法は，除染の結果発生する除去土壌の処理方法についても特に規律していない。その結果，除去土壌を最終的にどのように処理するかについては，現在でも確定していない。この点，国や地方自治体は，除染開始当初は，市町村や地域単位で仮置場を設置して汚染土壌を保管していたが，その後，国は，福島県内で発生する除去土壌について，双葉町・大熊町に建設される中間貯蔵施設で保管するという方針を策定した上で，中間貯蔵事業を担う特殊会社の根拠法である中間貯蔵・環境安全事業株式会社法において，中間貯蔵開始後30年以内に県外で最終処分を完了する旨を明記した（礒野 2018：287-288）[8]。ところが，現実には，国は，追加被曝線量が1mSv／年を超えないような管理体制を担保できる公共事業等に限定し，覆土等の遮蔽措置を講じるとしつつも，南相馬市小高区や飯舘村長泥地区で，除去土壌を直接搬入して実証実験を進めている（礒野 2018：291-292）。これは，最終処分量の低減に向けて中間貯蔵後の除去土壌を再生利用するという国の方針（環境省 2019b）に基づくものであるが，除去土壌を直接搬入しての再生利用は，放射能汚染の拡散や生活環境への固定を招きかねないという意味で，住民の生

命・健康保護の観点からは，妥当とはいい難い。立法論的には，除去土壌をすべて一旦中間貯蔵施設へ搬入する旨の法規定と，再生利用については平常時の一般公衆の線量限度を踏まえて実施する旨の法規定を整備することが望ましいといえよう。

現行法制度の問題点②事故直後の避難施策
① 避難プロセスの特徴

事故直後の避難施策については，既述の通り，福島原発事故当時に情報共有や情報伝達をめぐって多くの混乱が生じたことから，災害対策基本法や原子力災害対策特別措置法が改正され，情報共有体制については一定の法整備が実現した。とはいえ，災害時に情報混乱はつきものであり，事故直後には，住民の生命・健康保護のために，情報混乱の中で臨機応変に権限を行使することが，内閣総理大臣や都道府県知事，市町村長には求められる。そのため，災害対策基本法や原子力災害対策特別措置法は，一刻を争う緊急時に，住民の生命・健康保護のためにどのような避難指示を行うかについて，広範な行政裁量の余地を認めている。この点，放射能汚染対策の問題点を検討するに際しても指摘した通り，先に抽出した原子力災害対策行政の法的指針に合致した避難指示が法制度的に担保され，同指針に合致した行政実務が実際に展開されていれば，現行法制度を肯定的に評価することができる。そこで，以下では，現行法制度に基づく実際の行政実務の妥当性を，先に抽出した原子力災害対策行政の法的指針に照らして検討しよう。

② 避難計画をめぐる問題点

まず，災害対策基本法や原子力災害対策特別措置法は，事故直後に避難施策を実施する前提として，原子力災害の発生前段階で地方自治体が地域防災計画を策定し，その中で避難計画を策定することとしているが，策定対象となる地方自治体の範囲や避難計画の策定時期，内容については特に規律していない。

このうち，策定対象となる地方自治体の範囲や避難計画の策定内容については，既述の通り，原子力規制委員会の策定した原子力災害対策指針が規律しており，UPZ（原子炉から半径30 km）圏の地方自治体に対し，指針の定める条件

を充足するような内容の避難計画の策定を義務付けるとともに，緊急時には迅速なモニタリングの実施により空間放射線量を把握すること，緊急事態の内容によっては数時間以内で避難を実施すべきこと，地方自治体間で広域調整を図ること，災害時要援護者に配慮すること等を定めている（原子力規制委員会 2018）。福島原発事故の被害を踏まえ，確率的影響のリスクを最小限に抑えるために UPZ が設定されたこと等を踏まえれば，以上のような原子力災害対策指針の内容は，住民の生命・健康保護や予防原則の観点からは，概ね妥当といえよう。ただし，現行法制度は，原子力災害対策指針自体の内容を規律しているわけではなく，先に抽出した原子力災害対策行政の法的指針への合致を法制度上担保することが望ましい。その意味では，立法論としては，原子力災害対策指針の策定にあたり，確率的影響のリスクを最小限に抑える旨の法規定を定めておくことが望ましいといえよう。

　また，避難計画の策定時期については，行政実務において，原子炉再稼働の前段階で，各地方自治体の避難計画の合理性を国の原子力防災会議が了承するという手続が履践されている。合理的な避難計画が策定されない限り原子炉を稼働しないという行政実務の対応は，住民の生命・健康保護の観点からは一定の評価が可能であろう。ただし，これはあくまで事実上の手続であり，法的には，避難計画が未策定のままであっても，原子炉の稼働は可能である（小池 2016：5-6）。その意味では，立法論としては，原子炉設置許可要件を定める原子炉等規制法の中で，合理的な避難計画の策定を原子炉設置許可要件とする旨の規定を定めておくことが望ましいといえよう（清水 2018：40-42）。

③　避難指示の要件をめぐる問題点

　次に，避難指示の要件についてであるが，原子力災害対策特別措置法第20条第2項の指示は「緊急事態応急対策等を的確かつ迅速に実施するため特に必要があると認める」場合に，災害対策基本法第60条第1項の避難指示は「人の生命又は身体を災害から保護し，その他災害の拡大を防止するため特に必要があると認める」場合に，同法第63条第1項の警戒区域設定は「人の生命又は身体に対する危険を防止するため特に必要があると認める」場合に，それぞれ発することができるとされており，要件充足判断について行政裁量が存在する。

この点，福島原発事故当時の行政実務は，初動段階では，明確な判断基準を提示することなく避難指示を発していたと指摘されている（東京電力福島原子力発電所事故調査委員会 2012：302）。すなわち，内閣総理大臣は，明確な理由付けもないまま，福島第一原発から半径3km，10km，20kmの地域の市町村長に次々と原子力災害対策特別措置法に基づく避難指示を発しており，市町村長は，その指示を受けて，または情報の断絶から独自に，住民に対して災害対策基本法に基づく避難指示を発していた。緊急時に内閣総理大臣が正確かつ十分な情報の下で権限を行使することは必ずしも容易ではなく，市町村長が独自の避難指示を発することは認められうるが（清水 2014：74-75），いずれにしても，住民の生命・健康保護の観点からは，要件充足の判断は原則として予測放射線量に基づくべきである。その意味では，福島原発事故当時の行政実務は，法的に妥当と評価するにはほど遠いといえよう[10]。

　これに対し，2011年4月22日の段階に至ると，内閣総理大臣は，予測放射線量が概ね20mSv／年を超える地域の市町村長に対し，原子力災害対策特別措置法に基づき警戒区域の設定等をするよう指示を発しており，この指示は，予測放射線量に基づく指示という点では法的に妥当であったと評価できる。ただし，20mSv／年という数値の妥当性については評価が分かれており，慎重な検討が必要である[11]。その意味では，立法論としては，避難指示要件の充足判断につき，最新の科学的知見を踏まえて予測放射線量に基づき行う旨の法規定を定めた上で，具体的な判断基準の数値については政省令レベルで規定し，科学的知見や技術の進展に応じて適時に改善していくことが有用であろう。なお，私見によれば，20mSv／年という数値は，国際放射線防護委員会（ICRP）の2007年勧告（ICRP Publication 103. Ann. ICRP 37（2-4））における緊急時被曝状況の参考レベルの下限の数値であり，かつ，復旧段階の一般公衆の線量限度の上限の数値でもあるため，避難指示を発すべき最新の科学的知見として一定の合理性を有する。そのことに鑑みれば，避難指示を発することが義務付けられる数値としては20mSv／年が，予防原則に照らし裁量的に避難指示を発することが許容される数値としては（飲食等の日常生活が禁じられる放射線管理区域の設定基準である）5.2mSv／年が，各々妥当であると思われる（清水 2014：69

第7章　原子力災害法制の現状と課題

-70)。

④　避難指示の具体的内容をめぐる問題点

最後に，避難指示の具体的内容についてであるが，災害対策基本法や原子力災害対策特別措置法は特に規律をしていない。その結果，福島原発事故当時の行政実務においては，情報の錯綜する中で，避難の経路や手段等の具体的内容について全く指示が出されなかったり，災害時要援護者への対応が担保されなかったりという事態が発生した（全国原子力発電所所在市町村協議会原子力災害検討ワーキンググループ　2012：59-62）。

この点，たしかに，緊急時においては臨機応変な対応が必要不可欠であるが，他方で，避難の経路や手段，災害時要援護者の支援方法を全く指示しないということでは，実効的な避難を担保できず，住民の生命・健康保護の観点からは妥当ではなかろう。立法論としては，避難先，避難経路，避難手段，災害時要援護者の支援方法等を事前に避難計画で定めておく旨の法規定を整備しておき，実際の避難指示発出時の裁量行使基準として同計画を活用すべきであろう。

なお，避難計画を踏まえた避難指示の内容充実は，住民の生命・健康保護の観点からは望ましいものの，それが住民に対する強制力を持つものだとすれば，住民の「避難する自由」「避難しない自由」を制約する可能性がある（松平　2012：122）。この点，災害対策基本法第63条第1項の警戒区域設定は住民に対する強制力を有する避難指示であるが，災害対策基本法第60条第1項の避難指示は，住民に対する実効性確保手段（罰則等）を整備しているわけではなく，実質的には行政指導にとどまる（大橋　2012：27-28）。加えて，原子力災害対策特別措置法第20条第2項に基づく内閣総理大臣の指示も，警戒区域設定とは異なり，住民に対する強制力を欠いた措置となっている。すなわち，住民に対する強制力の有無は，警戒区域設定の有無と連動しているわけであり，比例原則の観点からは，警戒区域設定を必要最小限の範囲・時期にとどめるべきことになろう。

そこで，実際の行政実務を確認してみると，2011年4月22日に至るまで警戒区域は設定されず，また，2013年8月には，避難指示区域の再編に合わせて警戒区域が解除されている[12]。すなわち，実際の行政実務は，1か月の期間をかけ

233

て警戒区域の範囲を慎重に限定し，放射線量の低下を踏まえた区域再編に合わせて警戒区域を解除したものであり，比例原則の観点からは法的に妥当と評価できよう。結局，警戒区域については，住民の生命・健康保護の観点を考慮に入れた慎重な検討を踏まえて，「必要最小限」の範囲・時期で設定することが肝要であり，立法論的には，慎重な検討を担保するべく，災害対策基本法第60条第1項に基づく避難指示区域内に限定して警戒区域の設定を認める旨の法規定を整備することが望ましいと思われる。

現行法制度の問題点③避難指示以降の被災者支援施策
①　原発事故子ども・被災者支援法の特徴

　避難指示以降の被災者支援施策についての問題点を把握する前提として，最初に，原発事故子ども・被災者支援法に基づく被災者支援の枠組みを確認しておこう。まず，同法は，福島原発事故の被災地のうち，「その地域における放射線量が政府による避難に係る指示が行われるべき基準を下回っているが一定の基準以上である地域」を支援対象地域と定義し（第8条），支援対象地域の居住者（第8条），同地域からの避難者（第9条），同地域への帰還者（第10条）を挙げて，避難指示区域からの避難者（第11条）とともに支援対象者としている。その上で，支援対象地域における居住・避難・帰還の選択権の保障を国に求めた上で（第2条第2項），具体的施策としての除染，居住者への健康管理支援，避難者や帰還者への住宅確保・就業支援等を国に義務付けている（第6～13条）。なお，支援対象地域の具体的範囲や支援施策の具体的内容については，政府が「基本方針」で定めることとしており（第5条），「いつ」「誰に」「どのような具体的施策を」実施しなければならないかについては，特に規定していない。

　以上の規定を踏まえると，原発事故子ども・被災者支援法の特徴としては，福島原発事故の被災者に対象を限定しているという点，居住・避難・帰還の選択権を支援対象地域の住民に認めているという点，支援対象地域の具体的範囲や支援施策の具体的内容について広範な行政裁量の余地を認めているという点を指摘することができる。このうち，第一の特徴は，原発事故子ども・被災者

支援法では今後の原子力災害に対処できないということを意味する。原子力災害法制の整備という観点からすれば、現行法制度が被災者支援施策の一般法を欠いている状態を肯定的に評価することは難しい。今後の原子力災害において、先に抽出した原子力災害対策行政の法的指針に合致する被災者支援施策を担保するためには、最低限、原発事故子ども・被災者支援法を改正し、「福島原発事故」という対象の限定を外す必要があろう。

他方で、第二の特徴については、住民の生命・健康保護や平等原則の観点からは、現行法制度を肯定的に評価できよう。支援対象地域が避難指示区域ではない以上、避難を望む住民には避難や将来的な帰還の支援を、居住を望む住民には除染や健康管理等の支援を公平に実施することが必要であり、この点は、裁量的行政実務の妥当性を法制度的に担保するための規定としても重要であろう。加えて、第三の特徴についても、先に抽出した原子力災害対策行政の法的指針や第二の特徴に合致した行政実務が実際に展開されていれば、現行法制度を肯定的に評価することができる。そこで、以下では、現行法制度に基づく実際の行政実務の妥当性を、先に抽出した原子力災害対策行政の法的指針や原発事故子ども・被災者支援法の第二の特徴に照らして検討していこう。

② 「基本方針」をめぐる問題点

まず、原発事故子ども・被災者支援法は、「基本方針」の策定時期について特に規律していない。この点、政府は、法制定から1年4か月後の2013年10月になって「基本方針」を策定しているが（復興庁 2013b）、既述の通り、放射性物質汚染対処特別措置法は、法制定後わずか3か月で「基本方針」を策定していた。「避難するか居住を続けるかの選択が可能な地域＝除染しなければ居住すべきではない地域＝除染対象地域」という理解を前提にすれば、両法のいずれもが、「避難するか居住を続けるかの選択権」を住民に保障するための施策を整備しているということができ（清水 2014：79）、両法の「基本方針」策定期間が大きく乖離している状態は、住民の生命・健康保護や予防原則の観点からも、平等原則の観点からも、法的に妥当とは評価し難い。立法論としては、既述の通り、「基本方針」の策定期限を法規定として整備しておくということが考えられる。

次に，原発事故子ども・被災者支援法は，「基本方針」の具体的内容についても特に規律していない。この点，政府は，「基本方針」において，福島県内33市町村（浜通り・中通り）を支援対象地域として指定した（復興庁 2013b）。この点も，1 mSv／年基準を採用してより広範囲の市町村を除染対象地域とする放射性物質汚染対処特別措置法との間でバランスが取れておらず，かつ，支援対象地域を33市町村に限定する理論的根拠が存在しないという意味で（福田・河﨑 2014：124-125），「基本方針」の策定時期に関する上記整理と同様，住民の生命・健康保護や予防原則の観点からも，平等原則の観点からも，法的に妥当とは評価し難い。その意味では，立法論としては，最新の科学的知見に基づき「基本方針」を策定する旨，支援対象地域の指定に際しては平常時の一般公衆の線量限度を参考にする旨を法規定に明文化することが望ましい。

③　被災者支援施策の具体的内容をめぐる問題点

　最後に，原発事故子ども・被災者支援法は，被災者支援施策の具体的内容についても特に規律していない。この点，政府は，「基本方針」の策定に先駆けて，2013年3月に「原子力災害による被災者支援施策パッケージ」を定めていた（復興庁 2013a）。「基本方針」は，同パッケージを基本としつつも，同パッケージの段階では十分に整備されていなかった避難者支援施策，定住支援施策を中心に，施策内容の拡充を図っている（復興庁 2013b；2015）。このような行政実務は，一見，妥当であると評価できそうであるが，「基本方針」の掲げる施策は依然として抽象度が高く，その結果，国や地方自治体は，自らの裁量判断で具体的な被災者支援施策を決定しているため，住民の生命・健康保護や予防原則の観点からも，平等原則の観点からも，妥当性を欠く行政実務の可能性を排除できていない。実際に，例えば，災害救助法に基づく応急仮設住宅の供与期間終了後の避難者の住宅確保については，避難先地方自治体によって支援施策が異なっており，避難者間で格差が生じていると指摘されている（二宮 2018：253）。この例を含め，避難指示解除後の長期的な被災者支援については，移住者・帰還者・避難継続者を問わず，「基本方針」レベルにおいても行政実務の妥当性を担保する手当てはなされていないに等しい。その意味では，立法論としては，避難指示解除後も長期的な被災者支援施策を実施する旨の法規定

を整備するとともに，先に抽出した原子力災害対策行政の法的指針や原発事故子ども・被災者支援法の第二の特徴に照らし，移住者・帰還者・避難継続者の各々について「基本方針」の内容充実を図ることが望ましいといえよう。

　加えて，原発事故子ども・被災者支援法の規律が弱いことから，個別法に基づく被災者支援施策についても，妥当性を欠く行政実務の可能性が指摘されている。例えば，原発避難者特例法に基づく行政サービスの提供については，13市町村以外からの避難者に対するサービス提供が努力義務にとどめられており，避難者間で格差が生じる危険性が指摘されている（日本学術会議東日本大震災復興支援委員会福島復興支援分科会 2014：15）。また，災害救助法に基づく応急仮設住宅の供与については，入居期間更新の打ち切りリスクが常に存在すること，住み替えが事実上制限されていること，避難先地方自治体によって支援施策が異なること等が指摘されている（二宮 2018：250）。さらには，福島復興再生特別措置法に基づく帰還促進施策については，その内容が公共事業による除染やインフラ整備のようなハード面の施策にほぼ限定されており，ソフト面の被災者支援施策は脆弱なものに過ぎないと指摘されている（藤原・除本 2018：276-277）。これらの指摘は，いずれも，先に抽出した原子力災害対策行政の法的指針や原発事故子ども・被災者支援法の第二の特徴に，行政実務が合致していないことを示唆するものである。そもそも，原子力災害に特化した個別法制度が十分に整備されているとはいい難く，とりわけ，原発事故子ども・被災者支援法が国に対して義務付けている健康管理支援・住宅確保・就業支援等の施策については，施策実施の法制度上の担保が喫緊の課題といえよう（森川・山川 2015：216，226）。その意味では，立法論としては，原子力災害に特化した個別法制度を整備充実させるとともに，先に抽出した原子力災害対策行政の法的指針や原発事故子ども・被災者支援法の第二の特徴を踏まえ，各法制度において施策実施基準を詳細化していくことが望ましい。

現行法制度の課題と制度設計に向けた示唆

　以上検討してきた通り，現行法制度の問題点は，大きく分けて，法制度そのものに由来する問題点と，法制度が認めている広範な行政裁量の不適切な行使

に由来する問題点に，二分することができる。このうち，前者の問題点については，問題点を解消するような法改正を実現することが望ましい。とりわけ，放射性物質汚染対処特別措置法，原子力災害対策特別措置法，原発事故子ども・被災者支援法については，それぞれ，放射能汚染対策，原子力災害応急対策，原子力災害復興対策の一般法として位置付け，その内容充実を図る必要があろう。

　これに対して，後者の問題点については，行政裁量の適切な行使を担保することができれば法改正の必要はない。しかしながら，現行法制度は，広範な行政裁量の余地を認めていることの裏返しとして，先に抽出した原子力災害対策行政の法的指針に合致する原子力災害対策を担保できておらず，その結果，妥当性を欠く行政実務の可能性を排除できていない。行政実務の妥当性を担保するためには，先に抽出した原子力災害対策行政の法的指針に沿う形で可能な限り実体法規定を充実させ，施策実施基準を詳細化することによって，行政裁量を立法的に統制していくことが重要といえよう。とりわけ，除染対象地域や支援対象地域の範囲，除染地点や避難指示要件の線量基準等については，迅速な対応が必要であったという意味で福島原発事故後に行政裁量に委ねる部分があったことは仕方ないとしても，熟議の上，先に抽出した原子力災害対策行政の法的指針に合致する形で法令に規定しておくことが望ましいといえよう（福田・河﨑 2016：41）。

　とはいえ，行政裁量に対する実体法的統制には限界もある。具体的な除染範囲・時期に関わる裁量判断，緊急時の避難指示内容に関わる裁量判断，被災者支援施策の具体的内容に関わる裁量判断等については，そもそも実体法的評価が困難な場合も多い。その限界を補完するには，手続法的裁量統制が有用である。例えば，被災者による施策策定・実施請求手続とそれに対する行政機関の応答義務の規定を整備することで，恣意的な行政実務を抑制するとともに，被災者の争訟の便宜を確保すること等が考えられる[13]。このような手続を立法化することにより，妥当性を欠く行政実務の可能性を大幅に低下させることができよう。

注

(1) なお,現行法上,内閣総理大臣に対する情報報告・指示案提出義務は,福島原発事故後に創設された原子力規制委員会の役割とされている。原子力規制委員会の組織的特徴については,高橋(2013)を参照。

(2) 同規定は,2012年の原子力災害対策特別措置法改正により,現行法においては第20条第2項となっている。

(3) 出荷制限の指示は,当初,放射能汚染食品が食品衛生法第6条第2号の販売等禁止食品となりうることを前提に,厚生労働省医薬食品局食品安全部長通知(食安発0317第3号)の定める暫定規制値を上回る食品につき,原子力災害対策特別措置法第20条第3項(当時)に基づく内閣総理大臣の都道府県知事に対する指示として発出された。そのため,同指示についても,後述の避難指示の要件・内容をめぐる問題点のように,指示をめぐる行政裁量の妥当性を担保する必要がある。なお,2012年4月以降は,上記暫定基準値に代わる基準値が,食品衛生法第11条第1項に基づく規格基準として設定されている。

(4) 同法は,被災者を中心とする市民運動を受け,超党派の議員立法として制定されている点でも特徴的である。同法の制定経緯については,青木(2013)を参照。また,同法のモデルになったといわれるチェルノブイリ法(チェルノブイリ原発事故後に制定されたソビエト連邦法)については,尾松(2013)を参照。

(5) この点,アメリカでは,議会が規則制定等のデッドライン(期限)を法定化することも多い。デッドラインを規定することの問題点も含め,アメリカにおける議論については,黒川(2004)を参照。

(6) 同基準は,具体的には,実用発電用原子炉の設置運転に関する規則の規定に基づく線量限度を定める告示第3条で定められている。同基準は,国際放射線防護委員会(ICRP)の2007年勧告(ICRP Publication 103. Ann. ICRP 37(2-4))における平常時の一般公衆の線量限度を踏まえたものであり,科学的にも合理性を有すると考えられよう。

(7) 同基準は,電離放射線障害防止規則第3条第1項第1号,第41条の2で,1.3 mSv／3月(=5.2 mSv／年)と定められている。

(8) なお,福島県外で発生する除去土壌については,現在も各地方自治体の仮置場で除去土壌を保管している状況であり,最終処分の方向性は確定していない。

(9) ただし,上岡(2014)によれば,日本で「数時間以内」基準を充足できる原発は存在しない。

(10) 東京電力福島原子力発電所事故調査委員会(2012)によれば,SPEEDI等をめぐる情報伝達の不備もあり,事故直後に予測放射線量に基づく判断をした行政機関は皆無であった。

⑾　同様の問題は，避難指示の解除をめぐっても生じうる。避難指示解除をめぐる経緯については，大島（2014）を参照。
⑿　それまで，避難指示区域としては，警戒区域の他に，原子力災害対策特別措置法第20条第2項に基づく指示として「計画的避難区域」「緊急時避難準備区域」が設定されていたが，同規定に基づく指示により再編され，追加被曝線量が20 mSv／年を超える恐れがあるか否かという観点から「帰還困難区域」「居住制限区域」「避難指示解除準備区域」が設定された。
⒀　実際に，原発事故子ども・被災者支援法第14条は，施策の具体的内容に被災者の意見を反映することを国に義務付けており，本章の提案は，同規定の趣旨にも合致する。

引用・参考文献

安倍慶三，2017，「環境行政及び原子力規制行政等における諸課題」『立法と調査』353：164-171.
青木佳史，2013，「広域避難者支援の法的課題」『社会保障法』28：166-179.
防災行政研究会編，2016，『逐条解説　災害対策基本法〔第三次改訂版〕』ぎょうせい.
藤原遥・除本理史，2018，「福島復興政策を検証する――財政の特徴と住民帰還の現状」淡路剛久監修，吉村良一・下山憲治・大坂恵里・除本理史編『原発事故被害回復の法と政策』日本評論社，264-277.
復興庁，2013a，「原子力災害による被災者支援パッケージ」，復興庁ホームページ，（2019年1月31日取得，http://www.reconstruction.go.jp/topics/20130315_honbun.pdf）.
復興庁，2013b，「被災者生活支援等の推進に関する基本的な方針」，復興庁ホームページ，（2019年1月31日取得，http://www.reconstruction.go.jp/topics/main-cat2/20131011honbun.pdf）.
復興庁，2015，「被災者生活支援等の推進に関する基本的な方針」，復興庁ホームページ，（2019年1月31日取得，http://www.reconstruction.go.jp/topics/main-cat2/20150825honbun.pdf）.
復興庁，2019，「子ども被災者支援法関係」，復興庁ホームページ，（2019年1月31日取得，http://www.reconstruction.go.jp/topics/main-cat2/20140526155840.html）.
福田健治・河﨑健一郎，2014，「踏みにじられる『被ばくを避ける権利』――『原発事故子ども・被災者支援法』基本方針を問う」『世界』852：122-131.
福田健治・河﨑健一郎，2016，「原発事故と『避難の権利』」『法律時報』88(4)：39-45.
原子力安全委員会，1980，「原子力発電所等周辺の防災対策について」，文部科学省ホ

ームページ，(2019年1月31日取得，http://www.mext.go.jp/b_menu/hakusho/nc/t19800630001/t19800630001.html)．

原子力規制委員会，2018，「原子力災害対策指針」，原子力規制委員会ホームページ，(2019年1月31日取得，http://www.nsr.go.jp/data/000024441.pdf)．

礒野弥生，2018，「原発被害収束政策としての除染」淡路剛久監修，吉村良一・下山憲治・大坂恵里・除本理史編『原発事故被害回復の法と政策』日本評論社，278-294．

JCO臨界事故総合評価会議，2000，『JCO臨界事故と日本の原子力行政――安全政策への提言』七つ森書館．

上岡直見，2014，『原発避難計画の検証――このままでは，住民の安全は保障できない』合同出版．

金子和裕，2018，「平成30年環境行政・原子力規制行政の主な課題について――パリ協定の実施，廃炉と福島の復興，原発の適合性審査」『立法と調査』396：169-188．

環境省，2011，「平成23年3月11日に発生した東北地方太平洋沖地震に伴う原子力発電所の事故により放出された放射性物質による環境の汚染への対処に関する特別措置法基本方針」，環境省ホームページ，(2019年1月31日取得，http://www.env.go.jp/jishin/rmp/attach/law_h23-110_basicpolicy.pdf)．

環境省，2019a，「除染情報サイト」，環境省ホームページ，(2019年1月31日取得，http://josen.env.go.jp/)．

環境省，2019b，「中間貯蔵施設情報サイト」，環境省ホームページ，(2019年1月31日取得，http://josen.env.go.jp/chukanchozou/)．

河﨑健一郎，2012，「政府の指示による避難と，そうではない避難」河﨑健一郎・菅波香織・竹田昌弘・福田健治『避難する権利，それぞれの選択――被曝の時代を生きる』岩波書店，4-8．

小池拓自，2016，「原発再稼働と地方自治体の課題――避難計画，安全協定，税財政措置」『調査と情報』911：1-13．

黒川哲志，2004，「規則制定の遅延とデッドライン」同『環境行政の法理と手法』成文堂，28-63．

桑原勇進，2013，「突発事故と緊急時対応」環境法政策学会編『原発事故の環境法への影響――その現状と課題』商事法務，56-66．

松平徳仁，2012，「そして悲劇は続く――『原子力緊急事態』・緊急権と避難」駒村圭吾・中島徹編『3・11で考える日本社会と国家の現在（別冊法学セミナー217号）』日本評論社，119-123．

森川清・山川幸生，2015，「原発事故被害者に対する支援政策の課題」除本理史・渡辺淑彦編『原発災害はなぜ不均等な復興をもたらすのか――福島事故から「人間の

復興」，地域再生へ』ミネルヴァ書房，206-226．
日本学術会議東日本大震災復興支援委員会福島復興支援分科会，2014，「東京電力福島第一原子力発電所事故による長期避難者の暮らしと住まいの再建に関する提言」，日本学術会議ホームページ，（2019年1月31日取得，http://www.scj.go.jp/ja/info/kohyo/pdf/kohyo-22-t140930-1.pdf）．
二宮淳悟，2018，「原発避難者の『住まい』と法制度──現状と課題」淡路剛久監修，吉村良一・下山憲治・大坂恵里・除本理史編『原発事故被害回復の法と政策』日本評論社，243-253．
大橋洋一，2012，「避難の法律学」『自治研究』88(8)：26-48．
尾松亮，2013，「『チェルノブイリ法』とは何か」同『3・11とチェルノブイリ法──再建への知恵を受け継ぐ』東洋書店，69-101．
大島健志，2014，「福島第一原発事故の避難指示解除の基準をめぐる経緯」『立法と調査』353：58-65．
大塚直，2014，「福島第1原発事故が環境法に与えた影響」『環境法研究』1：107-136．
小澤久仁男，2018a，「我が国における原子力災害対策について（上）」『法律時報』90(11)：101-106．
小澤久仁男，2018b，「我が国における原子力災害対策について（下）」『法律時報』90(12)：100-104．
清水晶紀，2012，「原発事故と国の除染義務」『環境と公害』41(4)：46-51．
清水晶紀，2013，「除染行政における裁量判断の枠組みとその法的統制」『公法研究』75：264-274．
清水晶紀，2014，「放射能汚染対策行政の法的構造とその課題」『行政社会論集』27(1)：53-85．
清水晶紀，2018，「原子力災害対策の観点を踏まえた原子力安全規制法制の再構成」『行政社会論集』30(4)：23-46．
高橋滋，2000，「原子炉等規制法の改正と原子力災害対策特別措置法の制定」『ジュリスト』1186：28-35．
高橋滋，2013，「原子力規制法制の現状と課題」高橋滋・大塚直編『震災・原発事故と環境法』民事法研究会，1-35．
東京電力福島原子力発電所事故調査委員会，2012，『国会事故調報告書』徳間書店．
全国原子力発電所所在市町村協議会原子力災害検討ワーキンググループ，2012，「福島第一原子力発電所事故による原子力災害被災自治体等調査結果」，全国原子力発電所所在市町村協議会ホームページ，（2019年1月31日取得，www.zengenkyo.org/houkokusyo/bousaihoukokusyo.pdf）．

第8章
賠償の問題点と被害者集団訴訟

除本 理史

　福島原子力発電所事故（以下，福島原発事故，または原発事故と表記）の発生から，およそ8年が経過した。政府はこれまで，除染やインフラ復旧・整備などの復興政策を進めてきたが，今も被害が収束したとはいえない。その一方で，賠償や支援策は打ち切られつつある。2017年春，帰還困難区域等を除いて避難指示が解除された。解除された地域では，2018年3月までで慰謝料の賠償が終了した。また，避難者に対する仮設住宅の提供も順次終了へ向かっている（第3章参照）。

　本章では，原発事故被害の全体像を明らかにする視点を提示するとともに，賠償と復興政策のあり方をどう改善していくべきかを考えたい。その際，注目すべきは，2017年以降，複数の判決が出されている被害者集団訴訟の取り組みである。提訴は北海道から九州まで20の地裁・支部に及び，原告数は1万2000人を超えた。[1]これらの訴訟は，国や東京電力（以下，東電）の責任を追及するとともに，深刻な被害実態を踏まえ，損害賠償や環境の原状回復を求めるものだ。また，原告本人の救済にとどまらず，復興政策のあり方を転換していくことも目標とされている。以下では，この取り組みに着目しつつ，原発事故賠償の問題点を検討したい。

1 原発事故賠償のしくみと問題点

事故被害の包括的・総体的把握

　福島原発事故による被害は，きわめて広い範囲に及び大規模である。この被害実態をどうとらえるべきか。被害を個別の項目に分解して市場価格で評価す

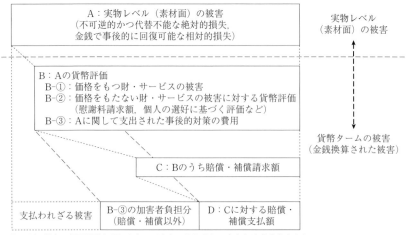

図8-1 原発事故の被害実態を明らかにするための基本的視角

注：1）概念の相互関係を示したものであり，それぞれの大きさは意味をもたない。
　　2）図中「B-①」「B-②」の被害が賠償請求され，被害者に支払われると，「B-③」の一部としてもあらわれる。
　　3）「B-③の加害者負担分（賠償・補償以外）」は，事後的対策を加害者自身が実施するなどして，その費用が賠償・補償請求されることなく，加害者負担に帰着している部分をさす。したがってこれは，Bの一部であるが，Dとは区別される。
出所：筆者作成（除本 2018a：29）。

る方式では，被害の総体を捕まえきれない。そこで，公害・環境問題に関する政治経済学の研究蓄積を踏まえつつ，原発事故被害を包括的・総体的に把握するための視点について述べる（除本 2018a：28-31）。

　まず，実物レベル（素材面）で各種の被害が生じていることが前提となる（図8-1のA）。今回の事故では，大量の放射性物質が大気や海に放出され，土壌を汚染した。その結果，食品の汚染を含む被曝への不安が，多くの人々に広がった。事故収束にあたる労働者の被曝も懸念され，2015年10月には福島第一原発で作業に従事したことのある元労働者が白血病で労災認定を受けたことも明らかになった。

　汚染や被曝の影響は，貨幣タームの被害（金銭換算された被害）としてもあらわれる（図8-1のB）。ここでは次の3点に着目すべきである。

　第一に，農林水産物など，価格を有する財・サービスの被害がある。損害額

第8章　賠償の問題点と被害者集団訴訟

の算定方法の問題はあるものの，これは貨幣評価が比較的容易な被害である（図8-1のB-①）。

　第二に，生命・健康，環境，コミュニティなど，通常は市場価格をもたないものも被害を受ける。しかし，これも貨幣評価が不可能というわけではない。例えば生命・健康被害であれば，慰謝料の賠償請求額などとして貨幣評価することが可能である（図8-1のB-②）。

　第三に，Aの被害が起きたことによって支出された事後的対策の費用（賠償・補償，被害修復・緩和に要する費用，対策実施のための行政費用など）として，貨幣タームの被害をとらえることもできる（図8-1のB-③）。

　なお，B-③には除染やインフラ復旧の費用が含まれるが，それらが被害回復にとってどれほど有効かが問題となる。この図では，被害回復に有効な部分のみを計上すべきであろう。

　以上のようにAの貨幣評価が可能であるが，AはBに完全に置き換えることはできず，一部はBのレベルでは捕捉されずに残る。それは，事後的に取り返しがつかない被害（不可逆的かつ代替不能な絶対的損失）があるからである。いったん放出された放射性物質は，どれほど費用をかけたとしても，完全に取り除くことは不可能である。生命・健康被害も絶対的損失であるが，治療費や慰謝料として金銭換算されることがある。しかし，生命・健康被害はそれによって完全に回復するわけではない。したがって，Bの捕捉範囲はAのすべてには及ばないと考えるべきである。

　図8-1のCとDは，Bのうち賠償・補償に関わる部分である。Cは，被害者から加害者への請求額だが，関連する法律などの制度上の制約から，Bのすべてが請求されるとは限らない。また，書類や手続が煩雑であるため，被害者が請求をあきらめてしまうということもありうる。Bの大きさを知るには，被害実態の調査研究が必要であるため，それが進まないうちは，Cが被害額として認識されることがある。

　最終的に，Cはその全額が賠償・補償されるわけではなく，訴訟などを通じて支払いが一部に限定されることが多い（図8-1のD）。訴訟の結果として補償・救済制度がつくられ，原告以外にも適用されれば，DはCより大きくな

るとも考えられるが（その場合でもBより大きくなることはない），ここでは一定の制度・対策を前提とし，Cに対する支払額としてDを考えている。

　被害全体のなかで加害者が負担していない部分を，図8-1では「支払われざる被害」（unpaid damage）と表記した。被害者サイドからしばしばスローガンとして掲げられる「完全救済」「完全賠償」とは，理論的にいえば，この「支払われざる被害」をできるだけ小さくすることだといってもよい。

賠償制度のしくみ

　では福島原発事故の場合，図8-1におけるAとDの乖離がどのように生じているのか。具体的な制度に即して検討しよう。

　原発事故の損害賠償は，「原子力損害の賠償に関する法律」（以下，原賠法）にしたがって行われる。原賠法は，原子力事業者（福島原発事故の場合は東電）が無過失責任を負うものとしている。これは，被害者の救済を図るため，故意・過失の立証を不要とするしくみである。この制度があるため，四大公害事件などとは異なって，訴訟が提起される前から東電の賠償がはじまったのである。

　東電による賠償額は，累計で8兆7000億円を超えた（2018年末までの合意額）。後述のように重大な問題をはらみつつも，この賠償が被害者の生活再建や被害回復に一定の役割を果たしてきたことは事実だ。しかし本章第3節でみるように，原賠法の定める無過失責任が，事故責任検証の「壁」になっていることも否定できない。

　原子力事業者が賠償すべき損害の範囲については，同法に基づいて，文部科学省に置かれる原子力損害賠償紛争審査会（以下，原賠審）が指針を出すことができる（図8-2）。2011年8月に中間指針がまとめられ，2013年12月までに第1～4次追補が策定されている（以下ではこれらを指針と総称する）。

　原賠審の指針は，東電が賠償すべき最低限の損害を示すガイドラインであり，明記されなかった損害がただちに賠償の範囲外になるわけではない。しかし，現実にはそれが賠償の中身を大きく規定している。

　東電は，原賠審の指針を受けて自ら賠償基準を定め，プレスリリースなどで

第8章 賠償の問題点と被害者集団訴訟

写真8-1　原子力損害賠償紛争審査会の会合の様子

出所：筆者撮影，2011年7月29日。

図8-2　直接請求のしくみ

```
┌──────────┐           ┌──────────┐
│ 文部科学省 │           │ 経済産業省 │
│          │           │資源エネルギー庁│
└────┬─────┘           └─────┬────┘
     │ 設置                   │ 指導・監督
     ▼                        ▼
┌──────────┐   反映    ┌──────────┐   賠償   ┌──────┐
│原子力損害賠償│ ───────▶ │ 東京電力 │ ──────▶ │被害者│
│紛争審査会  │           │          │          │      │
└──────────┘           └──────────┘          └──────┘
   指針の策定              賠償基準の策定
```

出所：筆者作成（除本 2013：16，一部加筆）。

247

公表する。中間指針が策定されて以降，東電は自らが作成した請求書書式による賠償を進めてきた。この書式にしたがい，被害者が直接，東電に賠償請求をする方式を直接請求と呼んでいる。直接請求方式では，加害者たる東電自身が，被害者の賠償請求を「査定」する。したがって，東電が認めた賠償額しか払われないが，支払いは早いので，他の手段（和解を仲介する原子力損害賠償紛争解決センターへの申し立てや訴訟の提起）と比べれば，直接請求は利用されることが最も多い請求方法ではある。

賠償制度の問題点

直接請求方式による賠償には，いくつかの重大な問題がある（除本 2013）。

まず第一に，指針の策定にあたり，当事者である被害者に対して，参加の機会が保障されていないことが挙げられる。原賠審では，東電関係者がしばしば出席し発言しているのに対し，被害者の意見表明や参加の機会がほとんど設けられてこなかった。被害者からみると，賠償の内容や金額が一方的に提示されてくるのであり，「加害者主導」の賠償と映る。

当事者参加が保障されていないことから，第二に，賠償の内容や金額が被害実態を十分反映していないという問題が生じてくる。そのため，直接請求による賠償は，被害実態からの乖離や被害の過小評価をともなう。

現在の指針・基準の中身は，金銭評価しやすい部分の賠償に集中している。まがりなりにも加害企業による一定の賠償があるなかで，そこから漏れている重要な被害は何かを明らかにすることが不可欠の作業となる。被害のなかでも，みえやすく金銭換算しやすい部分から，賠償の俎上にのせられていく。相対的にみえにくい被害が取り残されるから，被害の全体像を明らかにするためには，取り残された被害を意識的に捕まえていくことが求められる。

避難者に対する賠償では，国の避難指示等の有無によって，その内容に大きな格差がある。すなわち，避難指示等があった区域では，避難費用，避難慰謝料，収入の減少などの賠償がそれなりに行われてきた。他方，避難指示等がなかった場合，賠償はまったくなされないか，きわめて不十分である。住居や家財についても，賠償の有無が避難指示区域（旧警戒区域，旧計画的避難区域）の

第8章　賠償の問題点と被害者集団訴訟

写真8-2　「ふるさとの喪失」は慰謝料に含まれていない（川俣町山木屋地区）

出所：筆者撮影，2018年10月。

内・外ではっきりと分かれている。

　これは地域間の賠償格差の問題（つまり避難指示区域外の被害の過小評価）とみることができる。避難者への慰謝料を例にとれば，避難指示区域，第一原発20～30km圏の地域（緊急時避難準備区域），さらに中通りやいわき市を含む自主的避難等対象区域など，何段階にも賠償の格差が設けられている。しかし，この格差は住民の実感から乖離しており，納得を得られていない。そのため，住民の間に深刻な分断を生み出している。

　避難指示区域内の被害も，過小評価されている。避難指示区域などを対象に支払われてきた1人月額10万円の慰謝料（避難慰謝料）は，交通事故での自賠責保険の傷害慰謝料をもとに算定されたものである。そこでは，「ふるさとの喪失」と呼ぶべき被害が慰謝料の対象から外れている。住民の避難は，被曝を避けるための措置だが，大規模な避難が長期化することで，地域社会の再生が

249

図8-3　賠償制度に対する不満（新潟県調査）

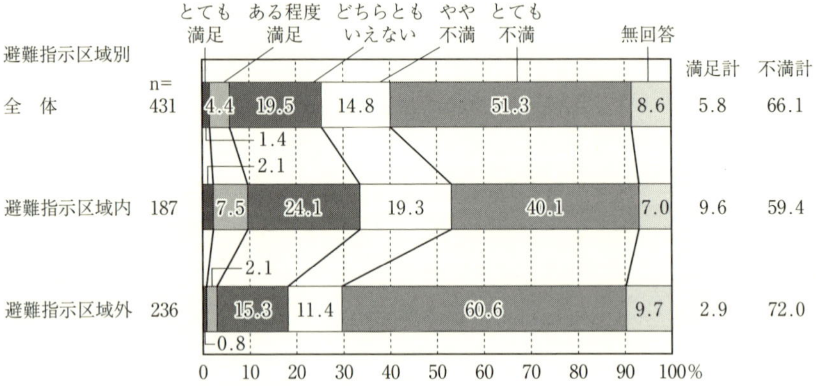
とても満足
ある程度満足
どちらともいえない
やや不満
とても不満
無回答
避難指示区域別
n=
満足計
不満計
全　体
431
4.4
19.5
14.8
51.3
8.6
5.8
66.1
1.4
2.1
避難指示区域内
187
7.5
24.1
19.3
40.1
7.0
9.6
59.4
2.1
避難指示区域外
236
15.3
11.4
60.6
9.7
2.9
72.0
0.8
0
10
20
30
40
50
60
70
80
90
100%

出所：新潟県（2018：25）より作成。

困難になる。「ふるさとの喪失」は，当事者の実感としては大きいにもかかわらず，第三者の目にただちにはみえにくい被害の典型であろう。

住民にとって「ふるさとの喪失」とは，避難元の地域において，住民の日常生活を支えていた一切の条件（生産・生活の諸条件）の剝奪である。この諸条件のうち，居住空間としての住居などは，賠償によって回復することができる。しかし，金銭賠償による原状回復が困難な被害も多い。地域のコミュニティの破壊もその一つだ。福島原発事故の被害地域は，コミュニティにおける人々の結びつきが比較的強く，住民はそこから各種の「生活利益」を得ていた。原発事故はそれらを奪ったのであり，単なる精神的苦痛にとどまらない重大な被害をもたらしている（次節参照）。

このように，現在の賠償指針・基準が被害実態から乖離しているため，被害者は不満を高めている（図8-3）。福島県から新潟県に避難した人を対象に，新潟県が2017年10～11月に実施したアンケート調査によると，賠償制度に不満を感じている人の割合は66.1％にのぼった。そのうち，避難指示区域外の避難者だけをみると72.0％となり，特に区域外で不満が強いことがわかる。

直接請求では当事者参加が保障されないため，被害者が異議申し立てをするには，原子力損害賠償紛争解決センターや司法の場に訴え出るしかない。2012

年12月以降，事故被害者による集団訴訟が全国各地に広がったのは，そのためである。

2　原発事故による「ふるさとの喪失」をどう償うべきか

「ふるさとの喪失」被害とは何か

　次に，前節でふれた「ふるさとの喪失」の賠償と被害回復について検討したい[(4)]。この被害に対する評価が不十分であることが，現在の原発事故賠償における重大な欠落となっているからである。

　2011年3月の福島原発事故によって，大量の放射性物質が飛散し，深刻な環境汚染が生じた。事故後，9町村が役場機能を他の自治体に移転し，広い範囲で社会経済的機能が麻痺した。

　住民の避難によって，被曝はある程度避けられた。その一方で，避難者は，原住地での生業や暮らしを支えてきた諸条件から切り離されることになった。

　大規模な避難は，地域社会に大きな打撃を与えた。避難が一時的で，汚染の影響も残らなければ，地域社会への打撃はそれほど大きくないであろう。しかし，避難が長期化すると，被害の回復はそれだけ難しくなり，「ふるさとの喪失」と呼ぶべき被害が拡大する（除本 2016：21-80）。

　ここでの「ふるさと」とは単に"昔すごした懐かしい場所"という意味にとどまらず，人々が日常生活を送り生業を営んでいた場としての"地域"をさしている。地域のなかで人々がとりむすんできた社会関係や，営みの蓄積が失われ，自治体は存続の危機に直面している。

　「ふるさとの喪失」被害は，地域，および個別の避難者という2つのレベルからとらえられる。単に個人が避難を余儀なくされただけでなく，避難元の地域全体が被害を受けており，そのことを媒介に，さらに個別の避難者へと被害が及ぶという連関が重要である。そこでは，地域レベルの被害と個人の被害が二重に発生しているのである。

　まず第一に，地域レベルでみた「ふるさとの喪失」とは，原発避難により「自治の単位」としての地域[(5)]が回復困難な被害を受け，そこでとりむすばれて

写真8-3 避難指示区域となった飯舘村。役場前のポストは閉鎖された

出所：筆者撮影，2011年10月。

いた住民・団体・企業などの社会関係（いわゆるコミュニティはその一部），および，それを通じて人々が行ってきた活動の蓄積と成果が失われることである。[6]

人間の生活は，人間と自然の物質代謝過程としてとらえることができる。自然的・歴史的条件のもと，この過程を通じて場所ごとに異なる独自の生活様式と文化が生み出される（中村 2004：59）。地域ごとの風土，文化，歴史，その積み重ねにより，地域の固有性が形成されていく。こうして，地域には長期継承性と固有性という特徴が刻まれるのである。

第二に，避難者からみた「ふるさとの喪失」は，避難元の地域にあった生産・生活の諸条件を失ったことを意味する。生産・生活の諸条件とは，日常生活と生業を営むために必要なあらゆる条件であり，人間が日々年々の営み（自然との間の物質代謝）を通じてつくりあげてきた家屋，農地などの私的資産，各種インフラなどの基盤的条件，経済的・社会的諸関係，環境や自然資源など

を含む一切をさす。

　それらを抽象化すれば，「自然環境，経済，文化（社会・政治）」と整理される。一定の範域にこれらが一体のものとして存在することで，地域は人間の生活空間として機能する（中村 2004：60）。具体的にいえば，放射能汚染のない環境，ある程度の収入，生活物資，医療・福祉・教育サービスなどが手の届く範囲になければ，私たちは暮らしていくことができない。

　大森正之は，ここで述べたこととほぼ等しい内容を「地域社会を構成する資源・資本群」の総体，と表現している。その構成要素として，①個々の住民のもつ知識・技能・熟練などの人的資本／資源，②住民同士の関係性が織りなす社会関係資本／資源，③私的に所有される物的資本や家産，④公的に管理される社会資本／資源，⑤文化資本／資源（有形無形の歴史的文化的財），⑥自然資本／資源，が挙げられる（大森 2016：84-85）。この整理は，生産・生活の諸条件の内容を示すものとしてわかりやすいであろう。

包括的生活利益の侵害

　避難者からみた「ふるさとの喪失」被害は，法的にどう表現されるか。淡路剛久によれば，原発事故による被害は「地域での元の生活を根底からまるごと奪われたこと」「平穏な日常生活（家庭生活，地域生活，職業生活など）を奪われたこと」である。これは住民の「包括的生活利益としての平穏生活権（包括的平穏生活権）」に対する侵害である。この法的利益の重要な構成部分として，住民がコミュニティの成員になることによって享受できる「地域生活利益」が挙げられる。具体的には，①生活費代替機能，②相互扶助・共助・福祉機能，③行政代替・補完機能，④人格発展機能，⑤環境保全・自然維持機能，といった利益がそこに含まれる（淡路 2015：21-25）。

　コミュニティ（社会関係資本／資源に含まれる）の具体的形態の一つとして，福島県では「行政区」という単位が広くみられる。行政区は住民の「生活の単位」であると同時に，行政にとっては，施策を実施する際の「基礎的調整機関」でもある（礒野 2015：257）。

　筆者が調査してきた飯舘村には20の行政区があり，これらはおおむね，近世

の村がもとになって成立している（飯舘村史編纂委員会編 1979：185-190）。よく知られるのは，1990年代に村の第4次総合振興計画がつくられた際，行政区ごとに地区別計画策定委員会が設けられたことである。ワークショップなどを通じて具体的な計画が練りあげられ，村は行政区に対して事業費を補助し，地区別計画の事業化を促した（松野 2011：73-96；千葉・松野 2012：83-87）。行政区のこうした機能は，コミュニティの「行政代替・補完機能」の一例だといえる。

　生産・生活の諸条件には，長期継承性，固有性という特徴をもつものがある。それらは，代替物の再生産が困難であり，したがって被害回復も難しい。例えば，3代100年かけてつくりあげてきた農地，家業などは，簡単に代わりのものを手に入れることができない。地域の伝統，文化，コミュニティなども同様である。これらの剥奪や途絶は，不可逆的かつ代替不能な絶対的損失である。

　避難先で事故前の暮らしを回復することはできないから，避難者は深い喪失感を抱くことになる。避難元の地域から切り離されたことによる精神的ダメージは，自死につながる場合もある。

　川俣町山木屋地区に居住していた女性（以下，Aと表記）の自死事件で，福島地裁は2014年8月26日に判決を言い渡した。同判決は，「Aは，本件事故発生までの約58年にわたり，山木屋で生活をするという法的保護に値する利益を一年一年積み重ねてきた」としたうえで，避難生活による心身のストレスにくわえ，「このような避難生活の最期に，Aが山木屋の自宅に帰宅した際に感じた喜びと，その後に感じたであろう展望の見えない避難生活へ戻らなければならない絶望，そして58年余の間生まれ育った地で自ら死を選択することとした精神的苦痛は，容易に想像し難く，極めて大きなものであったことが推認できる」と述べている。地域における平穏な日常生活を「法的保護に値する利益」と認め，それを奪われれば自死を招くほどの深い喪失感を与えるとしたこの判断は，きわめて大きな意義をもつ。

「ふるさとの変質，変容」被害

　「ふるさとの喪失」は避難者だけの被害ではない。帰還した人や滞在者の

写真8-4 建物の解体が進む南相馬市小高区。避難指示が解除されても町並みは大きく変貌している

出所：筆者撮影，2018年6月。

「ふるさとの変質，変容」をも含めて考える必要がある。

2014年4月以降，避難指示の解除が進み，2017年春には3万2000人に対する指示が解かれた。しかし，住民帰還の見通しはそれほど明るくない。役場を戻し，事故収束，廃炉，除染などの作業で人口が流入したとしても，住民が入れ替わってしまえば，事故前のコミュニティは回復しない。原発事故によってひとたび住民の大規模な避難がなされると，地域社会を元どおりに回復するのはきわめて困難である。住民が避難元に戻っても，「ふるさとの喪失」被害が解消されるわけではない。

「ふるさとの喪失」被害の回復措置

「ふるさとの喪失」被害の回復には，次の3つの措置がいずれも必要である。

第一は，地域レベルの回復措置であり，国や自治体の復興政策がそれにあたる。この主軸をなすのは，除染やインフラ復旧・整備などの公共事業である。しかし，これらの施策を通じて，避難元で事故前の暮らしを取り戻すのは困難だということも明らかになりつつある。
　第二に，地域レベルでの原状回復が困難であれば個々の住民に「ふるさとの喪失」被害が生じるが，そのうち財産的な損害（財物の価値減少，出費の増加，逸失利益を含む）は金銭賠償による回復が可能である。例えば土地・家屋は，経済活動や居住のスペースとしてみれば，再取得価格の賠償を通じて回復しうる。
　しかし第三に，金銭賠償による原状回復が困難な被害も多い。つまり，不可逆的で代替不能な絶対的損失が重要な位置を占めるのであり，その点が「ふるさとの喪失」被害の特徴である。この絶対的損失に対する償いが「ふるさと喪失の慰謝料」である。
　したがって，「ふるさと喪失の慰謝料」は精神的苦痛に対する狭義の慰謝料にとどまるものではない。「ふるさとの喪失」被害のうち，復興政策と金銭賠償では原状回復の困難な，あらゆる被害（財産的／非財産的損害）に対する償いととらえるべきである。[8]
　以上に述べた諸措置を表8-1にまとめた。ここに示した「土地・建物」，「景観」，「コミュニティ」はあくまで，生産・生活の諸条件を構成する要素の例である。ただし，後述のように，これらは長期継承性，地域固有性をもつため，金銭賠償を通じて原状回復をすることが難しい。これらの要素を掲げたのは，そうした特徴をもつ要素の典型例といえるからである。
　表8-1に示した地域レベルの回復措置（①）と，個人レベルの回復措置（②）は，代替関係にある。地域レベルの原状回復が可能であれば，②は不要である。ただし，前述のように地域レベルでの完全な原状回復は困難であるため，①と②はともに実施される必要がある。また②のうち，③と④は対象が異なるため，相互に補完関係にある。したがって，①③④の諸措置を並行して進めることによって，被害回復を図らなければならない。

表8-1 「ふるさとの喪失」被害の回復措置

	①地域レベルでの被害回復措置（原状回復に準ずる措置）	②個別の被害者に対する措置	
		③金銭賠償で比較的容易に回復可能な被害	④絶対的損失に対する償い
土地・建物	除染	再取得の費用を賠償	「ふるさと喪失の慰謝料」
景観	維持・管理	事業者の利益に反映されていた場合などに減収分を塡補	
コミュニティ	セカンドタウン，二重の住民登録，帰還政策	コミュニティの諸機能に代わる財・サービスの費用を賠償	
諸要素の一体性	除染，帰還政策など		

出所：筆者作成（除本 2018c：243）。

「ふるさと喪失の慰謝料」——絶対的損失に対する償い

　「ふるさと喪失の慰謝料」とは，以上で述べたとおり，原発事故で損なわれた包括的生活利益のうち，復興政策と金銭賠償では原状回復の困難な一切の絶対的損失を償うものである。では，この絶対的損失にはどのようなものが含まれるか。

　第一は，長期継承性，地域固有性のある要素であり，代々受け継がれる土地や家屋，地域固有の景観，コミュニティなどがその典型例である。これらについて，代替物の取得により原状回復を図るのが困難なのは明らかである。

　例えば土地は，経済活動や居住のスペースとしては，元手さえあれば避難先で回復可能である。しかし，本件被害地域では，土地は先祖から引き継がれ，次の世代へと受け渡していくものだという意識が強い。

　震災前，飯舘村で専業農家の後継者の道を選択した30歳代（当時）の男性は，次のように述べている。「自分の持っている土地っていうのは，自分の所有物じゃなくて，受け継いできたものなのです。金銭だけで扱えるものではないんです。」「『しょうがない，諦めればいい』って，そんなマンションを手放すのと違うよってことなんですけれど」（千葉・松野 2012：188, 190）。このように，

代々受け継がれる土地や家屋は，容易に代わりのものを入手することはできないから，代替性が乏しいと解すべきであろう。

　農業経済学者の永田恵十郎は，資源一般と区別して，地域固有の資源を「地域資源」と定義した（永田 1988：83-89）。その特徴は，①他の土地に移転できないこと（非移転性），②地域資源相互に有機的な連関があること（有機的連鎖性），③利用管理を市場メカニズムにゆだねるべきでないこと（非市場性），である。地域資源とは具体的には，地域ごとの地理的・気候的条件，それに人間労働が加わった農地や用水，景観，特産物や伝統的技術などをさしている。永田の「地域資源」論は，本章における長期継承性および地域固有性の指摘と重なる点が多い。

　第二は，個々の財産的な損害について賠償がなされたとしても，それでは埋め合わせることのできない「残余」の被害である。こうした「残余」が生じるのは，地域が各種の要素の「複合体」であって個別の要素に還元できないことによる。「残余」というと，あまり重要でないように思われるかもしれない。しかし，次の理由から，この被害を決して過小評価すべきではない。

　地域における生産・生活の諸条件は，大森正之による前述の整理のように各種の資本／資源からなるが，人々の暮らしはこれらの個別要素に還元することはできない。生産・生活の諸条件を構成する各要素は，単体ではなくて，複合的に組み合わさり一体となって機能している。

　例えば家屋は，単に私的な居住スペースではなく，大都市部とは異なってコミュニティに開かれた住民の交流の場でもあった。前述した自死事件の判決は，「Aにとって山木屋やそこに建築した自宅は，単に生まれ育った場や生活の場としての意味だけではなく，原告X_1〔Aの夫〕と共に家族としての共同体をつくり上げ，家族の基盤をつくり，A自身が最も平穏に生活をすることができる場所であったとともに，密接な地域社会とのつながりを形成し，家族以外との交流を持つ場所でもあったということができる」と述べている。Aさんの「自宅」は2000年に建てられたもので，長期継承性を有するわけではない。そうであっても，判決が指摘するようにAさんの自宅は単なる居住スペースではなく，地域のコミュニティなど，複数の要素が一体となって機能すること

で生じる意味の広がり（いわば個別要素のもつ「ふくらみ」）があり，それが住民の生活利益のなかで重要な位置を占めていたのである。

この「ふくらみ」こそが，個別要素の金銭賠償では回復できない「残余」である。諸要素の一体性を捨象できるのであれば，個別要素の損害評価により被害の総体をとらえることができるかもしれない。しかし，上記判決にも示されているように，複数の要素の相互関連が重要な意味をもっていた。したがって，本件事故被害を個別要素に分解し評価する手法は重大な欠落をともなうのであり，包括的・総体的な損害把握が不可欠なのである（吉村 2012）。

農業的地域における生業と暮らしの多面性

次に本項と次項で，特に諸要素の一体性という観点から，絶対的損失の典型的事例をいくつか示しておきたい。

福島原発事故の被害地域は，自然が豊かであり農業的な色彩が強い。「自然環境」という要素は，農業の基盤などとして「経済」とも深く結びついている。農地の開墾，土壌改良などの長期にわたる労働の蓄積として，生業の基盤がつくられてきた。こうした生業の基盤は私有地内にだけ存在するのではない。周囲の自然環境と一体になってはじめて機能する。また，農業用水の管理などでは，地域のコミュニティによる共同作業が重要な役割を果たす（つまり地域の「社会」領域とも関連している）。

このような諸要素の一体性は，例えば農業・農村のもつ「多面的機能」（環境・景観の保全，伝統・文化の継承，レクリエーションなど）といった言葉で表現されている。農業・農村は，こうした多様な機能・役割からなる「束」である。農業の被害を考える場合，食料生産機能やそれによる貨幣所得だけをみるのでは一面的であり，「多面的機能」を総合的に評価しなくてはならない。

このことは狭い意味での「農業」に限られない。筆者が聞き取りをした旧避難指示区域の事業者（以下，Bと表記）の例を紹介しよう。Bさんは，震災前に味噌製造販売業を営んでいたが，その生業や暮らしを「農的生活」と表現している。これは，周囲の自然環境を生かして，季節ごとの自然の恵みや景観的価値を家業と結びつけていたことをさす。

周囲の自然の恵みは，旬の野菜はもちろん，フキノトウ，ミョウガ，ヨモギ，タケノコ，ウメ，イチジク，カリン，ブルーベリー，カキ，クリなど多様であり，Bさんはそれらを商品にそえていた。これはあまり経費を要しないが，顧客には喜ばれていた。また，店舗周辺にハーブ園，庭園，竹林などを整備し，訪問客が散策できるようにしていた。こうしてBさんは，周囲の自然環境をたくみに利用することで，顧客満足を高めていたのである。

　Bさんの家業は代々継承されてきたものであり，またBさん自身が地域の諸活動に積極的に参加することで，住民の信頼を得てきた。そうした信用が商売にも役立ってきた。地域のコミュニティが商圏であり，それが代々の信用に裏打ちされているのである（販売先は双葉郡に限らず，東京の飲食店などとの取引もあった）。加えて，家族の成員がそれぞれ役割をもち，協力して家業にいそしんでいたのもBさんにとって幸せなことだった。

　このように多様な要素が複合した生業は，逸失利益や資産の賠償で償いきれるものではない。また，避難先で同じ営みを再開することは不可能であろう。

「マイナー・サブシステンス」論が示唆するもの

　被害地域の住民（避難者を含む）に震災前の暮らしを聞くと，一見レクリエーションや遊びのように思われるキノコや山菜採り，川魚釣り，狩猟など自然資源採取の活動が広く行われてきたことに気づく。これらも単なる遊びなどではなく，実は複合的・多面的な意味をもつ活動として，文化人類学，民俗学，環境研究などの分野で注目されてきた。こうした採取活動は，食料調達などの役割もあるが，主たる収入源ではないため「マイナー・サブシステンス」（副次的生業）と呼ばれる。その複合的・多面的な意味とは，レクリエーションや食料採取以外に，自然体験による環境学習，自然に対する伝統的知識の継承，宗教的側面など多様である。

　川内村のキノコ採取に関する調査によれば，「マイナー・サブシステンス」が社会関係の円滑化にも寄与していたことがわかる。震災前は，収穫の大半が「お裾分け」として他者に贈与されており，そうした成果の共有があったために，キノコ採りの名人は周囲から高く評価され，それが「誇りの源泉」にもな

っていた。しかし，原発事故による環境汚染はその営みを破壊した。汚染の恐れがあるキノコを他者に与えることは，人々の間に混乱や対立を引き起こし，社会関係をむしろ悪化させる行為となった。キノコ採取を続ける人たちは，「おかしなことをする人」とみられるようになってしまったのである（金子 2015：117）。

「マイナー・サブシステンス」論は，地域における生産・生活の諸条件を個別の要素に分解して，損害を金銭評価する方法では，地域社会の暮らしをとらえきれないことを教えてくれる。だが「マイナー・サブシステンス」は，経済的な損害としてみても賠償の対象として認められにくい。収穫物が自家消費や贈与に回されて対価をともなわず，あるいは販売されたとしても証明書類が残されていないためである（金子 2015：113）。

「ふるさとの喪失」被害の評価は，集団訴訟においても主要な争点の一つである。では，司法はどのような判断を下しているのか。この点を含め，2017年以降に出された7つの判決について，次節で検討したい。

3 集団訴訟が問う賠償と復興

集団訴訟における損害認定の前進と限界

原発事故被害者の集団訴訟において，2017年3月以降，約1年間で7つの判決が言い渡された（表8-2）。集団訴訟の取り組みは，当事者が声をあげることで，賠償制度の問題点を明らかにし，被害の実態を浮かびあがらせていくという意義をもつ。

多少の温度差はあるものの，すべての判決に共通するのは，現在の賠償指針・基準にとらわれず，裁判所が独自に判断して損害を認定するという姿勢が貫かれていることだ。2017年3月の前橋地裁判決は，避難指示区域外の「自主避難」の相当性を認めた。これは集団訴訟での初の判決として，大きな意味をもつ。「ふるさとの喪失」被害についても，後述するように，千葉地裁，東京地裁（2018年2月），福島地裁いわき支部が慰謝料の対象として認めた。

このように，現在の指針・基準では償えない損害があることを，司法が独自

表8-2 集団訴訟の地裁判決

地裁	前橋地裁	千葉地裁	福島地裁	東京地裁
判決日(年/月/日)	2017/3/17	2017/9/22	2017/10/10	2018/2/7
原告数	137人	45人	3824人	321人
国の責任(国家賠償責任)	認める	認めない(ただし津波の予見可能性は認定)	認める	―(国を被告としていない)
東電の賠償責任	賠償責任あり(原賠法の無過失責任による)			
東電の過失等	津波対策の問題点を指摘	(判断しない)	津波対策の問題点を指摘	(争点となっていない)
賠償認容額	3855万円	3億7600万円	4億9795万円	10億9560万円
地裁	京都地裁	東京地裁	福島地裁いわき支部	
判決日	2018/3/15	2018/3/16	2018/3/22	
原告数	174人	47人	216人	
国の責任	認める	認める	―(国を被告としていない)	
東電の賠償責任	賠償責任あり(原賠法の無過失責任による)			
東電の過失等	津波対策の問題点を指摘	津波対策の問題点を指摘	故意・重過失は認めない	
賠償認容額	約1.1億円	5924万円	6億1240万円	

出所:各地裁判決などより筆者作成(除本 2018b:795)。

に認定して,賠償を命じる流れは定着しつつある。このことは積極的に評価すべきだが,問題も多く残されている。

何よりも,賠償認容額が指針・基準の枠を大きく超えず,全体として低い水準にとどまっていることがまず大きな問題である。請求額に対して数%から1割程度しか認められていない。

避難指示区域外の慰謝料は特に低額である。例えば,2017年10月に出された「生業訴訟」の福島地裁判決では,区域外の慰謝料は1人あたり1万~16万円にとどまる。ただし,現在の賠償基準から外れている茨城県でも,一部地域で少額とはいえ賠償が認められたことは注目されてよい。

第8章　賠償の問題点と被害者集団訴訟

写真8-5　福島地裁へ向かう生業訴訟原告団・弁護団ら

出所：筆者撮影, 2017年10月10日。

「ふるさとの喪失」被害の評価をめぐって

「ふるさとの喪失」被害についても，司法が被害者の訴えを正面から受け止めたとはいえない。避難指示が解除された地域にも慰謝料が認められつつあるのは前進といえるが，認容額という点では，深刻な損害の評価が必ずしも十分でない。

注意しなければならないのは，避難元における「ふるさとの喪失」と，避難先で生じた被害とは，別個の被害だという点である。避難元にあった生活利益の喪失に対応する「ふるさと喪失の慰謝料」と，自宅を離れたため生じた日常生活阻害などに対応する避難慰謝料とは，明確に区別されるべきだ。若林三奈が指摘するとおり，たとえ非財産的損害・慰謝料であっても，互いに区別すべき異質な損害事実があれば，それぞれを項目化していく必要があろう（若林2018a）。この点を中心に，これまでの判決を検討したい。

慰謝料の項目化に近い考え方をとったのが、千葉地裁判決である。同判決は、精神的損害を「避難生活に伴う慰謝料」と「避難生活に伴う精神的苦痛以外の精神的苦痛に係る慰謝料」とに大別した。そして後者について、原賠審の中間指針第4次追補における、いわゆる「故郷喪失慰謝料」を取り上げつつ、「従前暮らしていた生活の本拠や、自己の人格を形成、発展させていく地域コミュニティ等の生活基盤を喪失したことによる精神的苦痛という要素が大きく、これらに係る損害は必ずしも避難生活に伴う慰謝料では塡補しきれないものであるといえる」とした。

　これは「ふるさと喪失の慰謝料」を（事実上）独立の項目として評価し、賠償を認めたものといえる（吉村 2018：230-231）。認容額は50万〜1000万円だが、300万円台が比較的多い（認容額はすべて1人あたり）。

　ただし、いくつかの問題点も指摘される。前述のように「ふるさと喪失の慰謝料」は本来、精神的苦痛に対する狭義の慰謝料にとどまるものではない。「ふるさとの喪失」のうち、復興政策と金銭賠償では原状回復の困難な、あらゆる被害に対する償いとして位置づけられるべきである。

　また千葉地裁判決は、第4次追補の「故郷喪失慰謝料」が「ふるさと喪失の慰謝料」に一部対応するとして、帰還困難区域の原告についてはその既払分を控除している。しかし、筆者が指摘してきたように、第4次追補の「故郷喪失慰謝料」は実質的に避難慰謝料のまとめ払いと考えられ、異質な被害に対する「ふるさと喪失の慰謝料」と相殺するのは妥当でない。この避難慰謝料は、避難者の精神的苦痛のうち、避難先における日常生活阻害や、将来見通しが立たないことからくる不安に対応するものであり、避難元における「ふるさとの喪失」被害まで包摂しているとするのは無理がある（除本 2015）。

　千葉に続く「生業訴訟」の福島地裁判決も、「『ふるさと喪失』損害」に言及している。しかし、これは筆者のいう「ふるさと喪失の慰謝料」とはまったく異なる。

　同判決は、「ふるさとの喪失」をあくまで平穏生活権侵害の一考慮要素としており、避難元に戻れないことが明らかになった段階で、避難慰謝料の将来分を一括で受け取ることを「『ふるさと喪失』損害」と呼んでいる（吉村 2018：

229)。だが，前述のように，避難慰謝料のまとめ払いをもって「ふるさと喪失の慰謝料」に代えることはできない。また，避難先での住宅再建などによって，前者が後者に単純に切り替わるわけでもなく，両損害は少なくとも一定期間，並存することがありうる。福島地裁判決は「ふるさとの喪失」に関して，千葉地裁より大きく後退しているといえよう。

なお，千葉地裁以降も，東京地裁（2018年2月），福島地裁いわき支部は，「ふるさとの喪失」を慰謝料の要素として認め，既払分を超える賠償を命じた（認容額は前者が300万円，後者が区域により150万または70万円）。ただし，千葉地裁のような慰謝料の"項目化"を行っているわけではない。

このように，避難指示区域等に関しては，「ふるさと喪失の慰謝料」が裁判で一部認められつつある。しかし，原告の請求に比べれば認容額は低く，被害者の訴えが正面から受け止められたとはいいがたい。

以上を踏まえれば，今後の課題として次のような点が浮かびあがる[13]。第一は，被害の実態をより具体的に解明し理論化するとともに，慰謝料の定量的評価についても検討を進めることである。第二に，「ふるさとの喪失」被害論を区域外に拡張していく際の論点についても，さらに検討を深めていく必要がある。「ふるさとの喪失」はこれまで，地域丸ごとの避難を強いられた避難指示区域等を中心に論じられてきた。しかし，当該区域外であっても，被害者が避難を選択した場合には，避難元における生産・生活の諸条件から切り離されたという点で，区域内と異なるところはない。被災地に住む滞在者の場合も，地域社会の変容や自然とのふれあいに対する制約など，包括的生活利益の毀損が生じていると考えられる。

国と東電の責任

集団訴訟では，事故をめぐる国と東電の責任も問われている。

判決が出された7つの訴訟のうち，南相馬市小高区の住民等による訴訟（2018年2月の東京地裁判決）と，福島地裁いわき支部の避難者訴訟の2つは国を被告としていない。それらを除く5件の裁判で，千葉地裁は国の責任を認めなかったが，他の4地裁はこれを認めている。いずれも，事故につながる津波

は予見できたし事故は防ぐことができた，という判断を下したのである。

　一方，東電については，原賠法の定める無過失責任に基づいて，賠償責任を認定する判断が定着している。原賠法の無過失責任は，被害者の救済を図るために，故意・過失の立証を不要とするしくみだが，それが逆に責任の検証を妨げていることも事実である。原告側は民法上の一般不法行為責任を追及し，過失の認定を求めていたが（上記の小高区住民の訴訟を除く），いずれの判決もこれを退けた。

　ただし，前橋地裁は慰謝料の増額事由として，対策を怠った東電に「特に非難するに値する事実」があると認めた。それ以降は，故意や重過失は認められていないが，その場合でも東電の津波対策の問題点を指摘している判決がある。

　このように，千葉を除く4判決は，国と電力会社の安全対策に問題があったことを示した。今回のような事故を二度と起こさないためにも，こうした司法判断を政策の見直しにつなげていく必要がある。

政府の復興政策を問う

　事故の責任を明らかにすることは，復興政策の問題点を改善する方向に道をひらくことにもなる。

　政府は，自然災害において家屋など個人財産の補償は行われるべきではなく，自己責任が原則だという立場にたつ（山崎 2001：107；同 2013：231）。原発事故に関しても，福島復興再生特別措置法第1条にみられるように，政府は原子力政策に関する「社会的責任」は認めるが，規制権限を適切に行使しなかったことによる法的責任（国家賠償責任）は認めていない。そのため復興政策では，個人に直接届く支援施策よりも，インフラ復旧・整備などが優先される傾向がある。

　宮入興一が指摘するように，東日本大震災における復興財政の特徴は，ハードの公共事業に重点が置かれる一方，被災者支援に充当されている割合が低いことである（宮入 2015：3-4）。特に福島では，除染という土木事業が大規模に実施されてきた（Fujimoto 2017；藤原・除本 2018）。

　原発事故被害者の生活再建については，政府は基本的にそれを東電の賠償に

第8章　賠償の問題点と被害者集団訴訟

写真8-6　除染土壌等の仮仮置き場（飯舘村）

出所：筆者撮影，2015年6月。

ゆだねてきたといえる。しかし，東電の賠償に多くの問題点があることは，第3章や本章でみてきたとおりである。

　このような特徴をもった復興政策は，様々なアンバランスをもたらす（除本2016：170-176）。例えば，復興政策の「恩恵」を受けやすい業種と，そうでない業種の格差がある。復興需要は建設業に偏り，雇用の面でも関連分野に求人が集中する。また，被災者の置かれた状況によっても，違いが出てくる。避難指示が解除されても，医療や教育などの回復が遅れているため，医療・介護ニーズが高い人や，子育て世代が戻れないという傾向がみられる。避難者が戻れなければ，小売業のように地元住民を相手にしていた業種では，事業再開が困難になる。

　こうしたアンバランスを克服するためには，被災者それぞれの事情に応じたきめ細かな支援策が不可欠である。しかし，現在の復興政策は，この点で弱さ

を抱えている。

　復興政策を改善していくうえで，国と東電の責任解明が重要な意味をもつ。これは，戦後日本の公害問題を振り返れば明らかだ。例えば，四日市公害訴訟の原告はたった9人であった。裁判で加害企業の法的責任が明らかになったことから，1973年に公害健康被害補償法がつくられ，10万人以上の大気汚染被害者の救済が実現した。

　このように，公害・環境訴訟は原告本人の救済にとどまらない政策形成機能をもつ（淡路ほか編 2012）。原発事故被害者の集団訴訟も，この経験を踏まえて，賠償と復興政策の見直しと，それを通じた幅広い被害者の救済を目指している。

　福島原発事故は，自然災害の作用とともに，政府の規制権限不行使や電力会社の対策不備が引き起こした人災であり，公害事件である。こうした事故をくりかえさず，被災者の権利回復を主軸とする「人間の復興」へと政策を転換していくためにも，司法などの場で国と東電の責任を明らかにすることが求められる。

　原発事故の被害はいまだ収束しておらず，政府が定める復興期間の10年で問題が解決しないのは明らかだ。集団訴訟の取り組みが政策転換につながるのか，今後の展開が注目される。

　震災9年目の現在，被害の過小評価と「風化」をくいとめるためにも，今回の事故を「福島の問題」に封じ込めず，多くの市民が「私たちの問題」とあらためてとらえなおす必要がある。これまで国内でも，人形峠ウラン鉱害や東海村JCO事故など，放射能汚染や原子力事故がくりかえされてきた。そうした他地域の経験にも学んで，将来に向けた教訓を導き出していくことが強く求められる（藤川・除本編著 2018）。

注
(1) 集団訴訟の全体像については，吉村ほか編（2018：326-334）など参照。
(2) 例えば，原発事故で利用できなくなった住居の賠償額を，どう評価するかという問題がある。一般に物的損害の評価方法として，①交換価値アプローチ，②利用価

値アプローチ，③原状回復費用アプローチ，などが考えられるが，この場合いずれを採用すべきかという問題である．中古自動車と比較した場合，住居は人々の暮らしに不可欠な，土地に固着した不動産であるという特性から，事故当時の価格（上記①）ではなく，再取得の費用（③）を賠償するのが合理的である（窪田 2015）．
(3) 「絶対的損失」については，宮本（2007：119-122）参照．
(4) 筆者は2011年から，原発事故による「ふるさとの喪失」について複数の論稿を発表している．この間，現地調査を重ね，日本環境会議（JEC）福島原発事故賠償問題研究会などの場で議論を深めてきた．それにともなう筆者の見解の発展過程については，吉村良一によるまとめがある（吉村 2018）．
(5) この点について，中村（2004：61）参照．
(6) コミュニティなどの社会関係は，生産・生活の諸条件をつくりあげる主体的条件であるとともに，そのプロセスを通じて人間関係の厚みが形成されるという両面がある．
(7) 判決は『判例時報』2237，所収．
(8) 若林三奈は，「地域コミュニティの喪失が，『純粋な精神的苦痛』という狭義の慰謝料を超える固有の価値喪失（非財産的損害）〔環境・歴史・文化〕をもち，場合によっては併せて経済的損失（財産的損害）をも観念できる」としている（若林 2018b：19）．

　なお，吉村良一は，「ふるさと喪失の慰謝料」が精神的苦痛に対する狭義の慰謝料にとどまらないことを明確にするため，「ふるさと喪失損害」と呼ぶべきだと提案する（吉村 2018）．吉村の趣旨に異論はないが，筆者はこれまで多くの論稿で「ふるさと喪失の慰謝料」という呼称を採用しており，関係の研究者等の間でも定着してきているため，ここでは「ふるさと喪失損害」と呼ぶことはしなかった．ただし，呼称はともかく，その指示している内容は同じである．
(9) 筆者も，諸要素の「一体性」としてこの点を強調してきた（除本 2016：32-35）．また，大森正之も，各種の資本／資源が一体となって作動することを重視している（大森 2016）．なお，包括的・総体的な損害把握と，個別要素の損害評価や後述する慰謝料の項目化とは，矛盾するものではない．
(10) 聞き取り調査は2017年1月10日にいわき市で行った．
(11) なお，名人がキノコをたくさん採るのは，密集して生えている「シロ」を知っているためであり，どこの山でも同じ採取活動が可能となるわけではない（金子 2015：114）．
(12) いずれも控訴により審理の場は高裁に移っている．7判決については，吉村ほか編（2018）所収の各論稿も参照．今後も判決が予定されているため，本章の記述は2019年1月時点の評価であることをお断りしておきたい．

⒀　これらの課題に関しては，本章の脱稿と前後して次の特集が編まれた。「ふるさと喪失の被害実態と損害評価」『環境と公害』第48巻第3号（2019年1月）。寄稿者は筆者（特集解題）のほか，黒田由彦，関礼子，成元哲，大森正之である。あわせてご参照いただきたい。

引用・参考文献

淡路剛久，2015，「『包括的生活利益』の侵害と損害」淡路剛久・吉村良一・除本理史編『福島原発事故賠償の研究』日本評論社，11-27.

淡路剛久・寺西俊一・吉村良一・大久保規子編，2012，『公害環境訴訟の新たな展開——権利救済から政策形成へ』日本評論社.

千葉悦子・松野光伸，2012，『飯舘村は負けない——土と人の未来のために』岩波新書.

藤川賢・除本理史編著，2018，『放射能汚染はなぜくりかえされるのか——地域の経験をつなぐ』東信堂.

Fujimoto, N., 2017, "Decontamination-intensive Reconstruction Policy in Fukushima under Governmental Budget Constraint", in M. Yamakawa and D. Yamamoto, eds., *Unravelling the Fukushima Disaster*, Routledge, 106-119.

藤原遥・除本理史，2018，「福島復興政策を検証する——財政の特徴と住民帰還の現状」吉村良一・下山憲治・大坂恵里・除本理史編『原発事故被害回復の法と政策』日本評論社，264-277.

飯舘村史編纂委員会編，1979，『飯舘村史　第1巻　通史』飯舘村.

礒野弥生，2015，「地域内自治とコミュニティの権利——3.11東日本大震災と住民・コミュニティの権利」『現代法学』28：243-262.

金子祥之，2015，「原子力災害による山野の汚染と帰村後もつづく地元の被害——マイナー・サブシステンスの視点から」『環境社会学研究』21：106-121.

窪田充見，2015，「原子力発電所の事故と居住目的の不動産に生じた損害——物的損害の損害額算定に関する一考察」淡路剛久・吉村良一・除本理史編『福島原発事故賠償の研究』日本評論社，140-156.

松野光伸，2011，「住民主体の地域づくりと『バラマキ行政』『丸投げ行政』——地区・集落を基盤とする計画づくりと事業展開」境野健兒・松野光伸・千葉悦子編著『小さな自治体の大きな挑戦——飯舘村における地域づくり』八朔社，77-92.

宮入興一，2015，「復興行財政の実態と課題——いま，東日本大震災の復興行財政に問われているもの」『環境と公害』45(2)：2-7.

宮本憲一，2007，『環境経済学（新版）』岩波書店.

永田恵十郎，1988，『地域資源の国民的利用』農山漁村文化協会.

中村剛治郎, 2004, 『地域政治経済学』有斐閣.
新潟県, 2018, 「福島第一原発事故による避難生活に関する総合的調査 アンケート調査報告書」3月.
大森正之, 2016, 「原発事故被災地域の被害・救済・復興」植田和弘編『被害・費用の包括的把握（大震災に学ぶ社会科学 第5巻）』東洋経済新報社, 81-118.
若林三奈, 2018a, 「慰謝料算定における課題」吉村良一・下山憲治・大坂恵里・除本理史編『原発事故被害回復の法と政策』日本評論社, 70-87.
若林三奈, 2018b, 「福島原発事故損害賠償訴訟における損害論の課題」『環境と公害』48(2): 15-20.
山崎栄一, 2001, 「被災者支援の憲法政策――憲法政策論のための予備的作業」『六甲台論集 法学政治学篇』48(1): 97-169.
山崎栄一, 2013, 『自然災害と被災者支援』日本評論社.
除本理史, 2013, 『原発賠償を問う――曖昧な責任, 翻弄される避難者』岩波ブックレット.
除本理史, 2015, 「避難者の『ふるさとの喪失』は償われているか」淡路剛久・吉村良一・除本理史編『福島原発事故賠償の研究』日本評論社, 189-209.
除本理史, 2016, 『公害から福島を考える――地域の再生をめざして』岩波書店.
除本理史, 2018a, 「原発災害の復興政策と政治経済学」『季刊経済理論』54(4): 27-36.
除本理史, 2018b, 「原発事故賠償をあらためて検証する――被害者集団訴訟の取り組みに着目して」『科学』88(8): 792-797.
除本理史, 2018c, 「福島原発事故による『ふるさとの喪失』をどう償うべきか――司法に問われる役割」『判例時報』2375・2376: 241-246.
吉村良一, 2012, 「原発事故被害の完全救済をめざして――『包括請求論』をてがかりに」馬奈木昭雄弁護士古希記念出版編集委員会編『勝つまでたたかう――馬奈木イズムの形成と発展』花伝社, 87-104.
吉村良一, 2018, 「原発事故における『ふるさと喪失損害』の賠償」『立命館法学』378: 223-248.
吉村良一・下山憲治・大坂恵里・除本理史編, 2018, 『原発事故被害回復の法と政策』日本評論社.

終　章
原子力災害からの生活再建と新たな災害復興法制度の展望

清水　晶紀

　本章では，本書を通じて明らかにしてきた，ふくしま原子力災害やそれをめぐる制度的対応の経緯・現状・課題を踏まえ，原子力災害からの生活再建の方向性を総括し，新たな災害復興法制度を構想する。具体的には，まず，原子力災害の現状分析に関する本書各章の検討結果を踏まえ，現在の復興政策の枠組みを批判的に再検討した上で，「複線型復興」というキーワードの下に原子力災害からの生活再建の枠組みを提言する。続いて，原子力災害をめぐる制度的対応に関する本書各章の検討結果を踏まえ，「複線型復興」を支える法的基盤を検討した上で，その課題を提示し，制度設計に向けた示唆を抽出する。その上で，最後に，「複線型復興」による被災者の生活再建に向けて，その実現を担保する新たな災害復興法制度の方向性を展望することとしたい。

1　原子力災害からの生活再建の方向性：複線型復興

原子力災害の実態と特徴

　本書の各章で指摘してきた通り，東京電力福島第一原子力発電所事故（以下，福島原発事故）は，広範な放射能汚染の長期化に伴い，様々な不可逆的な被害を発生させてきた。放射能汚染による健康リスクやそれに対する不安は，都道府県をまたぐ広域かつ無秩序な避難とそれに伴う被曝や心身不調を生み出し（本書，第❶章），放射能汚染の長期化は，住宅や就業の問題，個人・家庭・地域の生活環境破壊の問題，健康・福祉の問題を引き起こした（本書，第❷章，第❸章，第❹章）。放射能汚染に伴う第一次産業の実害や風評被害も深刻である（本書，第❺章，第❻章）。

これらの被害につき，福島原発事故以前の状態を完全に回復することは不可能であり，本書は，これらの被害が被災者の地域における生活の破壊であると位置付け，被災者・被災地の「尊厳」の剥奪であると整理している（本書，序章）。仮に，被災地のインフラが復旧し，被災者に対する権利回復としての損害賠償が完了したとしても，それだけでは「尊厳」の剥奪が解消されたことにはならない（本書，第7章，第8章）。被災者の「尊厳」の回復には，一人ひとりの被災者が，自らの置かれた状況を踏まえて選択した地域において，地域に暮らす住民として当然の生活を送ることができるようになることが不可欠であろう。加えて，地域での生活の破壊が被災者・被災地の「尊厳」を剥奪しているということは，被災者の「尊厳」回復こそが被災地の「尊厳」回復の出発点となることを意味する。本書では，このような視点から，原子力災害からの被災者の生活再建をめぐる制度と実態につき，その現状と課題を整理分析してきた。

現在の復興政策の枠組み

　では，現在の復興政策の枠組みは，「尊厳」の回復を求める被災者の期待に応えるものとなっているだろうか。この点，本書第7章においても指摘した通り，福島原発事故を踏まえて原子力災害法制が再整備され，（福島原発事故の被災者に対象を限定しているとはいえ，）「東京電力原子力事故により被災した子どもをはじめとする住民等の生活を守り支えるための被災者の生活支援等に関する施策の推進に関する法律（以下，原発事故子ども・被災者支援法）」が被災者支援施策の基本法として制定されたことは，非常に重要である（「資料」内条文参照（本書301頁））。同法は，避難指示区域からの避難者に加え，一定以上の放射線量を測定する地域の居住者，同地域からの避難者，同地域への帰還者を等しく支援対象とするとともに，一人ひとりの被災者の居住・避難・帰還の選択権を保障している。除染，健康管理支援，住宅確保，就業支援といった施策を国に義務付けていることも併せ，同法は，多様な被災者の「尊厳」の回復に向けた被災者支援施策を法制度上担保しようとしていると評価することができよう。

終　章　原子力災害からの生活再建と新たな災害復興法制度の展望

　他方で，これも本書第7章で指摘したことであるが，同法は，具体的な支援対象範囲や支援施策内容につき，政府の定める「基本方針」に白紙委任に近い形で丸投げしており，広範な行政裁量の余地を認めている。そのため，現在の復興政策の枠組みは，「平成23年3月11日に発生した東北地方太平洋沖地震に伴う原子力発電所の事故により放出された放射性物質による環境の汚染への対処に関する特別措置法（以下，放射性物質汚染対処特別措置法）」や福島復興再生特別措置法に基づく施策を別として，健康管理支援・住宅確保・就業支援といった具体的な被災者支援施策を公平かつ十分に提供するものとはなっておらず，一人ひとりの被災者の「尊厳」の回復を担保するものとは評価し難い。その結果，現在，（避難指示を解除された地域からの避難者を含む）区域外避難者に対する被災者支援施策の打ち切りが，応急仮設住宅の供与終了をはじめとして現実のものとなりつつある。

　結局，現在の復興政策の枠組みは，放射性物質汚染対処特別措置法に基づく除染と福島復興再生特別措置法に基づくインフラ整備という，いわゆるハード面の施策が中心となっており，ソフト面の被災者支援施策は脆弱なものにすぎない。加えて，これらのハード面の施策は，被災者の帰還促進施策の一環として位置付けられ，本書序章において指摘した避難指示区域再編と避難指示解除の動きや，区域外避難者に対する被災者支援施策打ち切りの動きと連動して，区域外避難者から「避難継続」という選択肢を事実上奪いかねない施策となりつつある[1]。このような帰還促進の復興政策の枠組みは，復興の道筋を一つに限定する「単線型復興」と整理することができ，被災者一人ひとりの生活再建による「尊厳」の回復という，真の意味で追求すべき復興とは，必ずしも一致しない。

「単線型復興」の前提とその問題点

　では，現在の復興政策の枠組みが「単線型復興」を採用しているのはなぜだろうか。この点，現在の政策には，「避難指示区域からの住民避難こそが原子力災害の損害であり，避難指示が解除されれば，損害はゼロになる」という前提があると指摘されている（除本 2013：23-25）。しかしながら，この前提は，

被災者一人ひとりの生活再建という視点からすれば，現実的ではない。例えば，避難指示が解除されても，放射能汚染に対する不安を抱える避難者にとっては，帰還が生活再建と結び付くわけではないし，仮に帰還が事実上強制されることになれば，心身の不調等の被害が増幅することになりかねず，いずれにしても原子力災害の損害がゼロになることはあり得ない。また，帰還者にとっても，放射能汚染に対する不安を抱え続けている場合には同様の被害が発生しうるし，就業環境や生活環境が確保されていなければ帰還先での生活再建を実現することは困難であり，帰還先での生活再建が完了しない限り原子力災害の損害がゼロになるとはいい難い。

実際に，本書序章でも指摘した通り，避難指示を解除された地域への住民帰還は必ずしも進んでおらず，避難指示の解除が被災者の生活再建とイコールではないこと，帰還のみが復興の道筋ではないことを，図らずも立証している。被災地自体が福島原発事故以前とは不可逆的に変容していることからは，事故以前の居住地の現在の環境が生活再建に適しているか否かは，一人ひとりの被災者の置かれた状況に応じて異なるはずであり，被災者の生活再建の道筋については，各々の被災者の選択を尊重する必要があろう。

結局，一人ひとりの被災者の多様な実情に応じた生活再建という視点からすれば，上記の前提とは決別する必要がある。被災者の「尊厳」の回復のためには，一人ひとりの被災者の生活再建が完了するまで原子力災害の損害がゼロになることはないという前提に立って，居住者，避難者，帰還者を問わず，多様な被災者に対する被災者支援施策を継続していくことが肝要であろう。

求められるべき復興政策の枠組み

以上検討してきた通り，現在の復興政策は，法制度上は，多様な被災者の「尊厳」の回復に向けた被災者支援施策の実現を謳いながらも，実際の枠組みにおいては，ハード面の施策を中心とする，被災者の帰還促進に向けた「単線型復興」になっている。一人ひとりの被災者の生活再建のためには，「単線型復興」による画一的対応には限界があり，現在の枠組みが，「尊厳」の回復を求める被災者の期待に応えるものになっていると評価することは難しい。

終 章　原子力災害からの生活再建と新たな災害復興法制度の展望

　被災者一人ひとりの生活再建という視点からすれば，求められるべき復興政策の枠組みとは，居住者，避難者，帰還者の各々が，自ら選択した地域において，地域に暮らす住民として当然の生活を送るという意味での生活再建を実現できるようにすることである。その意味では，居住者の居住地での生活再建も，避難者の避難先での生活再建も，帰還者の帰還先での生活再建も，すべてが復興プロセスの一部として構成されるべきであり，復興政策においては，そのために必要とされる被災者支援施策を網羅すべきである。とりわけ，避難者の生活再建プロセスについては，移住や帰還を前提としない避難先での生活継続も含まれるという意味で，移住とも帰還とも異なる「避難継続」という第三の生活再建の道筋を保障する必要があろう（今井 2014）。

　加えて，被災者の帰還に向けた除染やインフラ整備も，もちろん復興政策の一部として認められるべきではあるが，本書序章でも指摘した通り，除染が完了しインフラが整備されても，住民帰還は必ずしも進んでいるわけではない。それは，除染の効果が限定的で放射能汚染に対する不安が拭えない，インフラが整備されても雇用・医療・介護・教育等の生活環境やコミュニティが回復しなければ帰還できない，といった，個別の被災者ニーズとのミスマッチから生じている。このようなミスマッチは，ハード面の公共事業重視の復興政策が生み出した「不均等な復興」の帰結であり（除本・渡辺 2015），その解消のためには，個別の被災者ニーズに応じたきめ細かなソフト面での被災者支援施策を包含する形で，復興政策の枠組みを再構成することが不可欠であろう。

「複線型復興」の提言

　そうすると，結局，復興政策においては，①「居住」「移住」「帰還」「避難継続」という複数の生活再建の道筋を保障するとともに，どの道筋を選択するかについて被災者の自己決定を尊重すること，②どの道筋においても，被災者の基本的人権を保障し，その生活再建の完了まで被災者支援施策を継続すること，を担保する枠組みが必要である。本書では，このような復興政策の枠組みを，生活再建の道筋に関する被災者の選択権をなによりも重視するという意味で，「複線型復興」と呼ぶことにしたい。[2]

最終的に，被災者一人ひとりの生活再建による「尊厳」の回復は，「複線型復興」が復興政策の枠組みとして採用され，かつ，その下で，個別の被災者ニーズに応じた生活再建を可能にする施策メニューが整備されて，はじめて可能になる。そこで，以下では，「複線型復興」を支える法的基盤を検討した上で，「複線型復興」の採用とその下での施策整備を担保する制度設計について，試論的な考察を展開することとしたい。

2　複線型復興を支える法的基盤とその課題

国際法上の根拠
①　「国内強制移動に関する指導原則」
　「国内強制移動に関する指導原則」は，国内避難民の人権保障のための国際的枠組みとして1998年に作成された文書であり，国際連合人権委員会決議1997/39の付属報告書に記載されたものである（国際連合人権委員会 2010）。同原則は，国内避難民の基本的人権の保障と国家当局の人道的援助提供義務を明確化するとともに，原則28第1項において，国内避難民の自己決定による「帰還」「再定住」を可能にすることや，各避難民の「再統合」を容易にすることを管轄当局に求めている。原発事故による避難者を国内避難民と位置付けることが可能な点，原則28第1項が生活再建の道筋に関する国内避難民の選択権を明文で認めている点で，同原則はまさしく「複線型復興」を支える法的基盤となりうるといえよう。

　加えて，原則28第2項は，「帰還」「再定住」「再統合」のための計画策定や管理運営に際し，国内避難民の「完全な参加」が確保されるべきことを定めている。同原則は，施策メニューの整備段階においても国内避難民の自己決定権を手続的に担保するとともに，恣意的な計画策定等を抑制しようとしているということであり，この点でも，「複線型復興」を支える法的基盤を提供していると捉えることができよう。

②　同原則の法的基盤としての意義と限界
　「国内強制移動に関する指導原則」は，条約のような国際法上の法的拘束力

終　章　原子力災害からの生活再建と新たな災害復興法制度の展望

を有する文書ではないものの，2005年の世界サミットにおいて国際的枠組みとして認定されており，世界各国で国内法令を制定する際の指針となっている（国際連合人権委員会 2010）。同原則の整理が世界的潮流になっているということからすれば，同原則が法的拘束力に準じる機能を果たしていることは間違いない。

他方で，同原則が国際法上の法的拘束力を有しないこと，日本において同原則の実現を確実に担保するためには同原則の国内法化が必要なことからすれば，同原則について，「複線型復興」を直接的に支える法的基盤と評価することには困難が伴う。加えて，国内避難民の基本的人権を保障するために「複線型復興」の採用を各国に求めるという同原則の整理は，あくまで「国内避難民」を対象としている点で，避難者ではない被災者をも対象に含む形での「複線型復興」を支える法的基盤としては，不十分であるといわざるを得ない。

以上の検討を踏まえると，結局，「複線型復興」を支える法的基盤は，最終的に国内法規範に求めざるを得ない。とはいえ，同原則が世界的潮流となっているという点では，その政治的な影響力は甚大であり，国内法規範の立法解釈に際しても，無視することはできないであろう（墓田 2011：60-61）。その意味では，同原則は，「複線型復興」を支える国内法的基盤を，その立法・解釈指針として間接的に支えるものと評価できよう。

日本国憲法上の根拠
① 幸福追求権（第13条），法の下の平等（第14条），居住移転の自由（第22条），生存権（第25条），財産権（第29条）

既述の通り，本書は原子力災害の特徴を被災者の「尊厳」の剥奪と整理しているが，そのことからも明らかなように，放射能汚染に伴う様々な被害は，「個人の尊重」を基本理念とする日本国憲法（以下，憲法ということがある）の基本的人権規定と密接に関わる。その結果，憲法の諸規定は，原子力災害復興の究極的な法的基盤と位置付けられるはずであり，「複線型復興」が被災者の「尊厳」の回復を担保しようとする枠組みであることからは，その枠組みを支える法的基盤としても機能するはずである。

279

具体的には，憲法第13条の定める幸福追求権，第14条第1項の定める法の下の平等，第22条第1項の定める居住・移転の自由，第25条第1項の定める生存権，第29条第1項の定める財産権等が，「複線型復興」を支える法的基盤として考えられる。とりわけ，原子力災害に伴う被害が放射能汚染による健康リスクやそれに伴う不安に端を発していることに鑑みれば，原子力災害復興の法的基盤として，まずは，個人の自律的な生の担保という観点から「生命，自由，幸福追求に対する国民の権利」を保障する第13条や財産権を保障する第29条第1項を，最低限の個人の健康保護という観点から「健康で文化的な最低限度の生活を営む権利」を保障する第25条第1項を，それぞれ指摘することが素直であろう。また，「複線型復興」が生活再建の道筋に関する被災者の選択権を重視していることに鑑みれば，「複線型復興」を支える法的基盤としては，幸福追求権の基礎として自己決定権を保障する第13条，自分の意思に反して居住地を変更されない自由を保障する第22条第1項，合理的な理由のない限り各個人の公平な取り扱いを保障する第14条第1項を指摘することができよう。

②　権利の手続的保障と予防原則の採用

　加えて，上記の憲法規定につき被災者の基本的人権が保障されるためには，復興政策への被災者自身の関与が必要不可欠になる。日本国憲法が権力分立制を採用し，憲法第31条が適正手続の保障を規定していることをも併せて考えれば，一人ひとりの被災者には，自己の基本的人権の手続的防御という観点から，復興政策の策定実施に際しての手続的参加権が認められるべきであろう。その意味では，上記の憲法規定は，権力分立制を採用する憲法構造や適正手続保障を定める憲法第31条とあいまって，被災者の自己決定を手続的に担保する根拠にもなる。この点でも，上記の憲法規定は「複線型復興」を支える法的基盤を提供しているといえよう。

　さらには，本書第7章でも指摘したところであるが，原子力災害からの復興政策については，予防原則（被害発生が科学的に不確実でもその恐れがある以上リスク低減策をとるという考え方）の採用が憲法第13条から当然に義務付けられるとする見解も有力である。通常，予防原則の採否が問題になる場面では，リスクのある物質や活動が一定の社会的有用性を持っていることが前提になっ

終　章　原子力災害からの生活再建と新たな災害復興法制度の展望

ているため，その採否は原則として民主的意思決定に委ねられると解されている。しかしながら，放射性物質は，その存在自体が異常であり，有用性がゼロであるという特徴がある。すなわち，原子力災害からの復興政策については，社会全体に悪影響を与えるものではないため，仮に政策の費用対効果を考慮に入れる必要があったとしても，予防原則の採用を否定する理由は全くないわけである（清水 2013：272-273）。そのため，原子力災害からの復興政策については，幸福追求権の「最大の尊重」を必要とすると規定する憲法第13条から，予防原則を直接導くことができる。とりわけ，放射能汚染による健康リスクに対して不安を抱える被災者の支援施策については，予防原則こそが施策を支える法的基盤になるといえよう。こうして，憲法第13条は，予防原則を基礎づける規定という意味でも，「複線型復興」を支える法的基盤を提供している。

③　憲法規定の法的基盤としての意義と限界

以上の検討を踏まえると，上記の憲法規定は，まさしく，「複線型復興」を支える法的基盤ということができる。これらの規定の趣旨からすれば，原子力災害からの復興政策は，「各被災者の権利自由が最大限かつ公平に保障されることを前提に，最新の科学的知見に照らして日常生活に支障ないとされるレベルの放射線量の下で，被災者が自ら選択した地域において平穏な住民生活を営むこと」を担保するものでなければならないはずである。上記の憲法規定から導かれるこのような復興政策のあり方は，「国内強制移動に関する指導原則」が提示する国際的潮流とも合致するものであり，憲法規定が同原則を国内法化していると整理することもできよう。

ところが，既述のとおり，現在の復興政策は，法制度上は，多様な被災者の「尊厳」の回復に向けた被災者支援施策の実現を謳いながらも，実際の枠組みにおいては，ハード面の施策を中心とする，被災者の帰還促進に向けた「単線型復興」になっている。その意味では，上記の憲法規定は，復興政策の内容をコントロールできていないといわざるを得ず，ここに「複線型復興」を支える法的基盤としての憲法規定の限界が見て取れる。

では，なぜそのような状況に陥ってしまっているのか。その原因は，立法裁量の広範性に求めることができる。まず，憲法第25条については，その規定ぶ

りが抽象的であり，かつ，国には財政的制約が存在することから，同条を具体化する法律やその運用のあり方について方向性を示すものにとどまると整理されている（最判昭57・7・7民集36巻7号1235頁）。次に，憲法第13条，第22条，第29条については，本来的には，「国家に干渉されない権利」である自由権に位置付けられるため，従来，国に政策実施を求める根拠にはならないと解されてきた。この点については，近時，国家による積極的人権保障義務の存在を肯定する基本権保護義務理論が有力に主張されるようになっており，同理論を媒介にすれば，個人の生命や財産を保護するために国に政策実施を求めるという発想も不可能ではない（小山 2011：4-6）。とはいえ，同理論は，基本的人権について「可能な限り最大限の保護」を国家に求める理論であり（桑原 2011：296），そのことを前提にする限り，憲法第13条，第22条，第29条は，国の政策実施のあり方を確定するものではなく，あくまでその方向性を示すものにとどまる。以上の整理を踏まえると，上記の憲法規定は，いずれも具体的な復興政策の内容を広く立法裁量に委ねていると解さざるを得ず，その立法裁量の限界を画する機能を十分には果たせないことになろう。

　そうすると，結局，「複線型復興」を支える法的基盤は，最終的に法律レベルで具体化された制度に求めざるを得ない。とはいえ，憲法は法律の上位規範であり，ひとたび法律が制定されれば，常にその憲法適合性が問われることになる。その意味では，憲法の諸規定には，「複線型復興」を支える法制度が十分に整備された暁には，その解釈や運用に係る法的統制指針としての役割が期待されることになろう。

国内法上の根拠
①　原発事故子ども・被災者支援法

　ここまでの検討からも明らかなように，憲法の諸規定から「複線型復興」の方向性を導出することは可能であるが，具体的な復興政策の内容については広範な立法裁量が認められているため，「複線型復興」を担保するための法的基盤は，国内法制度に求める必要がある。この点，「複線型復興」に親和的な理念を掲げた法律としては，先に指摘した通り，原発事故子ども・被災者支援法

終　章　原子力災害からの生活再建と新たな災害復興法制度の展望

が既に存在している。

　同法は、「東京電力原子力事故により放出された放射性物質が広く拡散していること、当該放射性物質による放射線が人の健康に及ぼす危険について科学的に十分に解明されていないこと」を認めた上で、「被災者の不安の解消及び安定した生活の実現に寄与すること」を目的としており（第1条）、予防原則を採用している。加えて、先にも指摘した通り、一人ひとりの被災者の居住・避難・帰還の選択権を保障するとともに（第2条第2項）、除染、健康管理支援、住宅確保、就業支援といった施策を国に義務付けており（第6～13条）、「複線型復興」の方向性を実定法化している。さらには、政府の定める「基本方針」の内容や支援施策の具体的内容に被災者の意見を反映することを国に義務付けており（第5条第3項、第14条）、被災者の手続的参加権をも実定法化している。その意味では、同法は、憲法の諸規定を具体化した法制度として、「複線型復興」を支える法的基盤と評価することが可能である。

　他方で、これも先に指摘したことであるが、同法は、具体的な支援対象地域や支援施策内容につき、政府の定める「基本方針」に白紙委任しており、広範な行政裁量の余地を認めている。その結果、現在の復興政策の枠組みは、結果として被災者の帰還促進に向けた「単線型復興」の色合いが非常に強いものとなっている。結局、本書が提言する「複線型復興」のうち、「①『居住』『移住』『帰還』『避難継続』という複数の生活再建の道筋を保障するとともに、どの道筋を選択するかについて被災者の自己決定を尊重すること」という総論的部分については、曲がりなりにも、原発事故子ども・被災者支援法においてこれを担保する枠組みの実定法化が果たされているものの、「②どの道筋においても、被災者の基本的人権を保障し、その生活再建の完了まで被災者支援施策を継続すること」という各論的部分については、立法裁量の下で原発事故子ども・被災者支援法の規律が弱められた結果、同法においてはこれを担保できていないわけである。

　以上の検討を踏まえると、原発事故子ども・被災者支援法は、それのみでは、本書の提言する「複線型復興」を支える法的基盤として不十分であるといわざるを得ない。被災者一人ひとりの生活再建による「尊厳」の回復を担保するた

めには，とりわけ，②の各論的部分を支える法的基盤を別途模索する必要があろう。

② 福島原発事故に対する国家賠償責任（国家賠償法第1条）

この点で着目すべきは，本書第8章でも取り上げた，福島原発事故をめぐる損害賠償請求訴訟である。これらの訴訟は現在進行中であり，その帰趨が明らかになるのはまだ先のことである。しかし，集団訴訟に限っても，既に11の地裁判決が下されている（前橋地判平29・3・17判時2339号4頁，千葉地判平29・9・22裁判所HP，福島地判平29・10・10判時2356号3頁，東京地判平30・2・7判例集未登載，京都地判平30・3・15判時2375・2376号14頁，東京地判平30・3・16判例集未登載，福島地いわき支判平30・3・22判例集未登載，横浜地判平31・2・20判例集未登載，千葉地判平31・3・14判例集未登載，松山地判平31・3・26判例集未登載，東京地判平31・3・27判例集未登載）。

このうち，本書の提言する「複線型復興」との関係では，国家賠償法第1条に基づく国家賠償責任を肯定する判決の存在が非常に大きな意味を持つ。国家賠償責任の成否が争点となった判決は8つあり，（前橋地裁判決，平成29年9月千葉地裁判決，福島地裁判決，平成30年3月東京地裁判決，京都地裁判決，横浜地裁判決，平成31年3月千葉地裁判決，松山地裁判決），そのうち2つの千葉地裁判決を除く6判決は国家賠償責任を肯定しているが，国は，事故の直接の原因者たる東京電力のみが法的責任を負うべきであるというスタンスを崩していない。この点は，福島原発事故後に制定された各種の法制度にも表れており，原発事故子ども・被災者支援法も，国の責任について「これまで原子力政策を推進してきたことに伴う社会的な責任」という表現を用いている。その結果，国には加害者責任に裏打ちされた一人ひとりの被災者への施策実施義務はないと整理され，国が主導する各種の復興政策の具体的内容や実施時期は原則として国の行政裁量に委ねられることになってしまうわけである。

結局，このような国のスタンスに変容を迫るには，訴訟を通じて福島原発事故の加害者としての国の法的責任を明らかにすることが必要不可欠になる。というのも，請求認容判決には，損害賠償義務のみならず，一人ひとりの被災者に寄り添った施策の実施義務が国にあることを確認するという意味があるから

である（清水 2018a：4）。その意味では，国家賠償責任の肯定判決には，損害賠償義務の確認という機能のみならず，個別の被災者ニーズに応じた生活再建を可能にする施策メニューの整備を国に迫るという機能があり，そのような判決の蓄積は，「複線型復興」を支える重要な法的基盤になるといえよう。

③　福島原発事故による被侵害法益（国家賠償法第1条）

加えて，これらの訴訟で，原告らは，「地域において平穏な日常生活を送ることができる生活利益（包括的生活利益としての平穏生活権）」（淡路 2015：20-23）の侵害に基づいて損害賠償を請求しており，その主張を正面から肯定する判決（平成29年9月千葉地裁判決，平成30年2月東京地裁判決，横浜地裁判決，松山地裁判決）の存在も，本書の提言する「複線型復興」との関係では大きな意味を持つ。国や東京電力は，国の原子力損害賠償紛争審査会が定めた「東京電力株式会社福島第一，第二原子力発電所事故による原子力損害の範囲の判定等に関する中間指針（四次にわたる追補を含む）」に含まれない損害項目や同指針の額を超える損害賠償を認めるべきでないというスタンスを崩しておらず，包括的生活利益としての平穏生活権侵害に基づく損害についても，これを認めていない。その結果，国の加害者責任が認められるとしても，損害賠償の終期は避難指示解除と連動し，避難指示が解除されればいずれ損害はゼロになるという前提が採用されることになってしまうわけである。

この点，国の加害者責任が認められ，包括的生活利益としての平穏生活権侵害に基づく損害が肯定されれば，避難指示の有無にかかわらず，地域における被災者一人ひとりの生活再建が完了するまで国の加害者責任が否定されることはなくなるはずである。その意味では，包括的生活利益としての平穏生活権侵害を肯定する判決が蓄積されれば，それは，被災者一人ひとりの生活再建が完了するまで施策実施義務が国に残存することを明確化するものとして，これまた「複線型復興」を支える重要な法的基盤になると思われる。

「複線型復興」を支える法的基盤の課題

以上検討してきた通り，「複線型復興」を支える法的基盤には，国際法上のもの，日本国憲法上のもの，国内法上のものがあり，これらが相互に連携して

「複線型復興」を担保すべく機能する関係にある。ただし，それぞれ，単一では「複線型復興」の採用を担保する十分な法的基盤を提供できているとはいえない。

まず，「国内強制移動に関する指導原則」は，正面から「複線型復興」の採用を各国に求めているが，その法的拘束力や，国内法化の必要性に課題がある。そこで，日本国憲法の諸規定に同原則の国内法的受容を期待することになるが，憲法の諸規定は，「複線型復興」の方向性を示す上位規範として有用ではあるものの，具体的な復興政策の内容を広く立法裁量に委ねるものとなっているため，その立法裁量の限界を画する機能を十分には果たせていない。その結果，「複線型復興」を直接的に支える法的基盤は，最終的に国内法制度に求める必要がある。この点，原発事故子ども・被災者支援法は，総論的には，生活再建の道筋に関する被災者の選択権を実定法化しており，「複線型復興」を支える法的基盤たり得るものの，各論的には，立法裁量の下で，被災者一人ひとりの生活再建完了までの被災者支援施策継続を担保する制度設計になっておらず，「複線型復興」を支える法的基盤として十分に機能しているとはいい難い。

そこで，本書が着目したのが，福島原発事故をめぐる損害賠償訴訟で争点となっている，国の加害者責任である。現時点で国は加害者責任を否定しているが，国の加害者責任が司法的に肯定され，包括的生活利益としての平穏生活権侵害に基づく損害賠償が認められれば，その裏返しとして，被災者一人ひとりのニーズに応じた生活再建が完了するまで被災者支援施策を実施する義務が，国には発生するはずである。実際に，国家賠償責任を肯定する見解が有力であること（下山 2018：40-41；清水 2018a：29），包括的生活利益としての平穏生活権侵害を肯定する見解も有力となりつつあること（潮見 2015：107；吉村 2018：258）を踏まえれば，判決の蓄積は期待できそうである。その意味で，「複線型復興」を支える法的基盤は，最終的に，「国内強制移動に関する指導原則」，日本国憲法，原発事故子ども・被災者支援法に加え，将来的には判例理論に求めることができるようになるのではないかと思われる。

ただし，現時点で福島原発事故をめぐる損害賠償訴訟の趨勢は不確定であり，かつ，今後の原子力災害については，判例理論の射程も及ばないし，本書第7

終　章　原子力災害からの生活再建と新たな災害復興法制度の展望

章で指摘した通り，原発事故子ども・被災者支援法の射程も及ばない。そのため，「国内強制移動に関する指導原則」や日本国憲法の諸規定の趣旨を具体化し，本書の提言する「複線型復興」を担保するためには，新たな災害復興法制度を構想することが必要不可欠になる。そこで，以下では，原発事故子ども・被災者支援法のしくみや蓄積されつつある損害賠償訴訟の判決も参考にしながら，新たな災害復興法制度を展望し，本章を結ぶこととしたい。

3　新たな災害復興法制度の展望

「複線型復興」を担保する災害復興法制度の構想

　まずは，本書の提言する「複線型復興」を確実に担保できるような法制度の制度設計を検討する。本章第 1 節で提言した内容を改めて確認しておくと，「①『居住』『移住』『帰還』『避難継続』という複数の生活再建の道筋を保障するとともに，どの道筋を選択するかについて被災者の自己決定を尊重すること，②どの道筋においても，被災者の基本的人権を保障し，その生活再建の完了まで被災者支援施策を継続すること」を担保する復興政策の枠組みが，本書の提言する「複線型復興」である。そして，本章第 2 節でも指摘した通り，①の総論的部分については，原発事故子ども・被災者支援法で一定程度の実定法化が進んでいるのに対し，②の各論的部分については，実定法化が不十分なままである。そこで，以下では，原発事故子ども・被災者支援法の制度設計を批判的に検討しつつ，「国内強制移動に関する基本原則」や日本国憲法から導かれる法的統制指針や，損害賠償訴訟における裁判実務の動向を踏まえて，新たな法制度を構想していくことにしよう。

①②に共通する総則規定の制度設計

　第一に，目的規定については，憲法の諸規定を踏まえ，「各被災者の権利自由が最大限かつ公平に保障されることを前提に，最新の科学的知見に照らして日常生活に支障ないとされるレベルの放射線量の下で，被災者が自ら選択した地域において平穏な住民生活を営むこと」を新たな法制度の目的規定として掲

げるとともに，原発事故子ども・被災者支援法の目的規定と同様に，新たな法制度においても予防原則の採用を明示するべきである。予防原則の採用によって，法律の対象となる被災者の範囲や，被災者の生活再建の完了時期について，現在の復興政策の枠組みを拡張する根拠を提示することができよう。なお，新たな法制度の対象となる原子力災害については，本書第7章でも指摘した通り，福島原発事故に伴うものに限定せず，今後の原子力災害にも対処できるようにすべきである。

　第二に，基本理念に関する規定についてであるが，この点，原発事故子ども・被災者支援法第2条では，本書の提言する「複線型復興」につき，①②の双方をカヴァーする崇高な理念が語られている。また，同法第3条は国の責務を定めており，そこでは，被災者支援施策の策定・実施責務の根拠として「国が原子力政策を推進してきたことに伴う社会的責任」が語られている。第2条は新たな法制度においても是非とも活用すべきであるが，第3条は，本章第2節でも指摘した通り，責任の所在を曖昧にする表現といわざるを得ない。新たな法制度においては，福島原発事故に対する国の加害者責任を正面から肯定した上で，なお国策として原子力政策を推進することに伴う法的義務（原子力安全規制法制に基づく最新の科学的知見に照らした適時適切な規制権限行使義務と，その一環としての実効的原子力災害対策整備義務）が国に存在することを明確化すべきであろう。そのことによって，福島原発事故に伴う原子力災害はもとより，今後の原子力災害についても，本書の提言する「複線型復興」を法制度的に担保しなければならない根拠を明確化することができる。

　第三に，手続規定についてであるが，新たな法制度においては，被災者支援施策の策定や実施に際して被災者の意見反映手続を強化すべきである。この点については，原発事故子ども・被災者支援法も，政府の定める「基本方針」の内容や支援施策の具体的内容に被災者の意見を反映することを国に義務付けており，実際に「基本方針」の策定・改定段階で，国はパブリック・コメントを実施している。もちろんそのこと自体は一定の評価に値するが，パブリック・コメントが被災者のみを対象とするものではないこと，具体的な施策策定・実施段階における被災者の意見反映手続が整備されていないこと等に鑑みれば，

終　章　原子力災害からの生活再建と新たな災害復興法制度の展望

憲法の趣旨に照らしても，被災者の手続的権利を十分に保障しているとは評価し難い。加えて，一人ひとりの被災者の置かれた状況は刻々と変化するものであり，被災者が常に利用可能な意見反映手続制度の整備が必要不可欠であろう。具体的には，被災者による施策策定・実施請求手続とそれに対する国（所掌行政機関）の応答義務の法規定を整備することが望ましい。そうすれば，国の被災者に対する恣意的対応が抑制されるとともに，被災者の国に対する争訟の便宜が確保されることになり，最終的には，本書の提言する「複線型復興」の実現にもつながるはずである。

①の部分に関する総論的規定の制度設計

①の部分については，原発事故子ども・被災者支援法において生活再建の道筋に関する被災者の選択権が担保されているという点では，基本的には，同法の定める枠組みを新たな法制度でも採用することが妥当であろう。避難指示を解除された地域の被災者も，同法において避難指示区域外の被災者と同様に支援対象となるはずであり，同法の枠組みから漏れ落ちるわけではない。

ただし，同法は，支援対象地域について「その地域における放射線量が…一定の基準以上である地域」と述べるのみで，その具体的な範囲の設定を政府の定める「基本方針」に委ねている。その結果，本書第7章でも指摘した通り，福島原発事故後の行政実務においては，理論的根拠がないにもかかわらず，福島県内33市町村（浜通り・中通り）のみが支援対象地域として指定された。このような行政実務は，予防原則に照らしても，憲法の趣旨に照らしても妥当ではない。新たな法制度においては，支援対象地域の詳細については「基本方針」で定めるとしても，平常時の一般公衆の線量限度を参考に地域指定を行う旨の法規定を整備しておくことが望ましいといえよう。

②の部分に関する各論的規定の制度設計

②の部分については，原発事故子ども・被災者支援法は，被災者の選択した道筋における被災者支援施策として，除染，居住者への健康管理支援，避難者や帰還者への住宅確保・就業支援等を国に義務付けている。このような規定ぶ

りは，一見，平穏な住民生活の担保という観点からは妥当なようにみえるが，本書第7章でも指摘した通り，同法は，支援施策の具体的内容や実施時期を政府の「基本方針」に委ねている点で，道筋ごとの施策の濃淡を生み出すことが可能なしくみになっている。その結果，現在の被災者支援施策は，被災者の帰還促進に向けた「単線型復興」の色合いが非常に強いものとなっており，被災者一人ひとりの生活再建による「尊厳」の回復を担保するものとはなっていないわけである。

　この点，多様な被災者への公平かつ十分な被災者支援施策の提供という観点からは，新たな法制度では，「居住」「移住」「帰還」「避難継続」のすべての道筋について，除染，健康管理，住宅確保，就業支援等の施策別に，施策実施基準を詳細化する必要があろう。例えば，避難者への応急仮設住宅供与については，避難が長期間にわたる原子力災害の特性に鑑み，みなし仮設住宅の積極的活用，生活再建完了までの供与，避難者の事情変更による住み替え容認等を規定するが如くである。法律レベルで規定するにはやや詳細なきらいもあるが，福島原発事故後の行政実務において，すべての道筋における十分かつ公平な施策実施が担保されているとはいい難い現状に鑑みれば，施策実施基準の詳細化は必要不可欠である。加えて，放射性物質汚染対処特別措置法のように，既存の法律が存在する施策については，当該法律との関係を調整することが必要であろうし，既存の法律がない施策については，さらに個別法制度を整備することにより施策の法制度上の担保を図ることも考えられよう。

　また，被災者の生活再建完了までの被災者支援施策の継続という観点からは，新たな法制度では，予防原則の観点を踏まえて施策別にその終了時期の判断基準を提示するべきである。もちろん，一人ひとりの被災者の置かれた状況は多様であり，一律に生活再建の完了時期を確定することは妥当ではない。しかしながら，他方で，福島原発事故後の行政実務では，未だに生活再建が完了しているとは到底思えない被災者に対しても，被災者支援施策の打ち切りが現実化している。このような現状に鑑みれば，一定の判断基準を法律レベルで規定しておくことは，必要不可欠であろう。例えば，避難者の避難生活支援施策や居住者に対する除染施策につき，避難元地点や除染地点の放射線量が平常時の一

終　章　原子力災害からの生活再建と新たな災害復興法制度の展望

般公衆の線量限度を下回るまでを施策実施期間と規定するが如くである。実際にも、原発事故子ども・被災者支援法は、福島原発事故時点で子どもだった被災者に対する健康管理施策について、一生涯の健康診断の継続を規定しており、予防原則の観点を踏まえて施策の終了時期の判断基準を法律レベルで提示すること自体は、特段問題はなかろう。

広義の災害復興法制度①「複線型復興」の前提となる原子力災害対策法制

続いて、「複線型復興」を担保する前提として、事故直後の避難施策に関する法制度について制度設計を検討する。事故直後の避難施策の適切な実施が、その後の「複線型復興」の前提となることはいうまでもない。そのため、事故直後の避難施策の適切性を担保する法制度は、広義の災害復興法制度と整理することもできよう。

この点については、既に本書第7章で検討を加えたところであり、詳細についてはそちらを参照いただきたいが、現行法制度は、避難施策のプロセスとして、①地方自治体による避難計画の策定、②事故直後の国・地方自治体・原子力事業者間の情報共有、③国による地方自治体への避難に関する指示、④地方自治体による住民への避難指示、を予定している。このうち、②施策については、福島原発事故後の法改正で一定の法整備が実現したが、災害時に情報混乱はつきものであり、その中で③④施策の適切性をどのように法的に担保していくかが制度設計の課題となる。①施策は、まさしく③④施策の適切性を事前に担保しようとするものである。以下、①③④施策について、現行法制度の問題点を簡潔に述べ、制度設計を検討したい。

①施策については、国の原子力規制委員会が定める原子力災害対策指針に従って地方自治体が避難計画を策定することとなっているが、現行法制度は、原子力災害対策指針の内容や避難計画の策定時期を規律していない。前者については、原子力規制委員会の専門的裁量判断を尊重することも重要であるが、合理的な避難計画の策定に向けては、住民の生命・健康保護や予防原則の観点から、原子力災害対策指針の内容を法律レベルでも最低限規律しておく必要があろう。具体的には、指針策定にあたり放射性物質による確率的リスクを最小限

に抑える旨の法規定を整備することが考えられる。また，後者については，避難計画の策定前に原子力災害が発生してしまうと計画策定が画餅に帰すことになるため，原子炉稼働前の計画策定を担保する必要がある。この点については，原子力安全規制法制との関係で後述することにしたい。

次に，③施策について，現行法制度は，避難に関する指示の要件充足判断について内閣総理大臣に広範な裁量を与えている。住民の生命・健康保護の観点からは，要件充足判断は予測放射線量に基づくべきであり，その旨法規定に明示することが望ましいであろう。また，具体的な線量基準についても，最新の科学的知見を踏まえ，可能な限り法令に規定しておくことが望ましい。

最後に，④施策について，現行法制度は，避難指示の具体的内容について特に規律していない。住民の生命・健康保護の観点からは，実効的な避難を実現するために，避難経路や手段についても一定の指示を発出することが望ましい。緊急時において適切な避難経路や手段の指示を可能にするためにも，避難指示の内容を構成する避難先・避難経路・避難手段等については，避難計画において予め定めておくべきであろう。制度設計としては，実際の避難指示発出時に避難計画を裁量行使基準として活用できるように，避難先・避難経路・避難手段等を避難計画で予め定めておく旨の法規定を整備することが考えられる。

なお，事故直後の避難施策と避難指示以降の被災者支援施策は，原子力災害対策として時間的には連続しており，原子力災害に対する包括的連続的対応を可能にするためには，同一の法制度の下で施策を整備することが望ましい。その意味では，事故直後の避難施策に関する法制度と「複線型復興」を担保する新たな法制度を統合し，再構成の上で「原子力災害対策基本法」として整備することも，検討されてよいと思われる。

広義の災害復興法制度②原子力災害対策の実効性を担保する原子力安全規制法制

最後に，実効的な原子力災害対策を担保するという観点から，原子力安全規制法制についても新たな制度設計を検討する。原子力安全規制法制も，それが原子力災害対策の実効性を担保する法制度として機能する限りでは，「複線型

終　章　原子力災害からの生活再建と新たな災害復興法制度の展望

復興」と無関係ではなく，広義の災害復興法制度と整理することもできよう。

　福島原発事故後の原子力安全規制法制は，規制強化の方向で改正を重ねてきたものの，現在，国（原子力規制委員会）は新たな規制基準をクリアした原子炉について再稼働を認め，原子力事業者は再稼働を進めている。日本がどのようなエネルギー源を選択するかの判断は，最終的には，民主的正統性を有する政治的決定に委ねられることになろうが，福島原発事故の教訓を踏まえれば，少なくとも，実効的な原子力災害対策の整備が，住民の生命・健康保護の観点からは原子炉稼働の最低限の条件となるはずである。原子力災害対策が不十分なまま原子炉が稼働され，新たな原子力災害が発生してしまっては，「複線型復興」の下での被災者の生活再建はおろか，被災者の生命・健康の保護もおぼつかなくなる。

　ところが，現行法制度の下では，原子力安全規制法制と原子力災害対策法制とはリンクしておらず，原子力災害対策の視点は，「核原料物質，核燃料物質及び原子炉の規制に関する法律（以下，原子炉等規制法）」の原子炉設置許可要件には全く組み込まれていない。その結果，例えば，地方自治体が避難計画を策定していなくても，策定された避難計画が合理的でなくても，原子力規制委員会は原子炉等規制法に基づき原子炉設置を許可することができ，事業者は原子炉の新設や再稼働をすることができてしまう（清水 2018b：25-27）。

　本章でも指摘した通り，住民の生命・健康は憲法第13条や第25条の保障する基本的人権であり，今後の原子力災害の可能性がゼロではない以上，このような現行法制度の枠組みが法的に妥当であるとはいい難い。立法論としては，原子力災害対策の観点を踏まえて原子力安全規制法制を再構成し，実効的な原子力災害対策の整備を原子炉設置許可要件に組み込むべきであろう。この制度設計によって，原子炉稼働前に原子力災害対策の実効性を担保できることになるはずである。本節で指摘した，現行法制度が避難計画の策定時期を規律していないという問題についても，合理的な避難計画の策定を原子炉設置許可要件に組み込むことで，原子炉稼働前の避難計画策定を担保できよう。

　なお，この制度設計の難点は，原子炉設置許可段階で原子力災害対策の実効性を判断する必要があるということである。そのため，この制度設計で利用で

きる原子力災害対策は，原子炉設置許可段階で施策内容を確定できるものに限定され，さしあたりは，避難計画策定等の原子力防災施策を中心とせざるを得ないであろう（清水 2018b：40）。とはいえ，原子炉稼働前に避難計画の合理性が担保されていれば，万が一今後原子力災害が発生しても，被災者は「複線型復興」の下での生活再建のスタートラインに立てる可能性が高い。その意味では，この制度設計は，「複線型復興」の下での被災者の生活再建を直接的に担保するものではないものの，間接的には，その担保に資するものと整理できよう。

注
(1) なお，政府は，帰還困難区域からの避難者に対して「移住」支援を打ち出しているが（原子力災害対策本部 2013），これは，避難指示の解除が困難な区域の避難終了政策という性格のものであり，帰還促進政策と矛盾するものではない（藤原・除本 2018：266）。その後，政府は，帰還困難区域についても，特定復興拠点を整備して帰還を促進する立場を明確化している（原子力災害対策本部 2016）。
(2) なお，本書序章でも指摘した通り，本書執筆者の一部が参加した日本学術会議の提言は，本書に先行して「複線型復興」の語を用いている（日本学術会議東日本大震災復興支援委員会福島復興支援分科会 2014）。本書では，同提言を基礎としつつも，長期避難者以外の被災者をも対象にする点，被災者一人ひとりの生活再建による「尊厳」の回復を復興の着地点と捉える点で，概念の明確化を図っている。

引用・参考文献
淡路剛久，2015，「『包括的生活利益』の侵害と損害」淡路剛久・吉村良一・除本理史編『福島原発事故賠償の研究』日本評論社，11-27．
藤原遥・除本理史，2018，「福島復興政策を検証する――財政の特徴と住民帰還の現状」淡路剛久監修，吉村良一・下山憲治・大坂恵里・除本理史編『原発事故被害回復の法と政策』日本評論社，264-277．
原子力災害対策本部，2013，「原子力災害からの福島復興加速に向けて」，経済産業省ホームページ，（2019年1月31日取得，http://www.meti.go.jp/earthquake/nuclear/pdf/131220_hontai.pdf）．
原子力災害対策本部，2016，「帰還困難区域の取り扱いに関する考え方」，経済産業省ホームページ，（2019年1月31日取得，http://www.meti.go.jp/earthquake/nuclear/kinkyu/pdf/2016/0831_01.pdf）．

墓田桂，2011，「『国内強制移動に関する指導原則』の意義と東日本大震災への適用可能性」『法律時報』83(7)：58-64．
今井照，2014，『自治体再建——原発避難と「移動する村」』筑摩書房．
国際連合人権委員会，2010，「国内強制移動に関する指導原則　日本語版」，国際連合人権高等弁務官事務所ホームページ，（2019年1月31日取得，https://www2.ohchr.org/english/issues/idp/docs/GuidingPrinciplesIDP_Japanese.pdf）．
小山剛，2011，「震災と基本権保護義務」『法学教室』372：4-6．
桑原勇進，2011，「リスク管理・安全性に関する判断と統制の構造」磯部力・芝池義一・小早川光郎編『行政法の新構想Ⅰ——行政法の基礎理論』有斐閣，291-308．
日本学術会議東日本大震災復興支援委員会福島復興支援分科会，2014，「東京電力福島第一原子力発電所事故による長期避難者の暮らしと住まいの再建に関する提言」，日本学術会議ホームページ，（2019年1月31日取得，http://www.scj.go.jp/ja/info/kohyo/pdf/kohyo-22-t140930-1.pdf）．
清水晶紀，2013，「除染行政における裁量判断の枠組みとその法的統制」『公法研究』75：264-274．
清水晶紀，2018a，「福島原発事故をめぐる規制権限不行使に対する国家賠償責任の成否——五地裁判決が示唆する『行政リソースの有限性』論のインパクト」『自治総研』476：1-30．
清水晶紀，2018b，「原子力災害対策の観点を踏まえた原子力安全規制法制の再構成」『行政社会論集』30(4)：23-46．
下山憲治，2018，「国の原発規制と国家賠償責任」淡路剛久監修，吉村良一・下山憲治・大坂恵里・除本理史編『原発事故被害回復の法と政策』日本評論社，22-42．
潮見佳男，2015，「福島原発事故に関する中間指針等を踏まえた損害賠償法理の構築」淡路剛久・吉村良一・除本理史編『福島原発事故賠償の研究』日本評論社，101-122．
除本理史，2013，『原発賠償を問う——曖昧な責任，翻弄される避難者』岩波書店．
除本理史・渡辺淑彦，2015，『原発災害はなぜ不均等な復興をもたらすのか——福島事故から「人間の復興」，地域再生へ』ミネルヴァ書房．
吉村良一，2018，「福島原発事故賠償訴訟における『損害論』——集団訴訟七判決の比較検討」『判例時報』2375・2376：252-265．

おわりに

　本書を手に取っていただいたみなさんの中には，『ふくしま原子力災害からの複線型復興』というタイトルをみて，「なぜ『ふくしま』がひらがな表記なのか」と思われた方もいるかもしれない。これは，地理的区分を前提にする「福島」という表記や，東京電力福島第一原子力発電所事故（以下，福島原発事故）を象徴的に捉える趣旨で用いられる「フクシマ」「FUKUSHIMA」という表記では，福島原発事故に伴う原子力災害を十分に捉えているとは思えないからである。福島原発事故に伴う原子力災害の被災地・被災者は福島県・福島県民に限定されているわけではないし，原子力災害を事故の視点のみで語ることはミスリーディングといわざるを得ない。では，編著者としては，「ふくしま」という表記にどのような意味を込めているのか。

　この点は，福島原発事故に伴う原子力災害について編著者が経験的に把握してきたことと密接に関連している。編著者は，福島原発事故の発生直後から，福島大学を拠点に学生や被災者のみなさんの支援活動にあたってきた（編著者の一人である丹波は，2017年3月まで福島大学に在籍）。具体的には，事故直後には，教職員のみなさんとともに学生の安否確認や帰省支援チャーターバスの運行を行い，大学近辺に残った教職員や学生のみなさんとともに国立大学初の避難所運営を行った。また，研究教育上の繋がりの深い飯舘村のみなさんの全村避難や避難生活を，裏方として支えるお手伝いもしてきた。

　加えて，編著者自身も被災者であり，避難車両の大渋滞を横目に国道4号線を北上し，放射性プルームの下で給水や給油の列に並び，大学の授業再開の是非をめぐり激論を交わし，学生の被曝低減効果を期待して除染実験に没頭し，真夏の大学の電力使用制限に怒り，東京電力からの損害賠償額のあまりの低さに嘆き，除染作業の遅れや杜撰な健康管理に呆れ……といった経験を重ねてきた。

その中で，編著者が折に触れて痛感してきたことは，原子力災害により愛着ある地域での生活をすべての被災者が奪われたこと，他方で，原子力災害の受け止め方やそれに応じた生活再建スタイルが一人ひとりの被災者によって異なること，であった。本書では，随所でこの点を強調しているが，その趣旨をタイトルにも象徴的に取り入れようと考え，ひらがな表記の無限定性と柔軟性を特徴とする「ふくしま」を採用したわけである。本書を読み進めていく中で，「ふくしま」という表記が包含する意味を，改めて紐解いていただければ幸いである。

　本書は，本書執筆者を中心に組織された共同研究を基礎としている。編著者らは，2015年4月より，三井物産環境基金の研究助成（課題番号R14-1018）を受けながら，福島大学うつくしまふくしま未来支援センターにおいて，「原子力災害からの復興と長期避難者のコミュニティ再建に向けた研究」と題する調査研究を実施してきた。そこでは，本書各章でも言及されている第二回双葉郡住民実態調査（2017年2月）の分析をはじめとする多様な研究活動が展開されており，編著者らは，各々の専門領域に捉われずに本書の基礎となる議論を重ねてきたところである。ふくしま原子力災害からの復興という課題を検討するには，学際的かつ長期的な研究活動が必要不可欠であるが，上記の共同研究には，本書執筆者を中心に，社会科学・自然科学の両領域に跨る多様な学問分野から，ふくしま原子力災害に継続的に関わる熱意に溢れた気鋭の研究者に参加いただくことができた。加えて，上記の共同研究に対しては，国内（日本災害復興学会福島復興研究会など）や海外（ニューヨーク，ボストン，ワシントンD.C.など）で数多くの研究報告の機会を頂戴し，参加者や関係者のみなさんとの意見交換から，研究成果のブラッシュアップや本書の出版に向けた貴重な示唆をいただくことができた。本書は，このような特徴を有する上記共同研究の最終的な成果の一つとして位置付けることができる。

　また，福島大学では，編著者らを中心に福島大学災害復興研究所を組織し，本書「はじめに」でも言及した第一回双葉郡住民実態調査（2011年9月）の分析をはじめ，ふくしま原子力災害からの復興に関する調査研究に取り組んできた。上記の共同研究はその発展的調査研究であり，その意味では，本書は，ふ

おわりに

くしま原子力災害の8年間につき，福島大学を拠点に編著者らが実施してきた調査研究の集大成ということもできる。被災者や被災地の正確な実態把握を前提に「複線型復興」を展望するという本書の議論から，福島大学を拠点とする継続的な調査研究の意義を感じ取っていただければ幸いである。

　最後になるが，本書の基礎となった共同研究は，既述の通り，三井物産環境基金のご支援の賜物である。ふくしま原子力災害からの復興に関する調査研究の意義と必要性をご理解いただき，研究助成をいただいたことにつき，記して御礼申し上げたい。また，本書は，福島大学学術振興基金の学術出版助成（課題番号 18FA002）を受けて刊行される。本書が福島大学を拠点とする調査研究の集大成であることをご理解いただき，出版助成をいただけたことは，執筆者一同にとって望外の喜びであり，こちらについても厚く御礼申し上げる。さらには，出版情勢の厳しい折に本書の出版を快くお引き受けいただいたミネルヴァ書房と，抜群の手綱さばきで編著者を導いてくださった北坂恭子さんにも，心から感謝の意を表したい。

　本書が，一人ひとりの被災者のみなさんの生活再建と「尊厳」の回復に向けて，とりわけ，未だに生活再建を見通せない方々を支える法政策の道標として活用されることを，切に願っている。

　2019年4月

　　　　　　　　　　　　　　大熊町の避難指示が一部解除された朝に

　　　　　　　　　　　　　　　　　　　　　　　　　　　　編著者

資　料

平成24年法律第48号
東京電力原子力事故により被災した子どもをはじめとする住民等の生活を守り支えるための被災者の生活支援等に関する施策の推進に関する法律

（目的）
第1条　この法律は，平成23年3月11日に発生した東北地方太平洋沖地震に伴う東京電力株式会社福島第一原子力発電所の事故（以下「東京電力原子力事故」という。）により放出された放射性物質が広く拡散していること，当該放射性物質による放射線が人の健康に及ぼす危険について科学的に十分に解明されていないこと等のため，一定の基準以上の放射線量が計測される地域に居住し，又は居住していた者及び政府による避難に係る指示により避難を余儀なくされている者並びにこれらの者に準ずる者（以下「被災者」という。）が，健康上の不安を抱え，生活上の負担を強いられており，その支援の必要性が生じていること及び当該支援に関し特に子どもへの配慮が求められていることに鑑み，子どもに特に配慮して行う被災者の生活支援等に関する施策（以下「被災者生活支援等施策」という。）の基本となる事項を定めることにより，被災者の生活を守り支えるための被災者生活支援等施策を推進し，もって被災者の不安の解消及び安定した生活の実現に寄与することを目的とする。

（基本理念）
第2条　被災者生活支援等施策は，東京電力原子力事故による災害の状況，当該災害からの復興等に関する正確な情報の提供が図られつつ，行われなければならない。

2　被災者生活支援等施策は，被災者一人一人が第8条第1項の支援対象地域における居住，他の地域への移動及び移動前の地域への帰還についての選択を自らの意思によって行うことができるよう，被災者がそのいずれを選択した場合であっても適切に支援するものでなければならない。

3　被災者生活支援等施策は，東京電力原子力事故に係る放射線による外部被ばく及び内部被ばくに伴う被災者の健康上の不安が早期に解消されるよう，最大限の努力がなされるものでなければならない。

4　被災者生活支援等施策を講ずるに当たっては，被災者に対するいわれなき差別が生ずることのないよう，適切な配慮がなされなければならない。

5　被災者生活支援等施策を講ずるに当たっては，子ども（胎児を含む。）が放射線による健康への影響を受けやすいことを踏まえ，その健康被害を未然に防止する観点から放射線量の低減及び健康管理に万全を期することを含め，子ども及び妊婦に対して特別の配慮がなされなければならない。

6　被災者生活支援等施策は，東京電力原子力事故に係る放射線による影響が長期間にわたるおそれがあることに鑑み，被災者の支援の必要性が継続する間確実に実施されなければならない。

（国の責務）
第3条　国は，原子力災害から国民の生命，身体及び財産を保護すべき責任並びにこれまで原子力政策を推進してきたこ

とに伴う社会的な責任を負っていることに鑑み、前条の基本理念にのっとり、被災者生活支援等施策を総合的に策定し、及び実施する責務を有する。
（法制上の措置等）
第4条　政府は、被災者生活支援等施策を実施するため必要な法制上又は財政上の措置その他の措置を講じなければならない。
（基本方針）
第5条　政府は、第2条の基本理念にのっとり、被災者生活支援等施策の推進に関する基本的な方針（以下「基本方針」という。）を定めなければならない。
2　基本方針には、次に掲げる事項を定めるものとする。
一　被災者生活支援等施策の推進に関する基本的方向
二　第8条第1項の支援対象地域に関する事項
三　被災者生活支援等施策に関する基本的な事項（被災者生活支援等施策の推進に関し必要な計画に関する事項を含む。）
四　前3号に掲げるもののほか、被災者生活支援等施策の推進に関する重要事項
3　政府は、基本方針を策定しようとするときは、あらかじめ、その内容に東京電力原子力事故の影響を受けた地域の住民、当該地域から避難している者等の意見を反映させるために必要な措置を講ずるものとする。
4　政府は、基本方針を策定したときは、遅滞なく、これを国会に報告するとともに、公表しなければならない。
5　前2項の規定は、基本方針の変更について準用する。
（汚染の状況についての調査等）
第6条　国は、被災者の生活支援等の効果的な実施に資するため、東京電力原子力事故に係る放射性物質による汚染の状況の調査について、東京電力原子力事故により放出された可能性のある放射性物質の性質等を踏まえつつ、当該放射性物質の種類ごとにきめ細かく、かつ、継続的に実施するものとする。
2　国は、被災者の第2条第2項の選択に資するよう、前項の調査の結果及び環境中における放射性物質の動態等に関する研究の成果を踏まえ、放射性物質による汚染の将来の状況の予測を行うものとする。
3　国は、第1項の調査の結果及び前項の予測の結果を随時公表するものとする。
（除染の継続的かつ迅速な実施）
第7条　国は、前条第1項の調査の結果を踏まえ、放射性物質により汚染された土壌等の除染等の措置を継続的かつ迅速に実施するため必要な措置を講ずるものとする。
2　前項の場合において、国は、子どもの住居、学校、保育所その他の子どもが通常所在する場所（通学路その他の子どもが通常移動する経路を含む。）及び妊婦の住居その他の妊婦が通常所在する場所における土壌等の除染等の措置を特に迅速に実施するため、必要な配慮をするものとする。
（支援対象地域で生活する被災者への支援）
第8条　国は、支援対象地域（その地域における放射線量が政府による避難に係る指示が行われるべき基準を下回っているが一定の基準以上である地域をいう。以下同じ。）で生活する被災者を支援するため、医療の確保に関する施策、子どもの就学等の援助に関する施策、家庭、学校等における食の安全及び安心の確保に関する施策、放射線量の低減及び生活上の負担の軽減のための地域における取組の支援に関する施策、自然体験活動等を通じた心身の健康の保持に関する施策、家族と離れて暮らすこととなった子ども

に対する支援に関する施策その他の必要な施策を講ずるものとする。
2　前項に規定する子どもの就学等の援助に関する施策には，学校における学習を中断した子どもに対する補習の実施及び学校における屋外での運動が困難となった子どもに対する屋外での運動の機会の提供が含まれるものとする。
3　第1項に規定する家庭，学校等における食の安全及び安心の確保に関する施策には，学校給食の共同調理場等における放射性物質の検査のための機器の設置に関する支援が含まれるものとする。
4　第1項に規定する放射線量の低減及び生活上の負担の軽減のための地域における取組には，子どもの保護者等による放射性物質により汚染された土壌等の除染等の措置，学校給食等についての放射性物質の検査その他の取組が含まれるものとし，当該取組の支援に関する施策には，最新の科学的知見に基づき専門的な助言，情報の提供等を行うことができる者の派遣が含まれるものとする。
（支援対象地域以外の地域で生活する被災者への支援）
第9条　国は，支援対象地域から移動して支援対象地域以外の地域で生活する被災者を支援するため，支援対象地域からの移動の支援に関する施策，移動先における住宅の確保に関する施策，子どもの移動先における学習等の支援に関する施策，移動先における就業の支援に関する施策，移動先の地方公共団体による役務の提供を円滑に受けることができるようにするための施策，支援対象地域の地方公共団体との関係の維持に関する施策，家族と離れて暮らすこととなった子どもに対する支援に関する施策その他の必要な施策を講ずるものとする。
（支援対象地域以外の地域から帰還する被災者への支援）
第10条　国は，前条に規定する被災者で当該移動前に居住していた地域に再び居住するもの及びこれに準ずる被災者を支援するため，当該地域への移動の支援に関する施策，当該地域における住宅の確保に関する施策，当該地域における就業の支援に関する施策，当該地域の地方公共団体による役務の提供を円滑に受けることができるようにするための施策，家族と離れて暮らすこととなった子どもに対する支援に関する施策その他の必要な施策を講ずるものとする。
（避難指示区域から避難している被災者への支援）
第11条　国は，政府による避難に係る指示の対象となっている区域から避難している被災者を支援するため，特定原子力事業者（原子力損害の賠償に関する法律（昭和36年法律第147号）第3条第1項の規定により東京電力原子力事故による損害の賠償の責めに任ずべき原子力事業者（同法第2条第3項に規定する原子力事業者をいう。）をいう。第19条において同じ。）による損害賠償の支払の促進等資金の確保に関する施策（当該区域における土地等の取扱いに関するものを含む。），家族と離れて暮らすこととなった子どもに対する支援に関する施策その他の必要な施策を講ずるものとする。
2　国は，前項に規定する被災者で当該避難前に居住していた地域に再び居住するもの及びこれに準ずる被災者を支援するため，前条の施策に準じた施策を講ずるものとする。
（措置についての情報提供）
第12条　国は，第8条から前条までの施策に関し具体的に講ぜられる措置について，被災者に対し必要な情報を提供するための体制整備に努めるものとする。
（放射線による健康への影響に関する調査，医療の提供等）

第13条　国は，東京電力原子力事故に係る放射線による被ばくの状況を明らかにするため，被ばく放射線量の推計，被ばく放射線量の評価に有効な検査等による被ばく放射線量の評価その他必要な施策を講ずるものとする。
2　国は，被災者の定期的な健康診断の実施その他東京電力原子力事故に係る放射線による健康への影響に関する調査について，必要な施策を講ずるものとする。この場合において，少なくとも，子どもである間に一定の基準以上の放射線量が計測される地域に居住したことがある者（胎児である間にその母が当該地域に居住していた者を含む。）及びこれに準ずる者に係る健康診断については，それらの者の生涯にわたって実施されることとなるよう必要な措置が講ぜられるものとする。
3　国は，被災者たる子ども及び妊婦が医療（東京電力原子力事故に係る放射線による被ばくに起因しない負傷又は疾病に係る医療を除いたものをいう。）を受けたときに負担すべき費用についてその負担を減免するために必要な施策その他被災者への医療の提供に係る必要な施策を講ずるものとする。
（意見の反映等）
第14条　国は，第8条から前条までの施策の適正な実施に資するため，当該施策の具体的な内容に被災者の意見を反映し，当該内容を定める過程を被災者にとって透明性の高いものとするために必要な措置を講ずるものとする。
（調査研究等及び成果の普及）
第15条　国は，低線量の放射線による人の健康への影響等に関する調査研究及び技術開発（以下「調査研究等」という。）を推進するため，調査研究等を自ら実施し，併せて調査研究等の民間による実施を促進するとともに，その成果の普及に関し必要な施策を講ずるものとする。
（医療及び調査研究等に係る人材の養成）
第16条　国は，放射線を受けた者の医療及び調査研究等に係る人材を幅広く養成するため，必要な施策を講ずるものとする。
（国際的な連携協力）
第17条　国は，調査研究等の効果的かつ効率的な推進を図るため，低線量の放射線による人の健康への影響等に関する高度の知見を有する外国政府及び国際機関との連携協力その他の必要な施策を講ずるものとする。
（国民の理解）
第18条　国は，放射線及び被災者生活支援等施策に関する国民の理解を深めるため，放射線が人の健康に与える影響，放射線からの効果的な防護方法等に関する学校教育及び社会教育における学習の機会の提供に関する施策その他の必要な施策を講ずるものとする。
（損害賠償との調整）
第19条　国は，被災者生活支援等施策の実施に要した費用のうち特定原子力事業者に対して求償すべきものについて，適切に求償するものとする。
　　　附　則
（施行期日）
1　この法律は，公布の日から施行する。
（見直し）
2　国は，第6条第1項の調査その他の放射線量に係る調査の結果に基づき，毎年支援対象地域等の対象となる区域を見直すものとする。

索　引

あ　行

安定ヨウ素剤　*21, 28, 45, 46, 48*
意見反映手続　*288-289*
一般公衆の線量限度　*228, 230, 232, 239, 289*
イノベーション・コースト構想　*76*
医療機関・社会福祉施設等原子力災害避難計画策定ガイドライン　*127*
インフラ整備　ii, *172, 224, 237, 275, 277*
受け手議題　*184, 185, 187-192*
応急仮設住宅　→仮設住宅
屋内退避　*1, 2, 21, 25, 27-29, 32-36, 52-54, 56-58, 88*
汚染状況重点調査地域　*227-228*
オフサイトセンター（緊急事態応急対策拠点）　*22, 53-54, 219-220, 222*

か　行

外部被曝　*28, 50*
影の避難（Shadow Evacuation）　*37-38, 57*
仮設住宅　i, ii, *15, 39, 42, 69-70, 74, 88, 91-95, 100-105, 108-111, 134-139, 145, 149, 154, 219, 224, 236, 243, 275, 290*
借上（型）仮設住宅　→みなし仮設住宅
カリウム散布　*158*
仮置場　*229, 239, 267*
仮のまち　*73*
義援金　*141, 143-144, 187*
帰還　*7-8, 10-12, 14, 16-17, 74, 80-82, 84, 91, 96, 101, 104, 105, 108, 110, 141, 143, 160-161, 210, 223-224, 234, 254-255, 274, 276-278,* *281, 283, 287, 290, 294*
帰還困難区域　iii, *6, 8-10, 27, 84, 85, 93, 95-97, 128, 130-131, 222, 240, 243, 264, 294*
帰還者　*12, 221, 223-224, 234, 236-237, 274, 276-277, 289*
帰還政策　*7, 91, 110, 257, 275, 294*
帰還促進施策　→帰還政策
帰還率　*11, 14, 18*
議題設定機能　*184-185, 187-188, 209*
基本権保護義務理論　*282*
基本方針　*68, 224, 227-228, 234-237, 275, 283, 288-290*
騎西高校　*2, 38, 64, 116, 154*
共振性　*193*
行政区　*188, 253, 254*
行政裁量　*227, 230-231, 234, 237-239, 275, 283-284*
強制避難　*87, 90*
行政リソース　*227*
居住移転の自由　*279*
居住者　*6-8, 221, 223-224, 234, 274, 276-277, 289*
居住制限区域　*6, 8-9, 27, 240*
緊急時活動レベル　→EAL: Emergency Action Level
緊急事態応急対策　*217-219, 221, 231*
緊急事態応急対策拠点　→オフサイトセンター
緊急時避難準備区域　*2, 27, 88, 93, 97, 105-106, 112, 130, 144, 240, 249*
区域外避難（自主避難）　*42, 87, 90, 102*
区域外避難者　ii, *6, 35, 60, 69, 87, 88, 90, 93,*

101-104, 106, 111, 183, 199, 275
警戒区域　3, 27, 29, 42, 44, 48, 87-88, 93, 97, 109, 112, 144, 216, 231-234, 240, 248
計画的避難区域　2, 8, 27, 36, 60, 87-88, 97, 240, 248
県紙　193, 195
検出限界値　183, 201
原子力安全規制法制　288, 292-293
原子力安全神話　219
原子力安全・保安院　3, 27, 53, 55, 60
原子力規制委員会　24, 222, 230-231, 239, 241, 291, 293
原子力緊急事態宣言　27, 36, 51, 63, 88, 217, 222
原子力災害　ⅰ-ⅴ, 1, 3-5, 7, 12, 15, 22-23, 25-27, 31-32, 54, 57-58, 63, 65, 68, 70-72, 74-76, 78-80, 115-116, 119, 121, 126-128, 134, 145, 149, 151, 154, 157, 160-166, 170, 173-174, 178-179, 181, 210, 215-219, 227, 235, 237, 273-274, 276, 279-281, 288, 292-294, 297-299
原子力災害（対策）基本法　165, 179, 292
原子力災害対策指針　24, 36, 51, 222, 231, 291
原子力災害対策特別措置法　51, 63, 88, 179, 217-218, 222, 230-233, 238-240
原子力災害による被災者支援施策パッケージ　236
原子力事業者　22, 51, 218, 246, 293
原子力損害の賠償に関する法律（原賠法）　161, 246, 262, 266
原子力損害賠償紛争審査会（原賠審）　96, 199, 246-248, 264, 285
原子力防災　ⅳ, 21-26, 28-29, 54, 56-57, 59, 294
原子力防災会議　231
原子炉再稼働　→再稼働
原子炉等規制法　228, 231, 293
建設（型）仮設住宅　91-93, 99-100, 107-108,

110, 135
原発事故　1, 2, 5, 59, 79-80, 87-91, 93, 96, 106, 129, 133, 144, 159-170, 172, 173, 178, 181, 183, 186, 187, 190-191, 194, 196, 215, 218-219, 221-224, 227, 230-234, 238, 243-244, 246, 250-251, 253, 255, 257, 259, 261, 266, 268-269, 273-274, 276, 278, 284-286, 288-291, 293, 297
原発事故子ども・被災者支援法　ⅱ, 68, 111, 223, 226, 234-238, 240, 274, 282-284, 286-289, 291
原発避難者特例法　ⅱ, 67-69, 224, 237
権力分立制　280
広域調整　231
広域避難　ⅰ-ⅲ, 15, 21, 24, 26-28, 30-31, 35-37, 41, 48, 68, 78, 80, 87, 93, 116, 129, 134, 144
広域避難計画　23-24, 41, 57, 196-197
広域連携　17, 79
公害・環境訴訟　268
公害健康被害補償法　268
高速道路料金の「無料化」措置　68
幸福追求権　279-281
合理的（な）避難計画　222, 231, 293
国際NGO　150-151
国内強制移動に関する指導原則　15, 18, 278, 281, 286, 287
国内避難民（IDPs）　15-16, 25, 278-279
こころのケア事業　69
国会事故調査委員会　25, 119-121, 154, 164, 220, 232, 239
国家賠償責任　262, 266, 284-286
コミュニティ交流員　69, 100, 111

さ 行

災害救助法　69, 92, 93, 134-135, 154, 160, 179, 219, 224, 236, 237

索　引

災害時要配慮者（災害時要援護者）　115, 129, 133, 220, 231, 233
災害対策基本法　54, 215-218, 222, 230-231, 233-234
再稼働　22-23, 26, 59, 178, 191, 231, 293
財産権　279-280
再生利用　229-230
在宅被災者　16, 118-119
再定住　16, 278
再統合　16, 278
作付制限　6, 158-159, 162-164, 168
支援対象地域　234-236, 283, 289
自己決定権　225, 278, 280
施策策定・実施請求手続　238, 289
自主避難　→区域避難
指定市町村　68
自発的避難（Voluntary Evacuation）　37, 38, 57
社会福祉協議会（社協）　99-100, 111-112, 118, 122, 150
15条事象　51
10条通報　51
住民意向調査　73, 97
住民情報ネットワーク・島民連絡会補助金　149-150
順位相関　184, 187, 204, 206-208
消費者庁　181, 182, 211
初期被曝　50, 221
除去土壌　229-230, 239
除染　3-4, 7-8, 17, 21, 24, 28, 48, 50, 56, 70, 78, 91, 106, 157, 158, 160-161, 165-166, 168, 172, 190, 219, 221-229, 234-238, 243, 245, 247, 255-257, 266, 274-275, 277, 283, 289-290, 297
除染実施計画　227, 229
除染特別地域　227

震災関連死　115, 146-148, 155
人道的支援　115
スクリーニング　8, 21, 28, 48-50, 56, 120, 168, 169
住み替え　237, 290
スリーマイル島原子力発電所事故　24, 36, 186, 217, 218
生活再建　ii‐ⅴ, 3, 5, 14-17, 74, 78, 80, 82, 84, 87, 91, 93, 97, 101-102, 104, 111, 139-140, 144-145, 150, 154, 161, 246, 266, 273-278, 280, 283, 285-290, 293, 294, 298, 299
生活サポート　68
生活保護の停・廃止　141, 144
生協連　177
生存権　17, 225, 279-280
セカンドタウン　74, 257
セシウム　58, 158-159, 165, 168, 172, 179, 183, 200
世帯分離　12, 90, 108, 109
絶対的損失　244-245, 254, 256-257, 259, 269
線量基準　292, 238
全量全袋検査　157-159, 164, 168, 170-172, 174, 178
尊厳　4-5, 15-18, 115, 152-153, 274-276, 278-279, 281, 283, 290, 294, 299

た　行

単一争点長期モデル　185-186, 188-189, 212
段階的避難　37-38
単線型復興　275-276, 281, 283, 290
地域原子力防災協議会　23
地域生活利益　253
地域ブランド　4, 163, 166
地域防災計画　23, 54, 116, 119, 129, 216, 218, 222, 223, 230
チェルノブイリ原子力発電所事故　26, 58, 164,

307

170, 179, 217, 239
チェルノブイリ法　239
地方公共団体の議会の議員及び長の選挙期日等の臨時特例に関する法律　67
地方紙　181, 193-196, 198-201, 209
中越沖地震柏崎刈羽原発3号機変圧器火災　26-27
中間貯蔵・環境安全事業株式会社法　229
中間貯蔵施設　6, 70, 78, 229-230
長期待避　110
長期避難　ⅰ, 16-17, 24, 71, 80, 116, 144, 219-220, 224, 294, 298
直接請求　247-248, 250
追加被曝線量　227-229, 240
低線量被曝　4, 221, 227
適正手続の保障　280
手続的参加権　280, 283
電離放射線障害防止規則　239
東海村JCO臨界事故　→JCO臨界事故
東京電力福島原子力発電所事故調査委員会　→国会事故調査委員会
東京電力福島原子力発電所における事故調査・検証委員会（政府事故調査委員会）　25, 54-55, 164
東京電力福島第一原子力発電所事故独立検証委員会（民間事故調査委員会）　25, 164
動燃火災爆発事故　26
特定復興拠点　ⅲ, 84, 224, 294
富岡町町民電話帳　150
努力義務　68, 237

な 行

内部被曝　28, 110
長岡基準　147, 155
南海トラフ（巨大）地震　41
二重の住民登録　110, 257

日本学術会議　16, 170, 179, 237, 294
日本弁護士連合会（日弁連）　96, 133, 141, 147, 155
年間積算線量　6-8
農協　159, 168, 171, 177-179
農業者　140-141, 143, 159, 172

は 行

賠償格差　249
賠償制度　ⅴ, 97, 177, 246, 248, 250, 261
パブリック・コメント　288
阪神・淡路大震災　ⅱ, 1, 99, 116-117, 199
被災証明書　66
避難解除等区域復興再生計画　71, 224
避難計画　22-24, 36-38, 41, 46, 50, 127, 165, 178, 196, 223, 230-231, 233, 291-294
避難指示　ⅰ-ⅲ, 1-2, 5, 7, 27, 36, 44, 54-55, 57, 63-64, 68-69, 76, 78-79, 88, 93, 98, 122, 128, 161, 218-223, 226, 227, 230-234, 238-239, 248, 258, 263, 275-276, 285, 289, 291-292, 299
避難指示（の）解除　4, 6-11, 15, 17, 70, 75, 78, 84, 87, 93, 95-97, 107, 128, 130-131, 161-162, 236, 240, 255, 275, 276, 285, 294
避難指示解除準備区域　6, 8-9, 27, 96, 168, 240
避難指示区域　ⅱ, 2, 3, 6-10, 27, 36-38, 70, 79, 87, 90, 92-97, 101-105, 110, 112, 128, 138, 141, 167-168, 222, 223, 234-235, 240, 248-250, 252, 259, 261, 262, 265, 274, 275, 289
避難指示区域（の）再編　7, 233, 275
避難者　5-6, 12, 14, 17, 27, 30, 38, 44, 46, 48, 60, 68-69, 71, 73, 87-91, 93, 95-97, 99-100, 102, 104-105, 107, 110-112, 116-117, 144, 152, 160-161, 181, 190-192, 194, 196-200, 202-210, 220-221, 223-224, 234, 236-237, 243, 248-249, 251-252, 254, 260, 265, 267, 274,

索 引

276-279, 289-290, 294
避難者相談案内窓口　69
避難終了政策　93, 110, 111, 294
避難所　ii, 1-2, 16, 24, 32-33, 38-39, 45, 56, 63-64, 66, 91, 100, 115-118, 120, 121, 129, 133-135, 145, 151, 153-154, 297
避難所運営マニュアル　153
非避難者　42, 43
平等原則　226, 228-229, 235-236
比例原則　226, 233-234
風評被害　4, 70-71, 157, 161, 163, 164, 167, 170, 173, 181-183, 201-202, 210-211, 221, 273
フォローアップ除染　8
不均等な復興　12, 277
福祉避難所　119, 129
福島県買取型復興公営住宅整備事業　74
福島県緊急被ばく医療活動マニュアル　48
福島県産農産物　158, 165, 167, 168
福島原子力事故調査委員会（東電事故調査委員会）　25
福島県聴覚障害者協会　118
福島原発事故　→原発事故
福島県復興再生基本方針　71
福島県盲人協会　118
福島相双復興官民合同チーム　75, 77, 140, 142-143
福島相双復興推進機構　→福島相双復興官民合同チーム
ふくしま土壌クラブ　172
福島復興再生特別措置法 ii, iii, 71, 79, 224, 237, 266, 275
複線型復興　iv, 1, 15-18, 111, 273, 277-289, 291-294, 297, 299
双葉病院　55, 58, 120, 154
復興公営住宅　69-70, 73-75, 97-101, 111-112
復興支援員　ii, 69, 100, 101

復興庁　iii, 6, 71-73, 97, 148, 157, 164, 175, 179, 203, 224, 235-236
プライミング効果　209
ふるさと喪失の慰謝料　256, 257, 263-265, 269
ふるさとの喪失　249-257, 261, 263-265, 269
ふるさとの変質，変容　254-255
ブロック紙　193, 195
分断　144, 166, 249
包括的生活利益　253, 257, 265, 285-286
平穏生活権　253, 264, 285-286
放射性物質汚染対処特別措置法　221-222, 227-229, 235-236, 238, 275, 290
放射性物質検査　157, 159, 169, 171, 175, 178, 180, 183
放射性プルーム（放射線雲）　28, 32, 45, 297
放射線管理区域　228, 229
放射線量分布マップ　172
放射能汚染　3, 80, 106, 157-158, 160, 163, 164, 167, 168, 170-174, 176, 178, 220-223, 225, 229, 239, 253, 268, 273, 276-277, 279-281
放射能汚染対策　158-159, 165, 170-175, 177-179, 219, 221, 227-228, 230, 238
法の下の平等　279-280
ホールボディカウンター検査　69
ポジティブチェック　177
ホットスポット　3, 90, 229

ま　行

マイナー・サブシステンス　260-261
マスメディア　31, 183-184, 186-188, 190-191, 193
マスメディアの効果研究　184
みなし仮設住宅　15, 17, 92-94, 99, 100-102, 108, 135-136, 138-139, 145, 154, 224, 290
美浜原発3号機蒸気噴出死傷事故　26
民間賃貸住宅家賃補助事業　70, 104

309

無過失責任　246, 262, 266
メディア議題　184-190, 192-193
木造（型）仮設住宅　15, 75, 136-138
モニタリング　28, 51-53, 157-159, 171, 231
モニタリングポスト　22, 52-53
「もんじゅ」ナトリウム漏えい事故　26

や　行

要介護認定　68, 145-146
予測放射線量　232, 292
四日市公害訴訟　268
予防原則　160, 226, 228, 231-232, 235-236, 280-281, 283, 288-291

ら　行

立法裁量　281-283, 286

欧　文

ADR（原子力損害賠償紛争解決センターへの裁判外紛争解決手続き）　161, 199
DIANA（Dose Information Analysis for Nuclear Accident：原子力発電所周辺線量予測評価システム）　54
DMAT（Disaster Medical Assistance Team：災害派遣医療チーム）　133
EAL（Emergency Action Level：緊急時活動レベル）　51
EAL1 警戒事態（AL: Alert）　51
EAL2 施設敷地緊急事態（SE: Site Emergency）　51
EAL3 全面緊急事態（GE: General Emergency）　51
EMC（緊急時モニタリングセンター）　55
EPZ（Emergency Planning Zone：防災対策を重点的に充実すべき地域の範囲）　36, 218, 222
FGAP（ふくしま県GAP）　175, 177
GAP（Good Agricultural Practice：食品安全，環境保全，労働安全等の持続可能性を確保するための農業生産工程管理の認証制度）　159, 170, 174-178
IAEA（国際原子力機関）　24, 36, 59
INES（国際原子力事故評価尺度）　21
ICRP（国際放射線防護委員会）　232, 239
JCO 臨界事故　26, 51, 54, 179, 217, 268
NPO　iii, 84, 100, 115, 117, 134, 150-152, 172
OIL（運営上の介入レベル：確率的影響の発生を低減するための防護措置の基準）　36, 48, 52
OIL1（即時避難）　36, 52
OIL2（一時移転）　36, 52
OIL4（人のスクリーニング・除染の基準）　48
PAZ（予防的防護措置を準備する区域）　36-37, 50, 223
SPEEDI（System for Prediction of Environmental Emergency Dose Information：緊急時迅速放射能影響予測ネットワークシステム）　2, 22, 52-55, 79, 239
UPZ（緊急防護措置を準備する区域）　24, 35-38, 54, 57, 223, 230, 231

執筆者紹介 (所属：執筆分担，執筆順，＊は編者)

＊丹波　史紀（編著者紹介参照：はじめに，序章，第2章，第4章）

関谷　直也（東京大学大学院情報学環総合防災情報研究センター准教授・福島大学客員准教授：第1章）

除本　理史（大阪市立大学大学院経営学研究科教授：第3章，第8章）

小山　良太（福島大学食農学類教授：第5章）

安本　真也（東京大学大学院学際情報学府博士後期課程：第6章）

＊清水　晶紀（編著者紹介参照：第7章，終章，おわりに）

《編著者紹介》

丹波　史紀（たんば・ふみのり）

1973年：愛知県生まれ。
2003年：日本福祉大学大学院社会福祉学研究科社会福祉学専攻博士後期課程中退。
2004-2017年：福島大学行政政策学類准教授。
現　在：立命館大学産業社会学部准教授，福島大学客員准教授。
主著：『震災復興が問いかける子どもたちのしあわせ』（共著）ミネルヴァ書房，2013年。
　　　『住まいを再生する――東北復興の政策・制度論』（共著）岩波書店，2013年。

清水　晶紀（しみず・あきのり）

1980年：東京都生まれ。
2007年：上智大学大学院法学研究科法律学専攻博士後期課程単位取得満期退学。
現　在：福島大学行政政策学類准教授。
主著：「福島原発事故をめぐる規制権限不行使に対する国家賠償責任の成否」『自治総研』476号，2018年。
　　　「原子力災害対策の観点を踏まえた原子力安全規制法制の再構成」『行政社会論集』30巻4号，2018年。
　　　「除染行政における裁量判断の枠組みとその法的統制」『公法研究』75号，2013年。

MINERVA社会福祉叢書⑥

ふくしま原子力災害からの複線型復興
――一人ひとりの生活再建と「尊厳」の回復に向けて――

2019年6月30日　初版第1刷発行　　　〈検印省略〉

定価はカバーに表示しています

編著者　丹波　史紀
　　　　清水　晶紀

発行者　杉田　啓三

印刷者　江戸　孝典

発行所　株式会社　ミネルヴァ書房
607-8494　京都市山科区日ノ岡堤谷町1
電話代表　075-581-5191
振替口座　01020-0-8076

© 丹波史紀・清水晶紀，2019　　　共同印刷工業・新生製本

ISBN978-4-623-08672-6
Printed in Japan

東日本大震災と社会学
　　　　　田中重好・舩橋晴俊・正村俊之編著　Ａ５判　364頁　6000円

東日本大震災　復興５年目の検証
　　　　　関西大学社会安全学部編　Ａ５判　380頁　3800円

戦後日本のメディアと原子力問題
　　　　　山腰修三編著　四六判　296頁　3000円

―― ミネルヴァ書房 ――
http://www.minervashobo.co.jp/